임베디드 C코드 생성 : Simulink 활용® Embedded coder

제 2판

윤상호 저

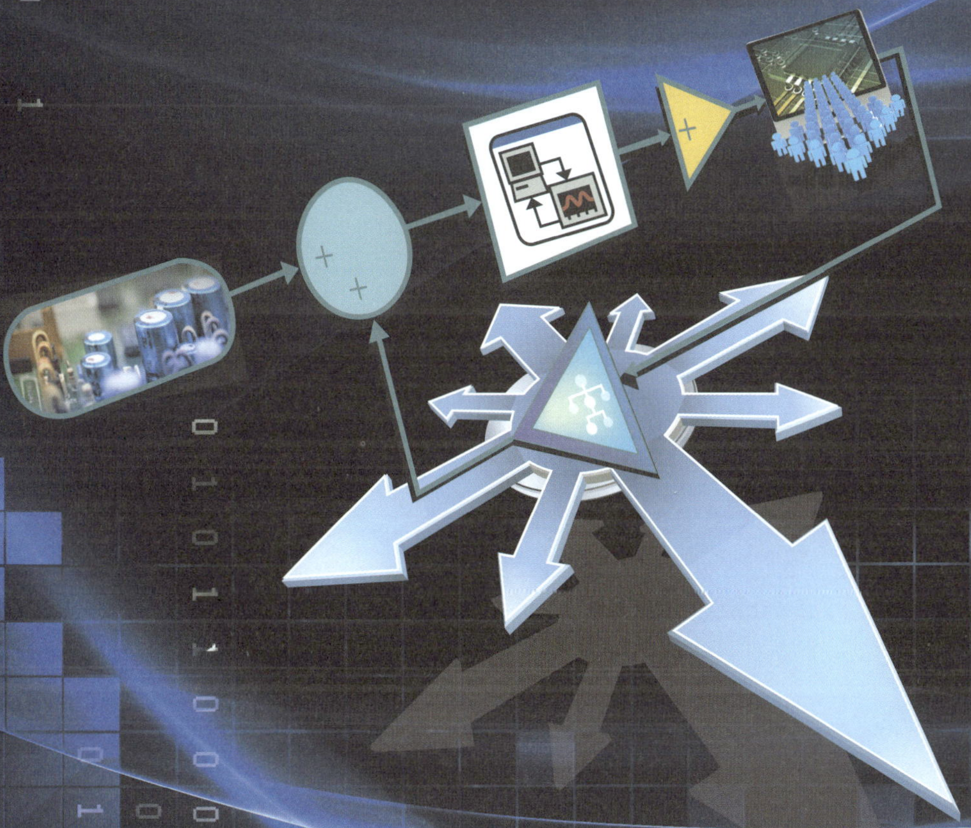

도서출판 아진
A-JIN

내가 가는 길을 그가 아시나니 그가 나를 단련하신 후에는
내가 순금 같이 되어 나오리라 (욥23 : 10)

머리말

MathWorks 내에서 제어 설계, 검증 및 코드 생성 분야 엔지니어로 일하면서 최근까지도 가장 많이 듣는 질문 중 하나는 자동으로 생성된 코드가 얼마나 효율적인지, 그리고 사람이 직접 작성한 코드의 수준까지 자동으로 생성된 코드가 최적화될 수 있는지에 대한 것이었다. 여기서 많은 엔지니어들이 생각하는 코드 최적화라는 것이 어떤 것이가에 대해 생각하게 된다. 코드 최적화 대상은 코드의 동작 속도일 수도 있을 것이고, 코드 내 변수들, 즉 코드 내에서 사용되는 데이터들의 크기가 될 수도 있을 것이다. 물론 코드의 동작 속도가 빠르면서도, 메모리 사용량이 적은 코드는 임베디드 시스템에 잘 최적화된 코드라고 할 수 있을 것이다. 그러면, 최적화가 잘 된 코드를 모두 좋은 코드라고 할 수 있을까?

항공기, 자동차, 의료기기, 핵/원자력, 열차 시스템 등에 탑재되는 임베디드 소프트웨어는 엄격한 검증 절차를 포함하는 소프트웨어의 개발 프로세스를 통해 개발이 진행되고 있다. 또한 이러한 높은 신뢰성이 요구되는 시스템에 대해서는 개발 프로세스와 관련된 표준들이 제정되어 안전성에 관련된 사항들을 요구하고 있다. 이러한 표준 프로세스에 항상 포함되는 것 중 하나를 예를 들어보면, 코딩 규칙이다. 예를 들어 자동차의 임베디드 시스템에는 MISRA 와 같은 코딩 가이드라인이 표준화되어 수많은 자동차 업체들은 이러한 코딩 가이드라인에 기초하여 사내 코딩 표준을 정하고, 엔지니어들이 그 규칙을 따라 코드를 작성하기를 요구한다. 즉, 코드를 보다 읽기 쉽고 일관되게 작성하여 개발의 효율성을 올리고, 궁극적으로는 코드의 안전성을 확보하겠다는 것이다. 그러면, 이러한 규칙을 따르면 코드의 동작 속도가 빨라지고 메모리의 사용량이 적어질까? 물론 경우에 따라 다르겠지만, 코드의 안전성을 보다 신경쓴다면, 코드의 동작 시에 발생할 런타임에러(run-time error) 등을 막기위한 보호 코드들이 추가되어야 할 필요가 있을 수도 있을 것이다. 또한, 코드를 보다 읽기 쉽게 하기 위해 코드 구조에 대한 규칙을 정해 그에 맞는 코드를 작성하려고 하다보면 보다 간결해질 수 있는 코드 작성기법을 포기해야 될 수도 있을 것이다. 그렇다면 이러한 코드는 좋은 코드가 아니라고 말할 수 있는 것인가?

그 외에도 개발 과정 중에는 각 데이터를 모니터링하고 튜닝할 수 있는 코드가 필요할 것이며, 이를 위해서는 데이터를 언제든 모니터링하고 튜닝하기 위한 메모리 공간의 확보가 필요할 것이다. 하지만 실제 양산 과정에서는 그러한 기능을 뺀 보다 간결한 코드가 필요하다. 즉, 개발 과정에서는 메모리 용량이나 속도보다 보다 쉽게 코드의 에러를 찾고 변경이 쉽도록 짜여진 코드가 더욱 도움이 될 것이고 양산 과정에서는 안전하면서도 사용하는 메모리 용량을 최소화하면서도 충분한 속도를 낼 수 있는 간결한 코드가 좋을 것이다.

코드의 좋고 나쁨을 따지기에 앞서 우리는 현재 코드를 어떠한 용도로 활용할 것인지 고려할 필요가 있으며, 코드가 갖추어야할 여러가지 고려사항 중에 무엇이 우선되어야 할지에 대해서 생각하지 않을 수 없다. 상황에 따라 좋은 코드에 대한 정의는 달라질 수 있으며, 오히려 그 상황들을 쉽게 반영하여 그 상황에 맞는 코드를 작성하는 프로세스를 갖추는 것이 중요할 것이다. 코드 생성 도구는 이러한 프로세스의 적용을 용이하게 한다. 즉, 동일한 모델로 부터 코드를 생성할 지라도 개발 과정 중에는 디버깅이 용이한 코드가 생성되도록 하게 해주며, 양산을 위한 코드를 생성할 때에는 속도와 데이터 사이즈를 최소화한 코드가 생성되도록 하는 것이 가능하다. 실제로 아무리 좋은 프로세스를 갖추었다 하더라도 사람이 이러한 작업을 직접하려 한다면 시간적인 문제와 실수에 의한 오류를 피하기 어려울 것이며, 이것이 임베디드 시스템을 개발하고 코드를 직접 작성해온 경험이 많은 수많은 회사와 엔지니어들조차 자동 코드 생성을 선호하게 되는 큰 이유일 것이라고 생각된다. 물론 자동 코드 생성을 생각하는 보다 더 큰 이유는 아무래도 코드 작성에 요구되는 시간을 줄이는 것이 가장 큰 부분이 되겠지만…

과거 오랜시간 동안 임베디드 시스템을 개발해온 많은 회사들은 이미 많은 부분 수작업으로 작성된 코드를 가지고 있으며, 사내의 임베디드 소프트웨어 엔지니어들은 코딩에 대한 많은 경험과 노하우를 축적해 왔다. MathWorks 의 코드 생성 전문 엔지니어로 일하며 간혹 겪게 되는 어려움 중의 하나는 이들에게 자동코드 생성의 장점을 설명하는 일이었다. 그들의 경험에 비추어 툴에 대한 다소 비판적 시각을 가지고 접근하는 경우가 많기 때문이다. 경우에 따라 어떤 엔지니어들은 모델로 부터 코드 생성을 몇번 시도해 본 경험을 먼저 얘기하기 시작한다. 우선 생성되는 코드가 그들을 만족시키지 못한 부분에 대한 지적을 하고 그들의 경험을 다른 시스템 엔지니어나 타부서의 엔지니어들에게 전파하곤 한다. 어쩌면 현재 내가 하는 일의 많은 부분이 그들에게 자동 코드 생성의 본질을 전달하는 것이었다고 생각된다. 사실 이것이 지금 내가 이 책을 쓰기된 가장 큰 동기이기도 하다. 그들이 툴을 통해 겪은 대부분은 툴을 잘못 사용하여 나오는 경험이기 때문이다.

Simulink 모델에서 가장 자주 쓰는 기능은 Configuration Parameters 라는 메뉴를 선택하여 시뮬레이션을 위한 셋팅을 하고 모델을 run 하는 것이다. 이 때 코드 생성 도구가 Simulink 와 함께 설치되어 있는 경우, 많은 사용자들은 Configuration Parameters 옵션 내부에 있는 Code Generation 이란 메뉴를 쉽게 접하게 된다. 그 안에는 Build 란 버튼이 있고 사실 이 버튼을 한번 클릭하면 자동으로 모델에 해당하는 C 코드가 생성이 된다. 생성된 코드에 대해 만족하지 못한 대부분의 엔지니어는 바로 이런 경험에 의한 경우가 많다. 이렇게 생성된 코드는 임베디드 시스템에 활용할 수 없는 데이터 모니터링, parameter 튜닝, 데이터 로깅 및 Simulink 와의 연동 인터페이스들을 모두 포함하고 있으며, 이러한 코드는 Simulator 등을 꾸미기 위한 template 코드이기 때문이다.

이것은 임베디드 시스템에 탑재될 수 없는 코드이며 이것을 자동 코드 생성도구의 모든 것으로 오해하는 경우가 자주 있는 것이다.

본 저자는 이 책을 통해 코드 생성을 위한 기본적인 세팅을 단계적으로 설명함으로서, 독자들로 하여금 Simulink 모델로부터 임베디드 시스템에 탑재 가능한 코드를 생성할 수 있도록 하는 것을 목표로 한다. 또한 개발 프로세스 단계별 상황에 맞는 올바른 코드를 생성하여 실제 업무로의 빠른 적용에 도움을 주고자 한다.

2013년 초 1판 이후 MATLAB/Simulink의 버전이 R2012b 버전에서 현재 R2015a 버전까지 총 다섯번의 업그레이드가 있었다. 이번 2판에서는 MATLAB/Simulink 버전의 업그레이드를 반영하고, 최근 자동차 분야 이슈가 되는 AUTOSAR 코드 생성에 대한 문의가 많아 AUTOSAR 코드 생성의 기본 개념 및 워크플로우를 다루는 내용을 12장에 추가하였다.

목 차

Chapter 1

MathWorks 의 코드 생성 도구

1-1. 코드 생성 도구의 구성

본 책에서 다루는 MATLAB 의 버전은 MATLAB R2015a 버전이며, MathWorks 의 코드 생성 도구는 크게 MATLAB Coder, Simulink Coder, Embedded Coder 로 구분된다. 실제 코드 생성 엔진은 MATLAB Coder 가 가지고 있으며, MATLAB Coder 는 MATLAB 프로그램을 C 나 C++ 코드로 변환하는 기능을 갖는다. Simulink Coder 는 Simulink 와 Stateflow 모델로부터 C 나 C++ 코드를 생성하는 기능을 가지고 있으나, 임베디드 시스템으로 최적화된 코드를 생성하기 보다 Simulator 등을 꾸미기 위한 코드를 생성해 낸다. Embedded Coder 는 다양한 임베디드 시스템에 최적화된 코드를 생성하기 위한 다양한 옵션과 기능을 가지고 있다. 더 나아가 Software-In-The-Loop 테스팅 및 Processor-In-The-Loop 테스팅 등의 생성 코드의 검증을 위한 기능을 함께 제공한다. 아래의 표 1.1 은 MathWorks 의 코드 생성 도구 구성이다.

표 1.1 MathWorks 의 코드 생성 도구

MATLAB Coder	MATLAB Code 로 부터 C/C++ 코드 생성
Simulink Coder	Simulink 와 Stateflow 모델로 부터 C/C++ 코드 생성 (프로토 타입 애플리케이션 용)
Embedded Coder	임베디드 시스템에 최적화된 C/C++ 코드 생성

코드 생성 도구가 구분이 되어 있기는 하지만, 실제로 MATLAB Coder 가 실제 코드 생성 엔진을 가지고 있기 때문에 Simulink Coder 와 Embedded Coder 를 사용하기 위해서는 MATLAB Coder 의 설치가 반드시 필요하며, 결국 Simulink 와 Stateflow 모델로부터 임베디드 시스템용 코드를 생성하기 위해서는 모든 코드 생성 도구가 필요하다.

1-2. 코드 생성의 주요 영역

실시간 임베디드 시스템 내부 소프트웨어의 구조는 대개 실시간 동작을 위한 Scheduler 또는 Real-time OS 와, 센서 정보를 읽어들일 인풋 디바이스 드라이버, 엑츄에이터 등을 구동시킬 아웃풋 디바이스 드라이버, 외부와의 통신을 위한 각종 통신 드라이버 등과 함께 실제 알고리즘이나 제어 로직으로 구성된다. 그림 1.1 은 임베디드 소프트웨어의 구조를 개략적으로 보여주고 있다.

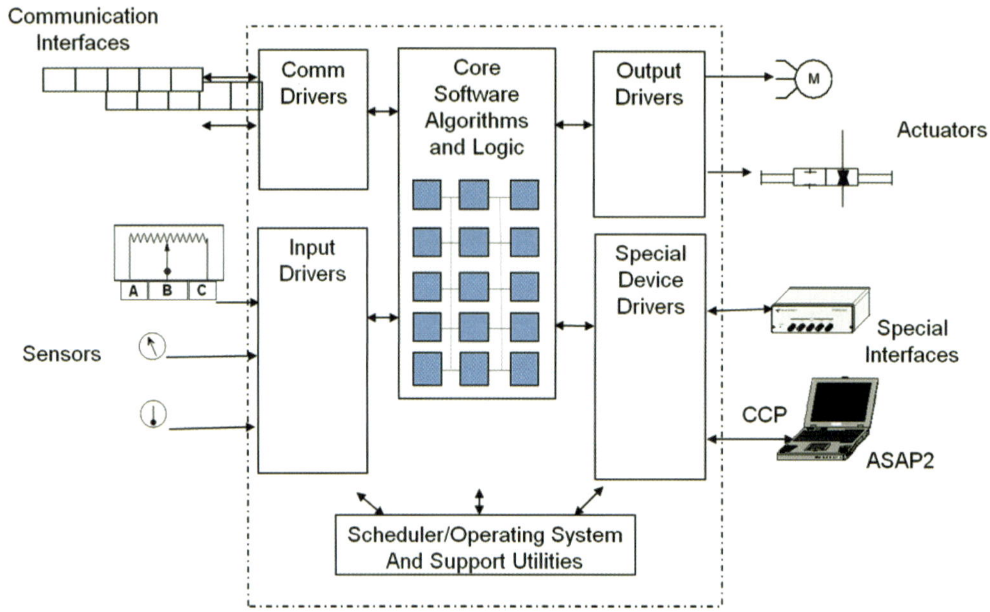

그림 1.1 임베디드 소프트웨어의 구조

Simulink 와 Stateflow 는 실제로 알고리즘과 로직을 설계하고 시뮬레이션하기 위한 도구이기 때문에 특정 임베디드 하드웨어의 레지스터들을 직접 액세스하는 코드를 모델링하는 것에 적합하지 않다. 물론 그러한 코드들을 Simulink custom block 으로 만들거나 Custom File Processing 이라는 특수 기법들을 통해 생성 코드에 반영시키는 것은 가능하지만, 결국 기존에 작성된 코드를 활용하는 수준이며, 이를 위해 코드 생성 도구의 동작 원리를 이해하고 많은 코드 생성 도구와 관련된 파일들을 수정해야 하는 쉽지 않은 작업이 요구된다. 이는 Simulink 의 기본 모델링 범위를 벗어나는 일로 이러한 내용은 본 책에서는 다루지 않겠다. 본 책에서는 임베디드 소프트웨어 내부의 가장 핵심이 되는 소프트웨어 알고리즘과 로직에 대한 코드 생성에 대해 촛점을 맞출 것이다.

Embedded Coder 를 활용한 코드 생성

2-1. 코드 생성을 위한 Simulink 예제 모델

코드 생성에 앞서 당연히 Simulink 모델을 만들 필요가 있다. Simulink 모델링 방법 자체는 본 책에서 다루는내용이 아니기 때문에 모델링이 이미 되어 있다는 가정 하에 코드 생성에 촛점을 맞추어 보려고 한다. 어쨌든 모델이 있어야 코드 생성도 해볼 수 있으니 코드 생성과 관련된 다양한 기능을 소개할 수 있는 모델을 하나 선정하여 앞으로 다루어질 모든 코드 생성 기능의 설명에 활용해 보고자 한다.

임베디드 시스템은 대부분 최종적으로 모터와 같은 액추에이터를 구동하는 시스템들이고 모터의 제어기는 일반적으로 전통적인 PI(비례 적분) 제어나 PID 제어를 기본으로 하기 때문에 본 책에서는 코드 생성 예제로서 PI 제어기 모델을 활용해 보도록 하겠다.

그림 2.1 은 PI 제어기가 포함된 전체 시스템 모델과 시뮬레이션 결과이다.

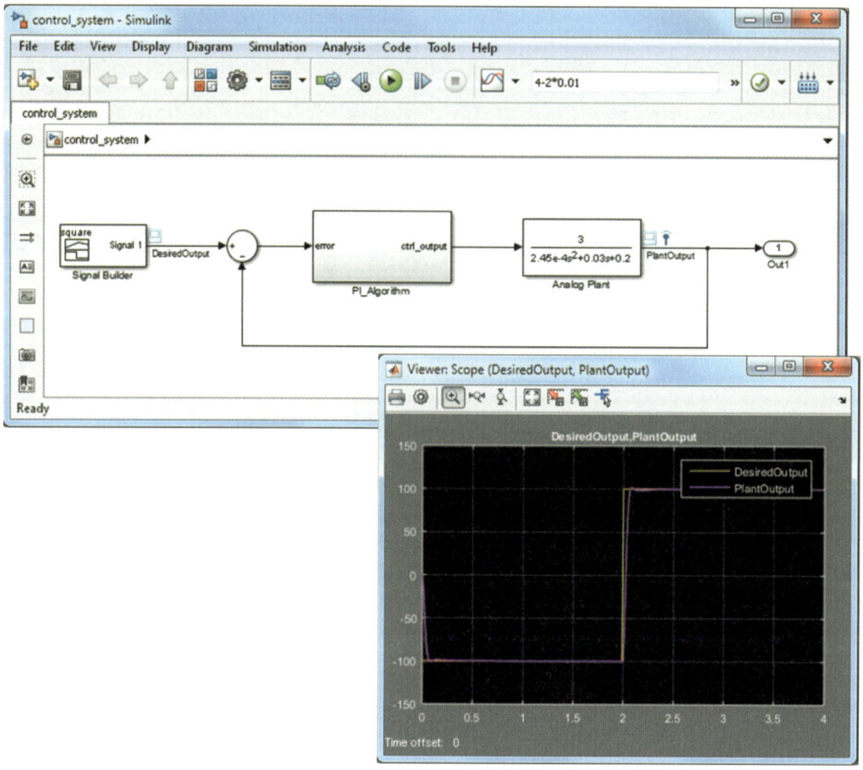

그림 2.1 PI 제어 시스템 모델

실제 임베디드 시스템으로 구현될 제어 알고리즘은 PI_Algorithm 이라는 Subsystem 부분이며, 그 내부 알고리즘은 그림 2.2 와 같다.

$y(k) = y_p(k) + y_i(k)$

where

$y_p(k) = K_p e(k)$

$y_i(k) = y_i(k-1) + K_i T_s e(k)$

결국 위의 차분 수식이 Simulink 모델로 표현된 부분이며, 전체 시스템에서 제어 입력(그림 2.1 의 Desired Output)과 Analog Plant 의 출력(그림 2.1 의 Plant Output)의 차이(error: *e(k)*)를 입력으로 받아 Kp 라는 비례 제어 게인(그림 2.2 의 proportional_gain)을 곱한 부분(그림 2.2 의 yp)과, 그 error 를 Backward Euler 방식으로 적분하고 Ki 라는 적분 제어 게인을 곱한 부분(그림 2.2 의 yi)이 최종적으로 더해져 제어기의 출력(그림 2.2 의 ctrl_output)이 된다.

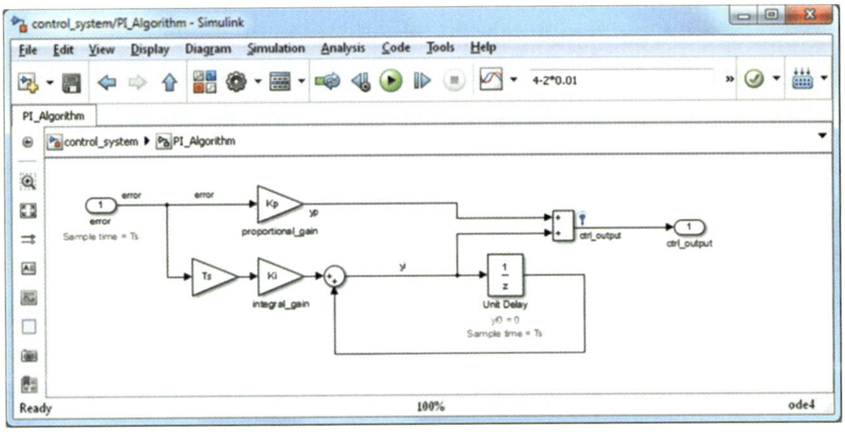

그림 2.2 PI 제어 알고리즘 모델

이제 부터 위와 같은 모델에서부터 코드 생성의 기본 워크 플로우를 하나씩 진행해 보자.

2-2. 기본 코드 생성 워크플로우

먼저 코드 생성을 위해 PI 제어 알고리즘 모델만을 떼어내어 pi_ctrl 이라는 모델명으로 분리된 모델을 저장한다. 이렇게 저장된 모델(그림 2.3)에서 코드 생성을 위한 옵션들을 하나씩 짚어 본다.

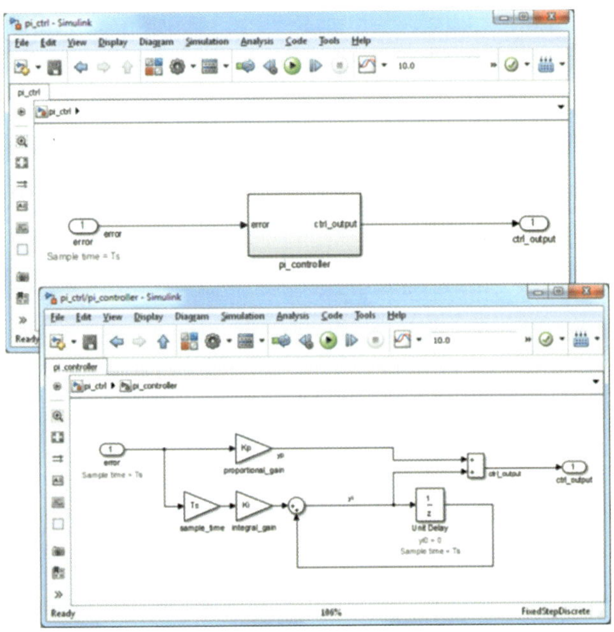

그림 2.3 PI 제어기 모델

2-2-1. 코드 생성 Configuration

코드 생성을 위해 가장 우선되어야 할 부분은 모델에 대한 Configuration Parameters 의 세팅이다.

모델의 Configuration Parameters 창은 모델 창 내부 시뮬레이션 메뉴의 Model Configuration Parameters 를 선택하여 연다. (Simulink Editor toolbar 에 있는 톱니바퀴 모양의 버튼을 클릭하거나 Ctrl+E 단축키를 통해 열 수도 있다.)

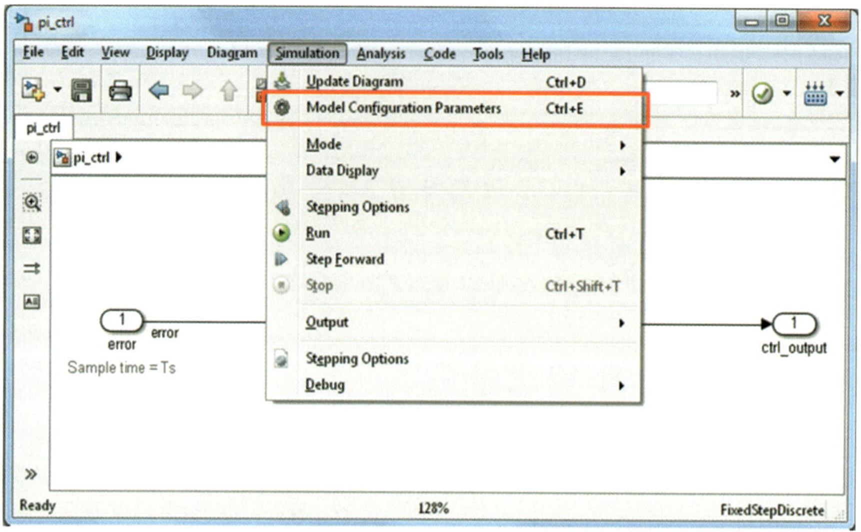

그림 2.4 Configuration Parameter 창 열기

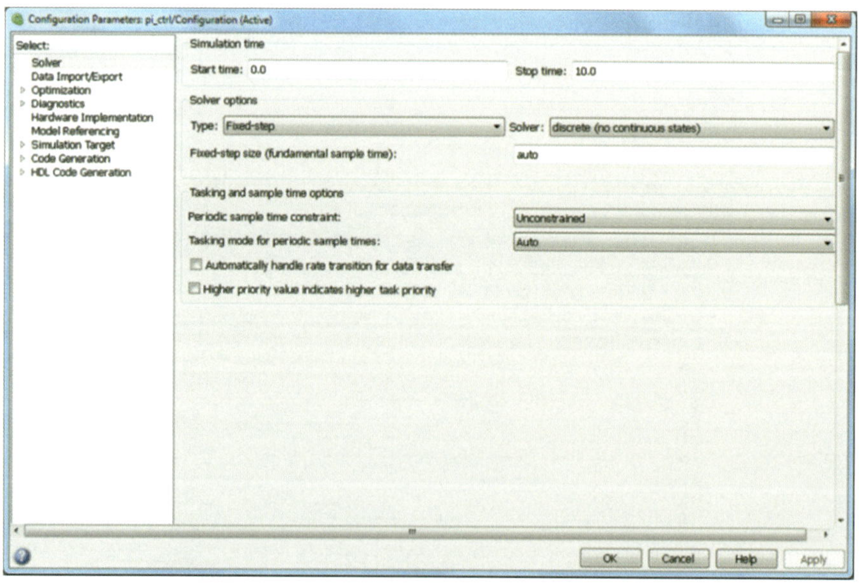

그림 2.5 Configuration Parameters 창

Configuration Parameters 창은 그림 2.5 에서 보는 바와 같이 왼쪽에 모델의 시뮬레이션과 코드 생성을 위한 옵션 카테고리들이 있으며, 각 카테고리들을 선택할 때마다 오른쪽의 각 옵션 메뉴들이 변하도록 구성되어 있다. [1]

사실 Configuration Parameters 내에 있는 각 옵션들은 거의 대부분 코드 생성에 영향을 줄 수 옵션들이며, 코드 생성을 위해서는 시뮬레이션을 할 때 보다 더욱 이 옵션들에 신경을 써야 한다. 이 옵션들의 세부 사항은 뒤쪽에서 더 자세히 알아보기로 하고 지금은 코드 생성을 위한 기본적인 세팅에 신경을 써보자.

2-2-1-1. Solver 세팅

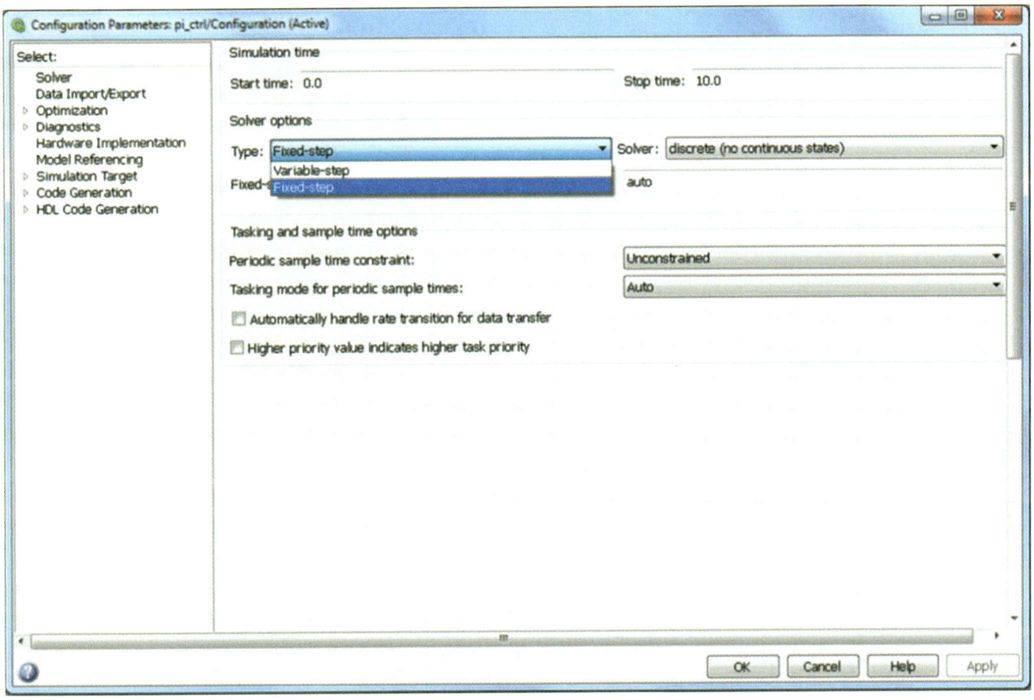

그림 2.6 Solver Type 세팅

Configuration Parameters 창의 왼쪽 카테고리 제일 상단에 있는 부분이 바로 Solver 이다. Simulink 의 Solver Type 은 크게 Variable-step 과 Fixed-step solver 로 구성된다. Variable-step solver 는 주로 시연속(Continuous) 시스템의 시뮬레이션시 시뮬레이션의 속도와 정확도를 모두 만족시키기 위해 시뮬레이션 스텝 사이즈를 자동으로 조절하며 시뮬레이션을 진행하도록 해준다.

[1] 경우에 따라 왼쪽에 보이는 카테고리가 현재 보이는 것과 차이가 있을 수 있으며, 이는 Simulink 추가 도구들이 설치되어 있지 않을 경우 몇개의 카테고리가 보이지 않을 수도 있다. 코드 생성 툴이 설치되어 있지 않은 경우, Code Generation 카테고리가 보이지 않으며 이러한 경우 본 책에서 다루는 모든 예를 실제 수행할 수 없다.

이는 실시간으로 동작해야 하는 실시간 임베디드 시스템용 알고리즘을 모델링했을 때 불필요한 solver 이며, Variable-step solver 가 선택되어 있을 때는 임베디드용 코드 생성시 에러가 발생한다. 따라서 코드 생성을 고려한다면, 반드시 Fixed-step solver 가 선택되어 있어야 한다. Fixed-step Solver Type 이 선택되어도 Solver 옵션에 ode# solver 를 선택한다면 여전히 시연속 시스템 모델로부터의 코드 생성이 가능하다. 하지만, 제어기 자체라면 먼저 이산화 과정을 거치고 만들어진 모델로부터의 코드 생성을 추천하며, 이러한 경우 간단히 Solver 로 discrete (no continuous states)를 선택한다.

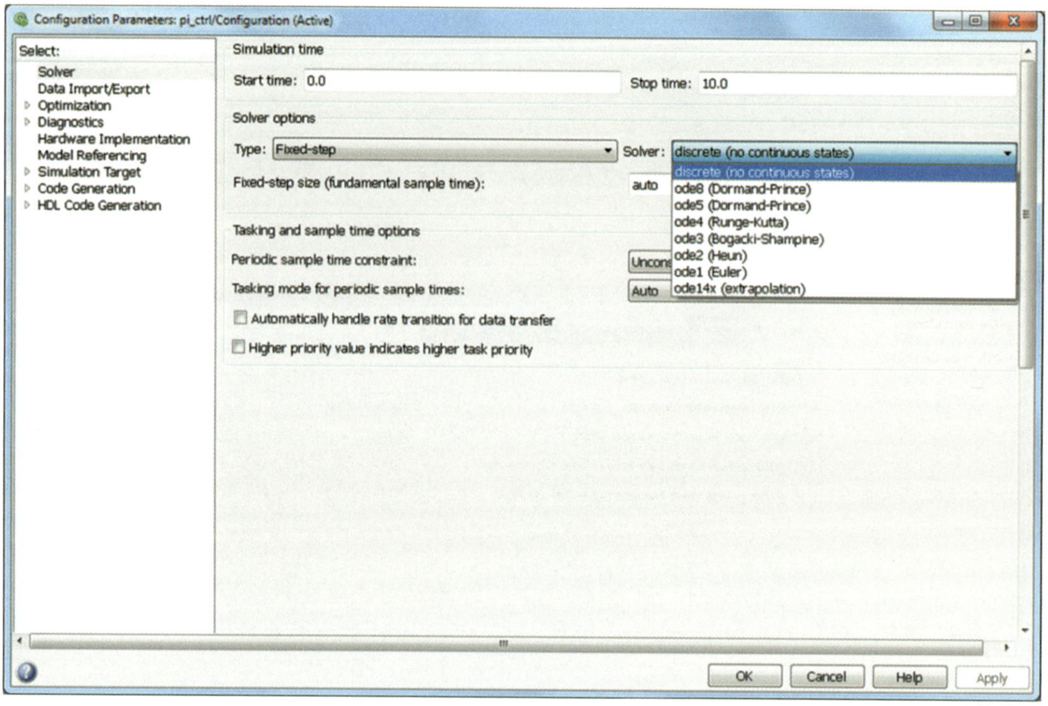

그림 2.7 Solver 선택

현재 사용하는 PI 제어 예제 모델(pi_ctrl)은 이산화된 PI 제어기 모델로 그림 2.7 과 같은 Fixed-step discrete solver 를 선택한다.

2-2-1-2. Hardware Implementation 세팅

임베디드 시스템용 코드를 생성하는 데에 있어서 코드를 실제 어떠한 하드웨어, 즉 어떠한 프로세서에서 동작시킬지를 고려하는 것은 매우 중요하다. 예를 들어 프로세서가 16 비트인지, 32 비트인지에 따라 실제로 동일한 int 라는 데이터 타입으로 데이를 선언해도 데이터 사이즈가 16 비트가 될 수도 있고

32 비트가 될 수도 있다. 또한 프로세서의 floating-point 연산 지원 여부나 Byte ordering 도 코드에 영향을 줄 수 있는 큰 요인이 된다.

Hardware Implementation 세팅은 목표로 하는 하드웨어에 맞는 코드가 생성될 수 있도록 하기 위해 반드시 거쳐야 하는 부분이다. 다행히도 Embedded Coder 는 일반적으로 많이 활용되는 각 하드웨어 Device 에 대한 정보를 이미 가지고 있어 각 부분들을 일일이 세팅할 필요는 없다. 아래 그림 2.8 과 같이 임베디드 하드웨어를 제공하는 업체의 리스트를 쉽게 찾아 볼 수 있으며, 특정 업체를 선택했을 때 그 업체에서 제공하는 하드웨어의 타입들을 쉽게 찾을 수 있다. 만약 생성 코드를 동작시킬 하드웨어가 리스트에 없다면 Device type 을 Custom 으로 선택하여 사용자가 직접 하나씩 세팅 할 수도 있다.

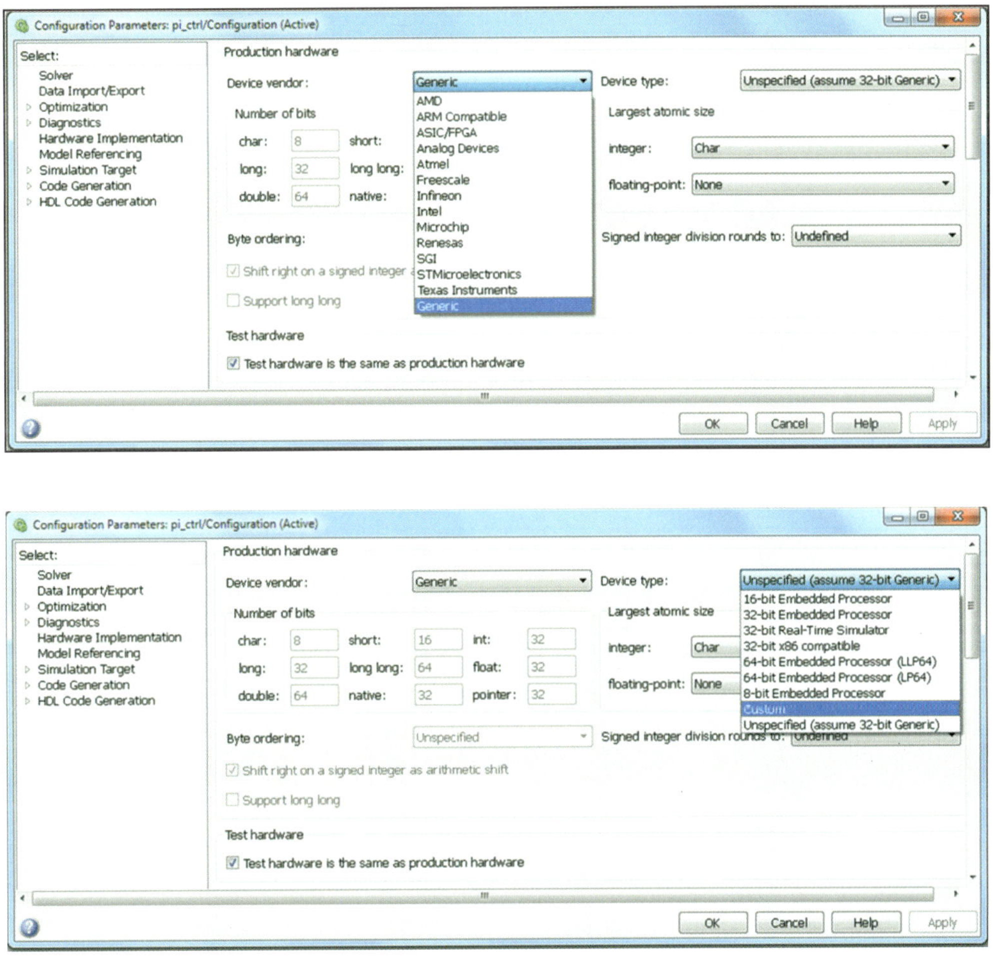

그림 2.8 Hardware Implementation 세팅

2-2-1-3. Code Generation 세팅

Code Generation 카테고리는 내부에 기본적으로 6개의 서브 카테고리들을 포함한다. 사실 이 서브 카테고리는 실제 시스템 타겟을 어떻게 정했는지에 따라 달라질 수 있으며 이 시스템 타겟은 상위 Code Generation 카테고리 최 상단에 있는 System target file 에 의해 결정된다.

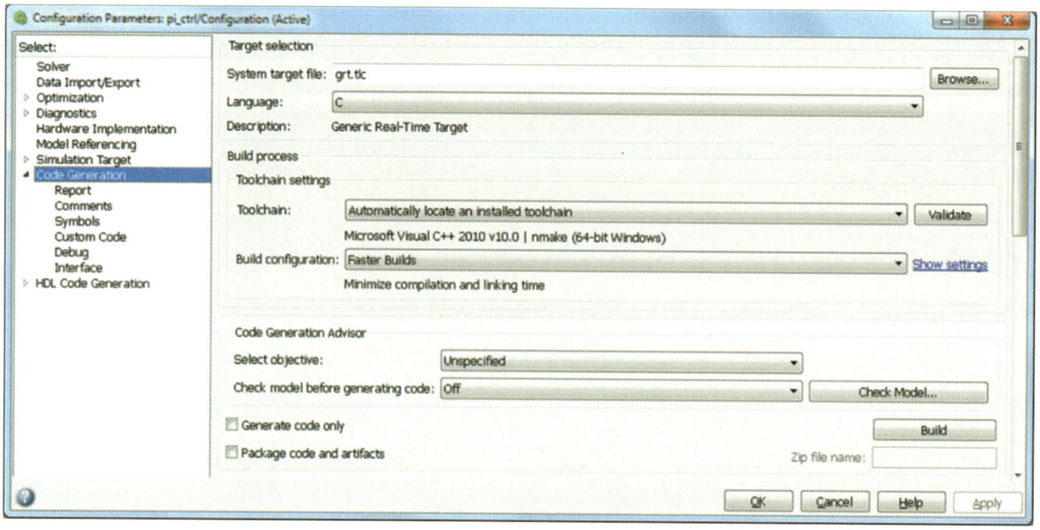

그림 2.9 Code Generation 옵션 세팅

기본으로 셋팅되어 있는 grt.tlc 라는 시스템 타겟은 Simulator 등을 꾸밀 때 활용할 수 있는 코드의 템플릿을 생성하는 타겟이다. Chapter 01 에서 다루었던 것과 같이 코드 생성 도구로 Embedded Coder 를 가지고 있지 않더라도 Simulink Coder 만 있으면 선택 가능한 시스템 타겟으로 주로 Simulator 등과 같은 프로토타이핑 어플리케이션을 개발할 때 활용할 수 있는 template 코드를 생성하는 타겟인 것이다. 즉, grt.tlc 라는 System target file 을 선택한 상태에서 생성된 코드에는 Simulator 등을 위해 필요한 데이터 모니터링, parameter 튜닝, 데이터 로깅 및 Simulink 와의 연동 인터페이스 코드들이 포함되며 이것은 임베디드 소프트웨어로서는 적합하지 않다. 임베디드 시스템용 코드를 생성하려고 한다면, 반드시 이 시스템 타겟부터 변경해야 한다.

시스템 타겟 파일을 변경하기 위해서는 System target file 옵션 오른쪽에 위치한 Browse... 버튼을 클릭하면 그림 2.10 과 같은 선택 가능한 System target file 들이 리스트로 보여진다. 임베디드 시스템용 코드 생성을 위해 ert.tlc (Embedded Coder)라고 적힌 항목을 선택하고 OK 버튼을 클릭한다. 그 외에도 자동차용 AUTOSAR 플랫폼에 맞는 코드 생성 등 특정 임베디드 시스템용 코드 생성을 지원하는 타겟들이 존재한다.

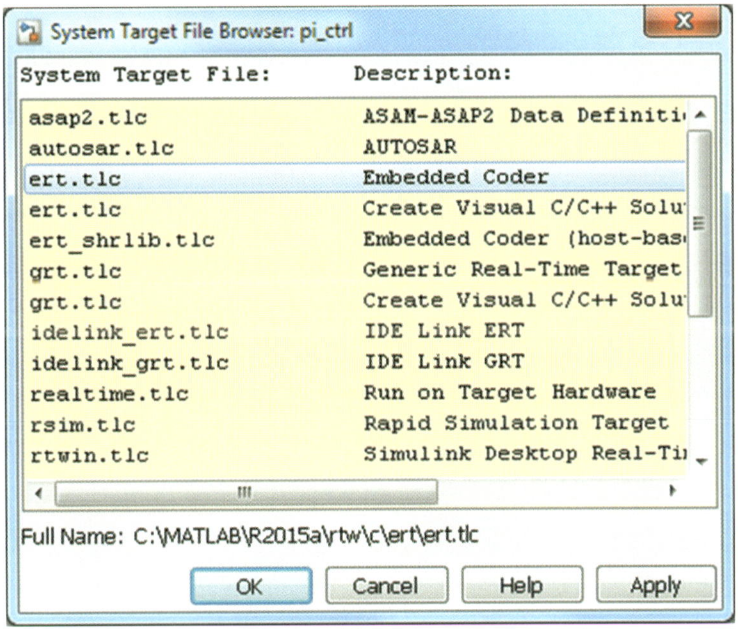

그림 2.10 System Target File 선택하기

ert.tlc 라는 System target file 의 선택과 함께 그림 2.11 과 같이 Code Generation 카테고리 내부의 서브 카테고리가 12 개로 늘어나게 된다. 즉, 생성 코드를 임베디드 시스템에 최적화하기 위한 다양한 추가 기능들이 만들어지는 것이다.

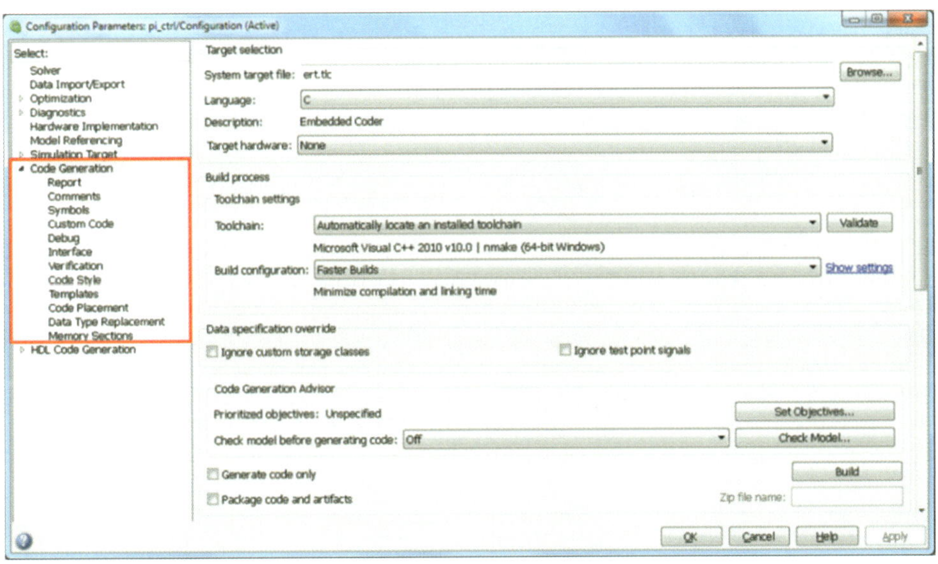

그림 2.11 ert.tlc 시스템 타겟 선택시 Code Generation 카테고리의 변화

2-2-2. 코드의 생성

자 이제는 코드를 생성하기 위한 기본적인 Configuration 을 끝마쳤다. 이제 Code Generation 카테고리에 있는 Build 버튼만 클릭하면 모델 알고리즘에 해당하는 코드가 생성된다. 단, Build 버튼을 클릭하면, 코드 생성과 동시에 생성 코드의 컴파일 작업이 동시에 일어난게 된다. PC 내에 Visual Studio 등이 설치되어 있다면, Visual C 컴파일러를 이용해 컴파일을 수행하고 컴파일이 끝나면, MATLAB 의 Current Folder 에 모델 이름과 동일한 이름의 실행파일이 생성된다.[2] 사실 Windows 용 어플리케이션을 만들 것이 아니라면, 임베디드용 크로스 컴파일러로 컴파일할 코드이므로 이러한 컴파일은 현재로서는 의미가 없다.

따라서 우리는 컴파일 작업을 하지 않고 코드만 생성하도록 옵션을 하나 더 세팅해 보겠다. Code Generation 카테고리 하단에 있는 Generate code only 옵션이다. 옵션을 선택하면 그림 2.12 와 같이 Build 버튼이 Generate code 로 바뀌게 된다. 이제 이 Generate code 버튼을 클릭하여 코드를 생성해 보겠다.

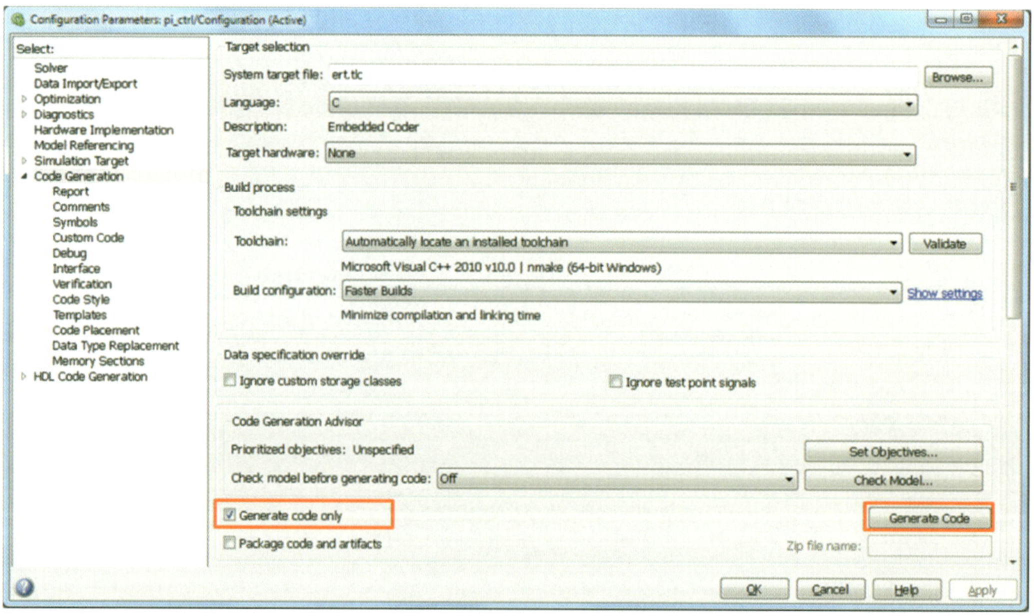

그림 2.12 Generate code only 옵션

---

[2] 아직은 이 실행 파일을 실행해볼 필요가 없다. 현재로서는 무한 루프를 도는 의미없는 코드이다.

코드 생성이 완료되면, MATLAB 의 Current Folder 에 모델 이름 뒤에 _ert_rtw 라는 접미어가 붙은 폴더(pi_ctrl_ert_rtw)가 생성되고 그 안에 생성된 코드가 들어가게 된다. 그림 2.13 과 같이 MATLAB 의 Current Folder 창을 통해 생성된 파일을 볼 수 있다.

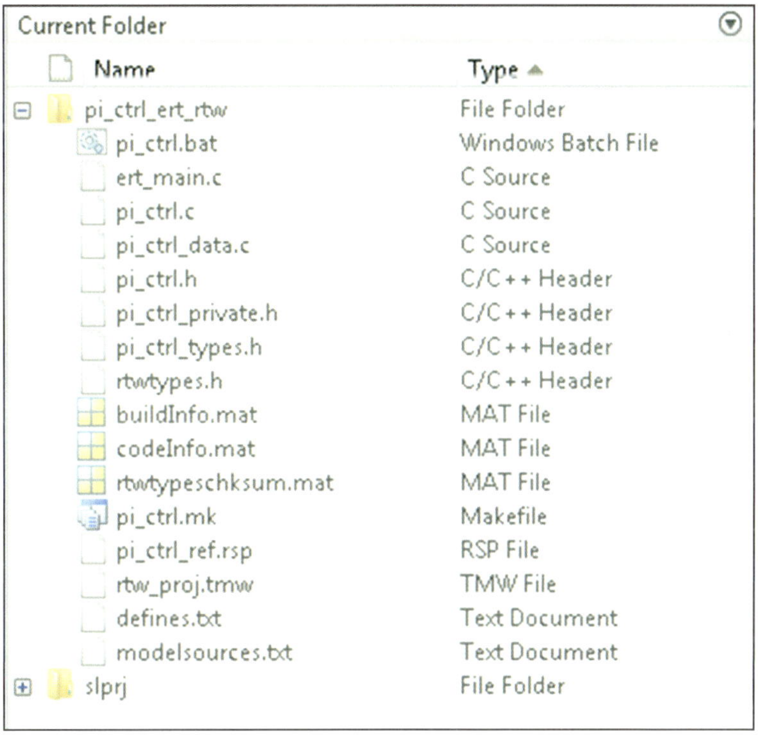

그림 2.13 코드 생성 폴더 내부 파일들

코드 생성 폴더 내부에는 모델 알고리즘에 해당하는 소스파일과 헤더파일들이 있으며, 그외 몇가지 유틸리리 파일들이 함께 생성된다. 이러한 유틸리티 파일들은 몇가지 추가 기능을 위한 것이므로 지금은 일단 고려하지 않겠다. 생성된 소스 파일들을 에디터를 이용하여 열어 보면서 코드가 어떻게 생성되었는지 확인할 수 있으나 코드를 확인하기에는 코드와 함께 자동으로 생성시킬 수 있는 코드 생성 리포트를 활용하면 더욱 편리하다.

그러면 코드와 함께 리포트를 생성시키는 추가 작업을 수행해 보자.

2-2-3. 코드 생성 리포트

코드 생성과 함께 코드 생성 리포트를 생성시키기 위해서는 Code Generation 카테고리의 서브카테고리인 Report 항목에 있는 옵션을 선택해야 한다. 기본적으로는 옵션들이 모두 꺼져 있을 것이다. Create code generation report 옵션을 선택하면, 그 하부의 서브 옵션들이 활성화된다. 우선은 그림 2.14 와 같이 Generate model web view 옵션을 제외한 모든 서브옵션들을 다 체크해 보자. 다시 상위 Code Generation 카테고리로 돌아가서 Generate code 버튼을 클릭하면, 코드가 다시 생성되고 이와 동시에 그림 2.15 와 같은 코드 생성 리포트가 새로운 창으로 나타난다.

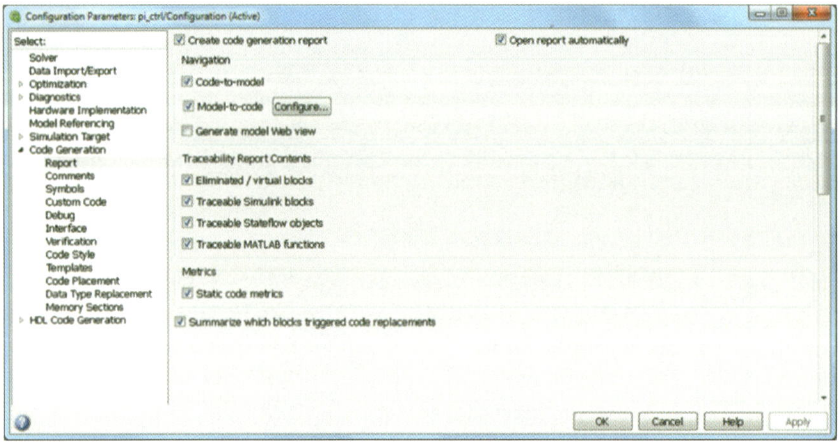

그림 2.14 코드 생성 리포트 옵션

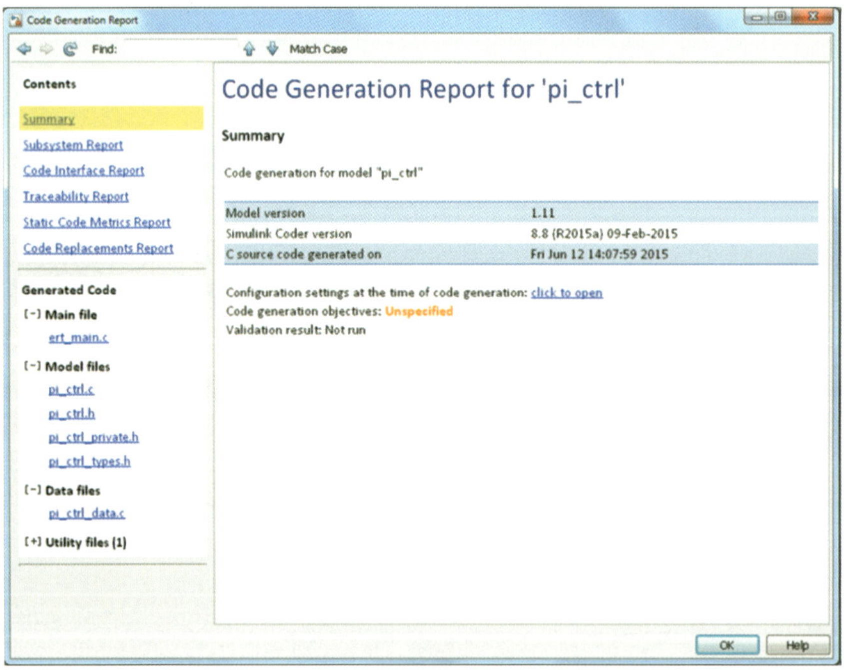

그림 2.15 코드 생성 리포트

코드 생성 리포트의 각 항목들은 html 문서로 구성되어 있으며, 실제 코드가 생성된 폴더 내부에 html 이라는 폴더가 추가로 생성된 것을 확인할 수 있을 것이다.

코드 생성 리포트는 생성된 코드를 쉽게 네비게이션 할 수 있는 기능을 제공함과 동시에 코드의 정보를 실제 코드를 들여다보지 않고도 파악할 수 있도록 하기 위한 생성 코드와 관련된 리포트들을 포함한다. 또한 모델의 각 부분들이 코드에 어떻게 표현되었는지, 코드 내 각 데이터들은 모델의 어떤부분에서 생성되었는지 추적할 수 있는 양방향 추적 기능을 제공한다. (그림 2.16)

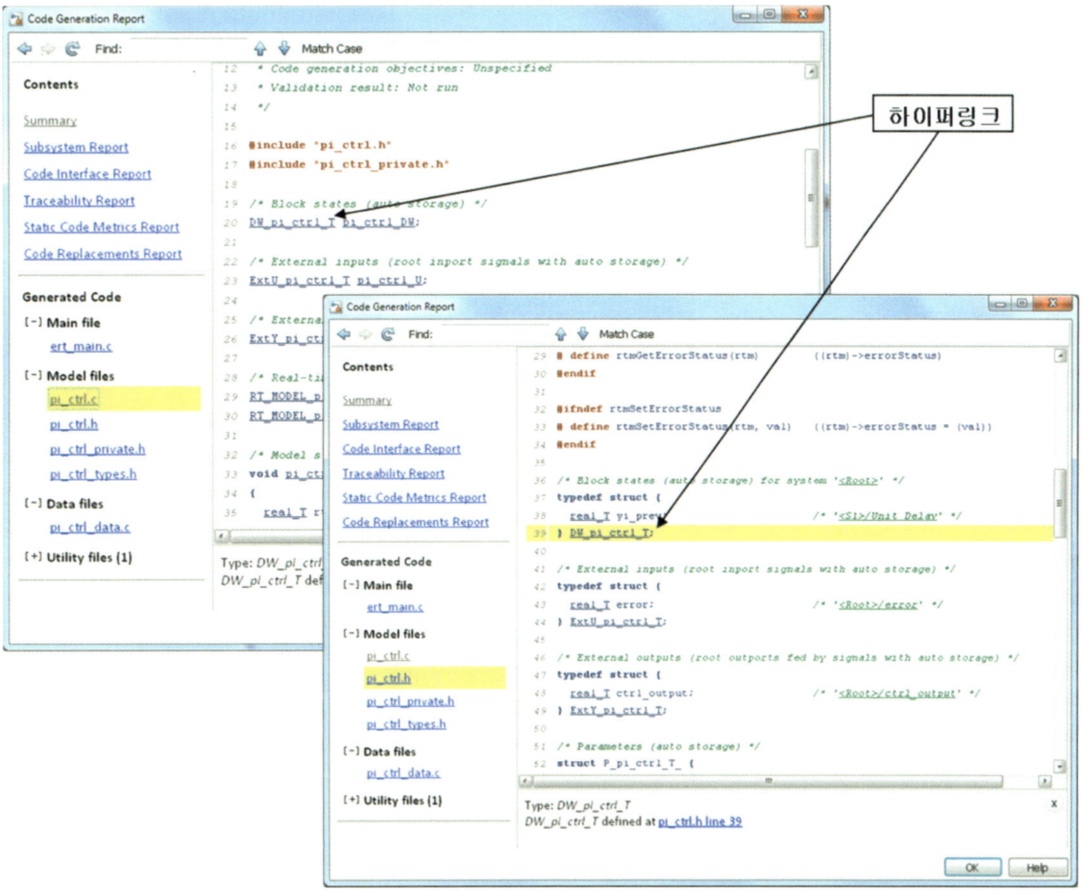

그림 2.16 하이퍼 링크를 통한 코드 네비게이션

코드 정보에 관련된 리포트는 크게 다음의 구성을 갖는다.

- Summary: 모델의 버전 정보와 코드 생성 날짜 정보
- Subsystem Report: 모델의 계층 구조와 생성 코드의 코드 구조 요약 정보

- Code Interface Report: 생성 코드를 활용하기 위한 함수 및 입출력 데이터, parameter 데이터들의 정보
- Traceability Report: 모델과 코드의 매핑 테이블
- Static Code Metrics Report: 생성된 코드의 라인수, 전역 변수들의 사이즈, 각 함수들의 라인 수 및 함수 내 local 변수들의 스택 사이즈
- Code Replacements Report: C89/C90 (ANSI) 표준 라이브러리 함수를 다른 함수로 대체한 경우 대체된 함수에 대한 리포트

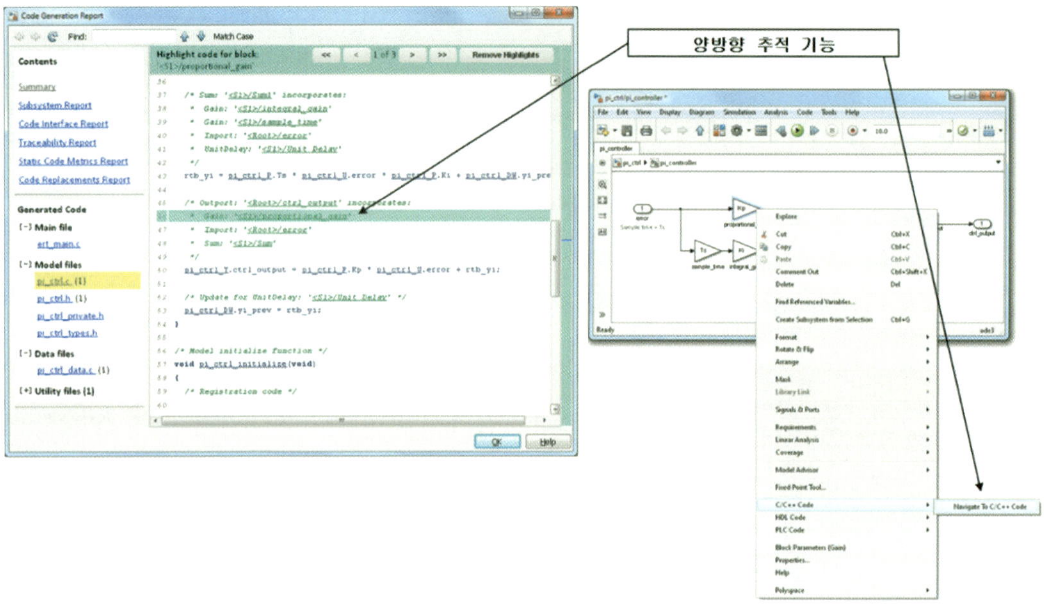

그림 2.17 모델과 코드 사이의 양방향 추적기능

각각 생성된 리포트들은 코드를 하나씩 들여다 보지 않고도 코드가 가지는 특성을 파악하기에 충분한 정보들을 포함한다. 본 책에서는 이 리포트들을 하나씩 설명하지는 않겠다. 하지만, 직접 이 리포트들을 하나씩 들여다 보는 시간을 갖는 것은 충분히 의미있는 일이 될 것이다.

직접 한번 해봅시다

코드 생성 도구는 코드의 생성과 함께 다양한 생성 코드에 대한 리포트를 생성한다. 이러한 리포트는 HTML 문서의 형태로 생성되어 실제 MATLAB 및 Slimulink가 설치되어 있지 않은 컴퓨터에서도 웹브라우저를 이용하여 확인이 가능하다. 앞서 우리는 코드 생성 리포트를 통해 모델과의 양방향 추적 기능을 알아 보았다. 그렇다면, MATLAB 및 Slimulink가 설치되지 않은 컴퓨터에서는 이러한 추적 기능을 사용할 수 없을까? 앞서 우리가 다루지 않은 Generate model web view라는 옵션이 이것을 가능하게 한다.

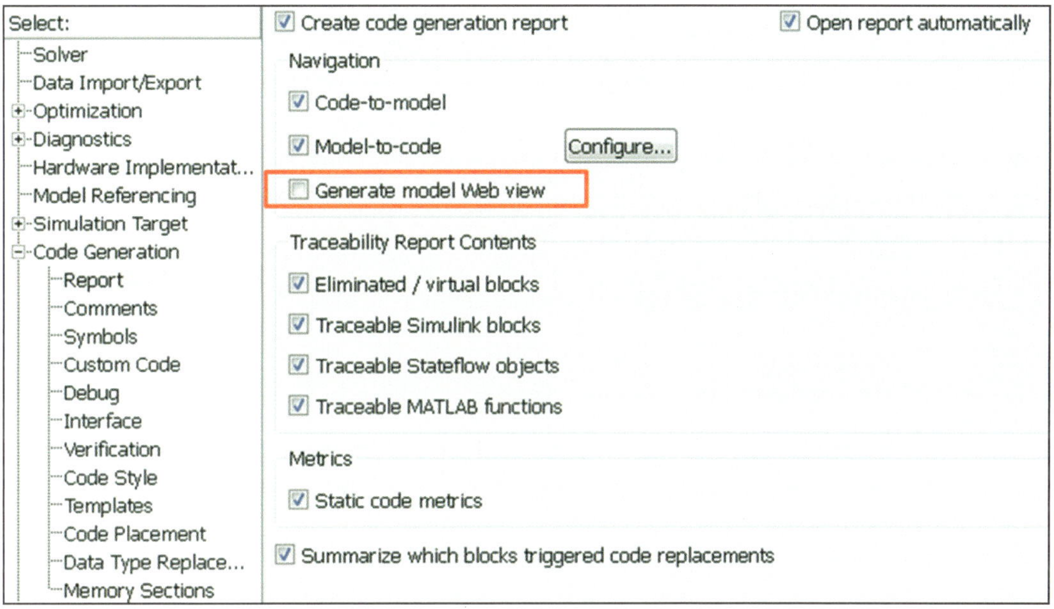

이 옵션을 선택하여 생성되는 코드 생성 리포트를 관찰해 보자. 모델의 정보가 리포트에 함께 포함됨을 알 수 있을 것이다. 생성된 리포트 파일들은 코드 생성 디렉토리 내의 html 디렉토리에 있으며, model_codegen_rpt.html 파일을 열어 각 리포트에 접근할 수 있다.

Chapter 3

생성된 코드의 구조

3-1. 생성된 코드의 파일 구조

생성된 코드의 구조와 파일들은 코드 생성시 다양한 옵션에 의해 변경이 가능하다. 현재는 특별한 옵션의 변경 없이 생성된 생성된 코드의 파일 구조를 먼저 알아보자.

코드 생성 리포트에 보여지는 바와 같이 생성된 코드 파일은 크게 Main file 과 Model files, Data files 및 Utility files 들로 구성된다. 지금부터 각각을 하나씩 살펴보자.

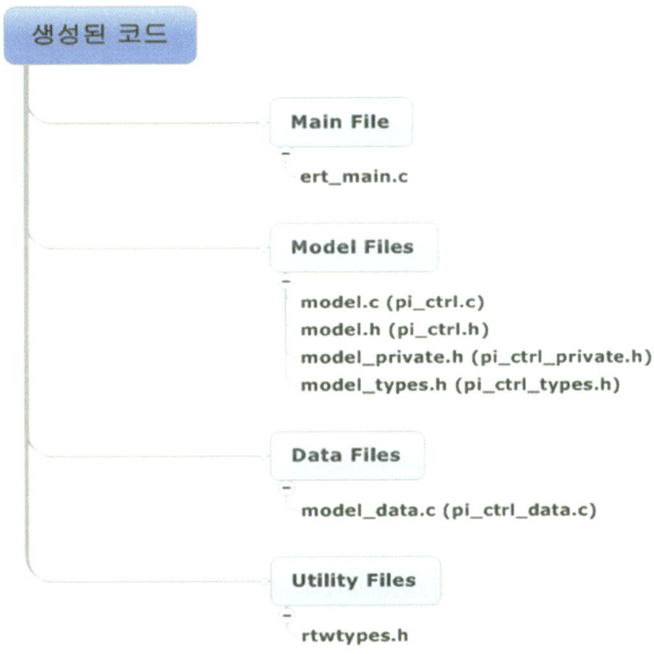

그림 3.1 생성된 파일들

3-1-1. Model files

3-1-1-1. *model*.c 파일 (pi_ctrl.c)

생성된 코드 파일 중 가장 핵심이 되는 파일이 바로 Model files 내의 소스 파일인 모델이름과 동일한 이름의 C 소스파일이다. 즉, 현재 PI 제어기 예제의 pi_ctrl 이라는 모델의 이름과 동일한 이름의 pi_ctrl.c 파일로 모델의 핵심알고리즘이 그대로 코드로 반영되어 있다. pi_ctrl.c 파일의 내부는 그림 3.2 와 같은 구성으로 되어 있다. 크게 Header section, Includes section, Definitions section 및 Functions section 으로 구성되며, 이는 가장 일반적인 C 코드의 구조라고 볼 수 있다.

- Header section: 코드를 생성한 모델의 정보, 코드 생성 도구의 버전 정보, 코드가 생성된 날짜, 코드 생성을 위해 세팅한 시스템 타겟 및 Hardware Implementation 세팅 정보들을 코드 배너로 표현하는 부분
- Includes section: 소스 코드 내부에서 사용하는 데이터의 Type Definition 이나 데이터 선언들을 포함하는 헤더 파일들을 Include 하는 부분
- Definitions section: 소스 코드 내부에서 사용될 데이터의 선언 부분
- Functions section: 실제 알고리즘을 포함하는 함수들이 위치하는 부분

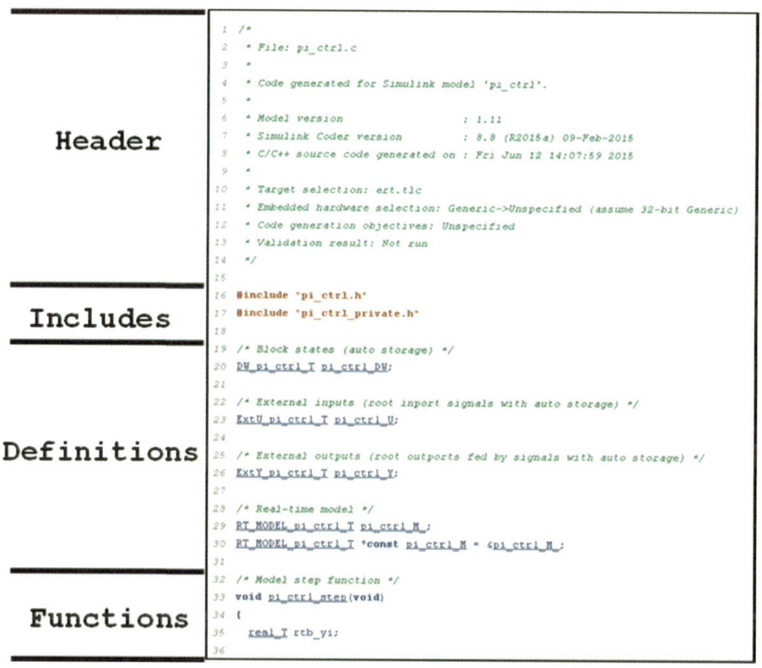

그림 3.2 생성 코드 구조.

Includes and Definitions

Includes 되는 헤더 파일들에 포함된 데이터 타입 정의에 의해 Definitions section 에서 코드에서 활용할 변수를 선언하고 있다. 코드 생성시 Simulink signal 데이터에 대한 옵션을 변경하지 않는다면, 기본적으로 모델의 입력들과 출력들은 각각 모델이름_U 및 모델이름_Y 라는 이름의 구조체 변수로 선언이 된다.[3] 자동적인 모듈 구조에 의해 입력 데이터들은 입력 데이터들끼리 묶여 하나의 구조체로 만들어지고, 출력 데이터들은 출력 데이터들끼리 묶여 하나의 구조체로 만들어지는 것이다. 그림 3.2 의 Definitions section 에 보이는 pi_ctrl_U 와 pi_ctrl_Y 가 바로 그것이다. 그 상단에 보이는 pi_ctrl_DW 는 모델 내부에 존재하는 state 에 해당하는 데이터이다. PI 제어 모델은 적분을 위해 매 스텝마다의 Unit Delay block 내의 state 가 저장될 필요가 있으며 저장된 값은 다음 타임 스텝에서 다시 활용되게 된다. 결국 state 값을 저장할 메모리 공간이 필요하며, 이를 위해 *model*_DW 이라는 구조체에 그 state 값을 저장시킨다. 한 모델에 state 가 여러개 존재할 수 있기 때문에, 이를 모듈화하여 *model*_DW 이라는 구조체에 모두 묶어 코드를 생성하게 된다.

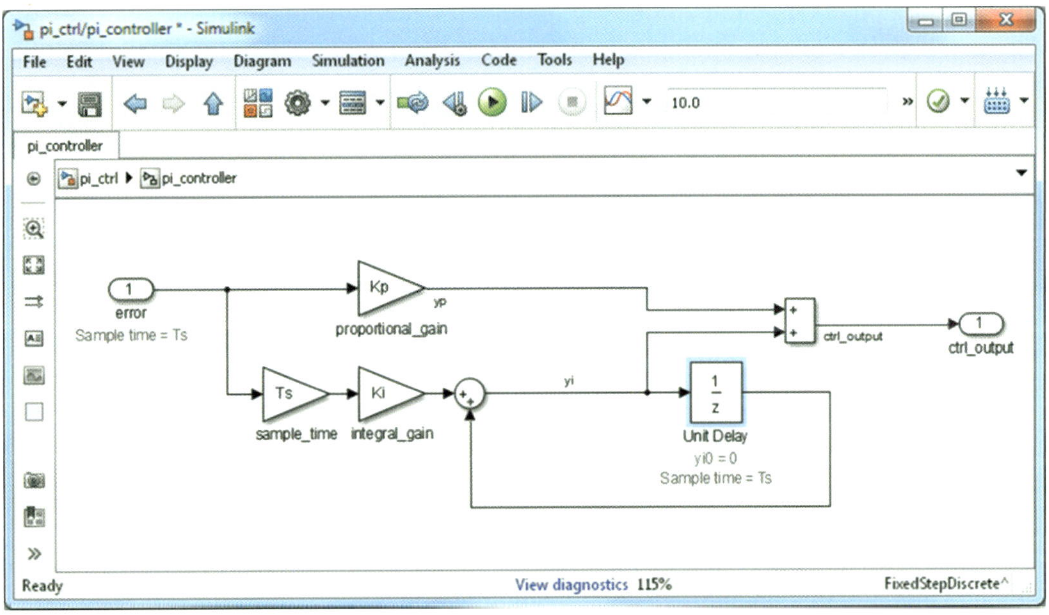

그림 3.3 State 를 포함하는 Unit Delay 블록

[3] 앞으로는 "**모델이름.c**" 또는 "**모델이름_U**" 와 같은 표현을 간단히 *model*.c 또는 *model*_U 라고 기입하겠다.

Definitions section 제일 하단의 pi_ctrl_M 이라는 구조체는 model data structure 라고 부르며, multirate system 모델로부터 코드 생성 시 timing 정보들을 포함하게 된다. 현 예제 모델은 single-rate system 으로 error status 라는 field 만을 갖고 있으며, 코드의 실시간 동작시 overrun 등을 detect 할 수 있는 코드를 작성할 때 도움을 준다. 현 시점에서는 크게 신경을 쓰지 않아도 되는 데이터이며 옵션[4] 을 통해 제거할 수도 있다.

Functions

모델에서 코드 생성시 크게 3 개의 함수가 생성된다. 각각은 *model*_step, *model*_initialize, *model*_terminate 이라는 함수이다. pi_ctrl_step 함수는 그림 3.6 에서 보이는 바와 같이 모델의 알고리즘이 들어있는 핵심 코드이며 매 스텝마다 호출되어야 할 함수이다. 그림 3.6 의 **43 번째** 줄을 살펴보면, 모델의 입력인 error (pi_ctrl_U.error)와 sample_time (pi_ctrl_P.Ts), integral_gain (pi_ctrl_ P.Ki)을 곱하고 이전 state 값 (pi_ctrl_DW.yi_prev)을 더하여 yi (rtb_yi)를 계산하는 코드라는 것을 쉽게 알 수 있다. 결국 이부분은 그림 3.4 에 표시된 부분에 대한 코드이다.

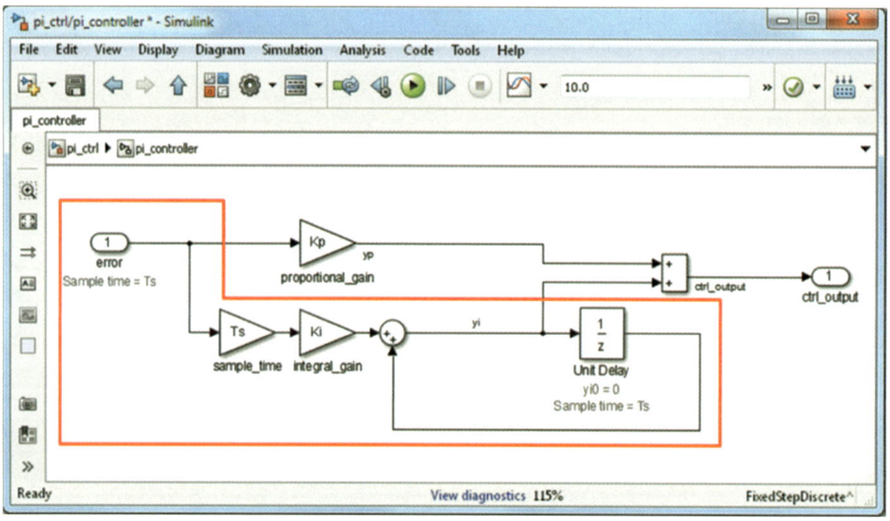

그림 3.4 yi 계산 알고리즘 모델

---

[4] Interface 서브 카테고리의 Suppress error status in real-time model data structure 옵션

그림 3.6 의 50 **번째 줄**의 코드는 그림 3.5 와 같은 모델의 나머지 부분에 대한 코드로 error (pi_ctrl_U.error)에 proportional_gain (pi_ctrl_P.Kp)을 곱한 값에서 이전 스텝에서 계산한 yi (rtb_yi)를 더하여 최종 ctrl_output (pi_ctrl_Y.ctrl_output)을 계산하는 부분이다

.

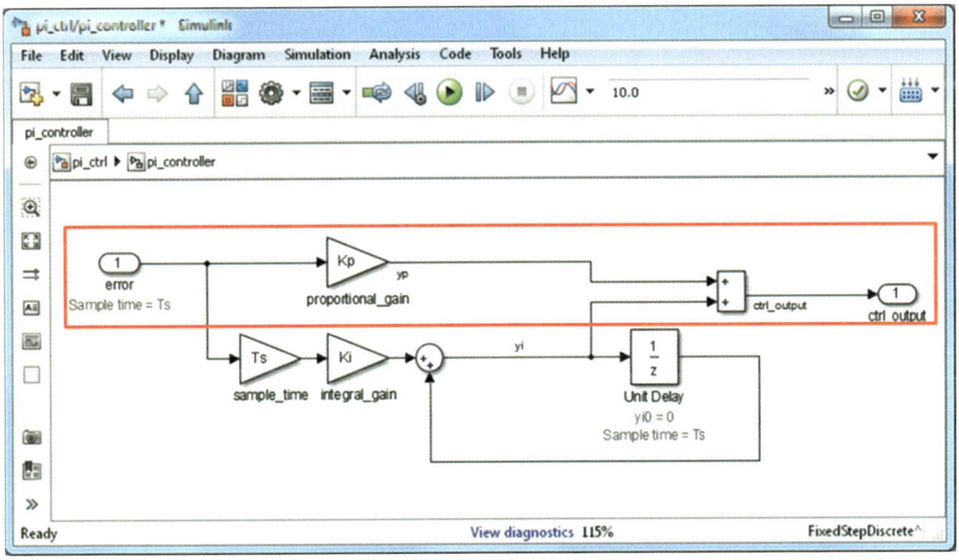

그림 3.5 최종 ctrl_output 계산 알고리즘 모델

그림 3.6 의 53 **번째 줄**의 코드는 다음 스텝에서 사용할 state 값을 업데이트 하는 부분으로 yi (rtb_yi)의 값을 state (pi_ctrl_DW.yi_prev)에 저장한다.

pi_ctrl_initialize 함수는 코드 상에 존재하는 모든 전역 변수들을 초기화하는 부분으로서 코드의 실시간 동작시 초기에 한번만 호출되면 되는 함수이다. 현재 pi_ctrl 모델에서는 그림 3.6 에서 볼 수 있는 바와 같이 pi_ctrl_U, pi_ctrl_Y, pi_ctrl_DW 구조체 내부의 모든 멤버들을 초기화한다.

pi_ctrl_terminate 함수는 코드의 실시간 동작시 마지막에 한번 불려져야하는 함수로서, 필요에 따라 활용될 수 있다. 주로 custom code 를 코드 생성에 함께 반영코자 할 때 활용하며, 본 예제인 일반적인 모델에서 생성되는 코드에는 내부가 비어 있는 *model*_terminate 함수만이 존재하며, 이 경우 옵션[5] 을 통해 제거할 수 있다.

[5] Interface 서브 카테고리의 Terminate function required

```
void pi_ctrl_step(void)
{
  real_T rtb_yi;

  /* Sum: '<S1>/Sum1' incorporates:
   *  Gain: '<S1>/integral_gain'
   *  Gain: '<S1>/sample_time'
   *  Inport: '<Root>/error'
   *  UnitDelay: '<S1>/Unit Delay'
   */
  rtb_yi = pi_ctrl_P.Ts * pi_ctrl_U.error * pi_ctrl_P.Ki + pi_ctrl_DW.yi_prev;

  /* Outport: '<Root>/ctrl_output' incorporates:
   *  Gain: '<S1>/proportional_gain'
   *  Inport: '<Root>/error'
   *  Sum: '<S1>/Sum'
   */
  pi_ctrl_Y.ctrl_output = pi_ctrl_P.Kp * pi_ctrl_U.error + rtb_yi;

  /* Update for UnitDelay: '<S1>/Unit Delay' */
  pi_ctrl_DW.yi_prev = rtb_yi;
}

/* Model initialize function */
void pi_ctrl_initialize(void)
{
  /* Registration code */

  /* initialize error status */
  rtmSetErrorStatus(pi_ctrl_M, (NULL));

  /* states (dwork) */
  (void) memset((void *)&pi_ctrl_DW, 0,
                sizeof(DW_pi_ctrl_T));

  /* external inputs */
  pi_ctrl_U.error = 0.0;

  /* external outputs */
  pi_ctrl_Y.ctrl_output = 0.0;

  /* InitializeConditions for UnitDelay: '<S1>/Unit Delay' */
  pi_ctrl_DW.yi_prev = pi_ctrl_P.UnitDelay_InitialCondition;
}

/* Model terminate function */
void pi_ctrl_terminate(void)
{
  /* (no terminate code required) */
}
```

그림 3.6 pi_ctrl.c 파일 내 생성된 함수들

3-1-1-2. model.h 파일 (pi_ctrl.h)

model.h 헤더파일에는 주로 소스 코드에서 활용할 데이터의 Type Definition 과 소스코드에서 선언한 데이터와 함수의 Extern Declaration 이 포함된다. 결국 입력, 출력, State 에 해당하는 구조체 변수를 선언할 때 활용한 Data Type Definition 이 이 헤더파일에 정의되어 있다.

또한, 소스 코드에서 활용했던 pi_ctrl_P 라는 parameter 들을 묶어 놓은 구조체의 정의가 그림 3.8 의 44 **번째** 줄에서와 같이 이 헤더 파일에서 이루어지고 있다.

그림 3.8 의 59 **번째** 줄에서 69 **번째** 줄까지의 코드는 모두 소스 코드에서 선언한 전역 변수들을 extern 선언하는 부분이며, 72 **번째** 줄부터 74 **번째** 줄까지는 함수에 대한 extern 선언 부분이다. 결국, 바로 *model*.h 헤더파일의 주 역할은 생성코드를 활용코자 할 때 다른 코드에서 이 헤더파일만 include 하면 생성된 코드 내의 함수를 호출 할 수 있으며, 각 데이터에 엑세스할 수 있게 되는 것을 의미한다.

다시 한번 코드 생성시 생선된 코드 생성 리포트중 Code Interface Report 를 살펴보면, 여기서 얘기하는 Entry Point Functions (그림 3.7)가 무엇인지, 그리고 왜 각 함수에 대한 표의 마지막 Header file 항목에 *model*.h 헤더파일이 적혀 있는지 이해할 수 있을 것이다.

Entry Point Functions

Function: pi_ctrl_initialize

Prototype	void pi_ctrl_initialize(void)
Description	Initialization entry point of generated code
Timing	Called once
Arguments	None
Return value	None
Header file	pi_ctrl.h

Function: pi_ctrl_step

Prototype	void pi_ctrl_step(void)
Description	Output entry point of generated code
Timing	Called periodically, every 0.01 seconds
Arguments	None
Return value	None
Header file	pi_ctrl.h

Function: pi_ctrl_terminate

Prototype	void pi_ctrl_terminate(void)
Description	Termination entry point of generated code
Timing	Called once
Arguments	None
Return value	None
Header file	pi_ctrl.h

그림 3.7 Code Interface Report 의 Entry Point Functions

```
/* Block states (auto storage) for system '<Root>' */
typedef struct {
  real_T yi_prev;                    /* '<S1>/Unit Delay' */
} DW_pi_ctrl_T;

/* External inputs (root inport signals with auto storage) */
typedef struct {
  real_T error;                      /* '<Root>/error' */
} ExtU_pi_ctrl_T;

/* External outputs (root outports fed by signals with auto storage) */
typedef struct {
  real_T ctrl_output;                /* '<Root>/ctrl_output' */
} ExtY_pi_ctrl_T;

/* Parameters (auto storage) */
struct P_pi_ctrl_T_ {
  real_T Ki;                         /* Variable: Ki
                                      * Referenced by: '<S1>/integral_gain'
                                      */
  real_T Kp;                         /* Variable: Kp
                                      * Referenced by: '<S1>/proportional_gain'
                                      */
  real_T Ts;                         /* Variable: Ts
                                      * Referenced by: '<S1>/sample_time'
                                      */
  real_T UnitDelay_InitialCondition; /* Expression: 0
                                      * Referenced by: '<S1>/Unit Delay'
                                      */
};

/* Block parameters (auto storage) */
extern P_pi_ctrl_T pi_ctrl_P;

/* Block states (auto storage) */
extern DW_pi_ctrl_T pi_ctrl_DW;

/* External inputs (root inport signals with auto storage) */
extern ExtU_pi_ctrl_T pi_ctrl_U;

/* External outputs (root outports fed by signals with auto storage) */
extern ExtY_pi_ctrl_T pi_ctrl_Y;

/* Model entry point functions */
extern void pi_ctrl_initialize(void);
extern void pi_ctrl_step(void);
extern void pi_ctrl_terminate(void);
```

그림 3.8 pi_ctrl.h 헤더 파일

3-1-1-3. 그 외의 Model files

그 외의 Model files 로는 *model*_private.h (pi_ctrl_private.h) 헤더 파일과 *model*_types.h (pi_ctrl_types.h) 헤더 파일이 있다.

*model*_private.h 헤더 파일은 외부 코드와 통합할 때 외부에서 선언된 변수를 extern 선언하여 가져오는 작업등을 할 때 활용되며 데이터에 대한 속성을 변경하였을 때 활용될 수 있다. 자세한 내용은 다음 Chapter 에서 다룰 것이며, 현재 코드에서는 크게 활용되는 부분은 없다.

*model*_types.h 파일은 사용자가 특정 type definition 을 만들어 사용하고자 할 때 활용되며, 현재 코드에서는 parameter 구조체에 대한 type definition 을 포함하고 있다.

```
/* Parameters (auto storage) */
typedef struct P_pi_ctrl_T_ P_pi_ctrl_T;
```

3-1-2. Data files

3-1-2-1. *model*_data.c 파일

*model*_data.c 파일은 모델 내에 존재하는 parameter 들의 값을 지정하는 역할을 한다. pi_ctrl.c 파일을 다시 살펴보면, 모델에 존재하는 signal 이 아닌 parameter 값들에 대해 생성된 코드에서는 *model*_P (pi_ctrl_P)라는 구조체로 묶여서 활용되던 것을 기억할 것이다. pi_ctrl_P 라는 구조체 내부 field 들의 값은 바로 이 pi_ctrl_data.c 파일에서 지정되어 있다. Parameter 는 연산에 의해 자동으로 변경되는 값이 아니며 사용자의 튜닝에 의해 변경이 이루어진다. 즉, 튜닝할 변수 값들을 바로 이 pi_ctrl_P 라는 구조체로 묶어 그 값을 pi_ctrl_data.c 파일에서만 다루도록 모듈화되어 코드가 생성된 것이다. (그림 3.9)

```
/*
 * File: pi_ctrl_data.c
 *
 * Code generated for Simulink model 'pi_ctrl'.
 *
 * Model version                  : 1.11
 * Simulink Coder version         : 8.8 (R2015a) 09-Feb-2015
 * C/C++ source code generated on : Fri Jun 12 15:07:32 2015
 *
 * Target selection: ert.tlc
 * Embedded hardware selection: Generic->Unspecified (assume 32-bit Generic)
 * Code generation objectives: Unspecified
 * Validation result: Not run
```

```
 */

#include "pi_ctrl.h"
#include "pi_ctrl_private.h"

/* Block parameters (auto storage) */
P_pi_ctrl_T pi_ctrl_P = {
  2.0,                                  /* Variable: Ki
                                         * Referenced by: '<S1>/integral_gain'
                                         */
  0.3,                                  /* Variable: Kp
                                         * Referenced by: '<S1>/proportional_gain'
                                         */
  0.01,                                 /* Variable: Ts
                                         * Referenced by: '<S1>/sample_time'
                                         */
  0.0                                   /* Expression: 0
                                         * Referenced by: '<S1>/Unit Delay'
                                         */
};
```

그림 3.9 pi_ctrl_data.c 파일

3-1-3. Utility files

3-1-3-1. rtwtypes.h 파일

rtwtypes.h 파일은 임베디드로의 구현을 위해 매우 중요한 파일이다. 앞서 다룬 생성된 모든 헤더 파일에서 include 하고 있는 파일로 모든 기본 type definition 을 포함하고 있다. *model*.h 헤더파일을 다시 살펴보면, 각 입력, 출력, state 등의 구조체에 대한 type definition 들을 기억할 것이다. 이 안에서 활용한 구조체 내부 각 멤버들의 선언은 어떻게 되어 있는지 살펴보자.

사실 pi_ctrl 모델의 모든 signal 과 parameter 데이터들은 double 데이터 타입을 사용하고 있다. (참고로 모델에서 데이터 타입을 수정하는 방법은 다음 chapter 에서 다루도록 하겠다.) 생성된 코드에서는 이러한 데이터들에 대해 *model*.h 헤더 파일에서는 real_T 라는 type definition 을 사용하고 있으며, 이러한 type definition 들은 모두 그림 3.10 에서 보이는 바와 같이 rtwtypes.h 헤더파일에서 정의되고 있다. 이러한 rtwtypes.h 헤더파일이 코드 생성시 항상 함께 생성되는 이유는 그림 3.10 의 **30 번째 줄**부터 39 **번째 줄**까지의 코드 배너에서 볼 수 있는 바와 같이 앞서 세팅한 Hardware Implementation 때문이다. 실제 생성된 코드가 동작할 하드웨어에 맞도록 type definition 들을 하드웨어에 맞게 정의하는 것이다.

```
/*=======================================================================*
 * Target hardware information
 *   Device type: Generic->Unspecified (assume 32-bit Generic)
 *   Number of bits:     char:   8    short:   16    int:  32
 *                       long:  32
 *                       native word size:  32
 *   Byte ordering: Unspecified
 *   Signed integer division rounds to: Undefined
 *   Shift right on a signed integer as arithmetic shift: on
 *=======================================================================*/

/*=======================================================================*
 * Fixed width word size data types:                                     *
 *   int8_T, int16_T, int32_T     - signed 8, 16, or 32 bit integers     *
 *   uint8_T, uint16_T, uint32_T  - unsigned 8, 16, or 32 bit integers   *
 *   real32_T, real64_T           - 32 and 64 bit floating point numbers *
 *=======================================================================*/
typedef signed char int8_T;
typedef unsigned char uint8_T;
typedef short int16_T;
typedef unsigned short uint16_T;
typedef int int32_T;
typedef unsigned int uint32_T;
typedef float real32_T;
typedef double real64_T;

/*===========================================================================*
 * Generic type definitions: real_T, time_T, boolean_T, int_T, uint_T,       *
 *                           ulong_T, char_T and byte_T.                     *
 *===========================================================================*/
typedef double real_T;
typedef double time_T;
typedef unsigned char boolean_T;
typedef int int_T;
typedef unsigned int uint_T;
typedef unsigned long ulong_T;
typedef char char_T;
typedef unsigned char uchar_T;
typedef char_T byte_T;
```

그림 3.10 rtwtypes.h 파일

3-1-4. Main file

3-1-4-1. ert_main.c 파일

마지막 남은 하나의 파일은 ert_main.c 파일이다. 이 파일은 사실 생성된 코드를 활용하는 하나의 예제 파일이다. 실제로 예제 파일이기 때문에 코드 생성시 옵션에 의해 제거될 수도 있다.[6] 예제이기 때문에 크게 중요하진 않지만 처음 코드를 생성 시켜본 사용자의 입장에서는 생성된 코드를 활용하기에 큰 도움이 된다.

그림 3.11 에서 보이는 바와 같이 생성된 코드의 함수를 호출하고 데이터에 엑세스하기 위해서 우선 pi_ctrl.h 헤더파일을 include 한다. (**18 번째 줄**) 그리고 필요한 곳에서 생성된 pi_ctrl_step 함수를 호출한다. (**51 번째 줄**)

그림 3.11 의 **33 번째 줄**에 보이는 rt_OneStep 함수는 실시간 임베디드 소프트웨어에 있는 하나의 실시간 태스크로 가정하여 표현한 것이다. 이것은 일종의 인터럽트 서비스 루틴 정도로 생각해 볼 수 있다. 단지 예제 파일일 뿐이니 참고 사항 정도로 생각하면 될 것이다.

그림 3.12 는 ert_main.c 파일에 함께 있는 main 함수의 예제 코드를 보여준다. main 함수 상단에서 pi_ctrl_initialize 함수를 호출하여 모든 전역 변수들을 초기화 한다. 그리고 강제로 종료시키지 않는 한 while 루프에 의해 무한 루프가 돌아가며, 종료시 while 루프를 빠져나와 pi_ctrl_terminate 함수를 호출하고 종료한다. 실시간 임베디드 소프트웨어의 전형적인 foreground-background routine 으로 main 에서 무한 루프를 도는 동안 rt_OneStep 과 같은 스케쥴된 태스크를 타이밍 이벤트에 따라 동작시키는 것이다.

간단한 예제이지만 자세히 들여다 보면, rt_OneStep 내에 overrun 을 detect 하기 위한 코드도 들어 있다.

참고로 2-2-2 절에서 **Code Generation** 카테고리에 있는 **generate code only** 옵션을 이용하여 [Build] 버튼을 [Generate code] 로 바꾸어 코드만을 생성한 것을 상기해 보자. [Build]를 수행하게 되면 앞서 다루어진 바와 같이 코드 생성과 동시에 생성 코드의 컴파일 작업이 동시에 일어난게 되고, MATLAB 의 **Current Folder** 창에 모델 이름과 동일한 이름의 실행파일이 생성된다.[7] 이 실행 파일은 바로 이 ert_main.c 파일 내에 있는 main 코드를 동작시키는 실행 파일이다. 즉 실행하게 되면 무한 루프를 돌게 될 것이고 강제 종료를 하지 않고는 멈출 수가 없다.[8]

---

[6] Templates 서브 카테고리의 Generate an example main program

[7] PC 내에 설치되어 있는 컴파일러에 의해 Build 작업이 이루어 지게 되며, 컴파일러의 연동을 위해 MATLAB Command 창에 〉〉mex setup 이라고 명령을 입력하여 원하는 컴파일러를 세팅할 수 있다.

[8] Embedded Coder
의 고급 기술을 사용하면 이 main 코드를 바꾸는 것도 가능하다. 자동으로 원하는 main 코드를 생성할 수 있다면 많은 도움이 되겠지만 이 작업이 또한 간단하지 않고 Embedded Coder 의 고급 기술들이 필요하기 때문에 본 책에서는 다루지 않을 것이다.

```c
#include <stddef.h>
#include <stdio.h>                        /* This ert_main.c example uses printf/fflush */
#include "pi_ctrl.h"                      /* Model's header file */
#include "rtwtypes.h"

/*
 * Associating rt_OneStep with a real-time clock or interrupt service routine
 * is what makes the generated code "real-time".  The function rt_OneStep is
 * always associated with the base rate of the model.  Subrates are managed
 * by the base rate from inside the generated code.  Enabling/disabling
 * interrupts and floating point context switches are target specific.  This
 * example code indicates where these should take place relative to executing
 * the generated code step function.  Overrun behavior should be tailored to
 * your application needs.  This example simply sets an error status in the
 * real-time model and returns from rt_OneStep.
 */
void rt_OneStep(void);
void rt_OneStep(void)
{
  static boolean_T OverrunFlag = false;

  /* Disable interrupts here */

  /* Check for overrun */
  if (OverrunFlag) {
    return;
  }

  OverrunFlag = true;

  /* Save FPU context here (if necessary) */
  /* Re-enable timer or interrupt here */
  /* Set model inputs here */

  /* Step the model */
  pi_ctrl_step();

  /* Get model outputs here */

  /* Indicate task complete */
  OverrunFlag = false;

  /* Disable interrupts here */
  /* Restore FPU context here (if necessary) */
  /* Enable interrupts here */
}
```

그림 3.11 ert_main.c 파일 상단

```c
int_T main(int_T argc, const char *argv[])
{
  /* Unused arguments */
  (void)(argc);
  (void)(argv);

  /* Initialize model */
  pi_ctrl_initialize();

  /* Attach rt_OneStep to a timer or interrupt service routine with
   * period 0.01 seconds (the model's base sample time) here.  The
   * call syntax for rt_OneStep is
   *
   *  rt_OneStep();
   */
  printf("Warning: The simulation will run forever. "
         "Generated ERT main won't simulate model step behavior. "
         "To change this behavior select the 'MAT-file logging' option.\n");
  fflush((NULL));
  while (((void*) 0) == (NULL)) {
    /*  Perform other application tasks here */
  }

  /* The option 'Suppress error status in real-time model data structure'
   * is selected, therefore the following code does not need to execute.
   */
#if 0

  /* Disable rt_OneStep() here */

  /* Terminate model */
  pi_ctrl_terminate();

#endif

  return 0;
}
```

그림 3.12 ert_main.c 의 main 함수

Chapter 3 직접 한번 해봅시다

생성되는 코드는 기본적으로 *model.c, model.h, model_private.h, model_types.h, model_data.c* 파일의 구성을 갖게 된다. 하지만, 원한다면 이러한 모든 파일의 구조를 단순화하여 model.c 파일과 model.h 파일로만 패키지화하는 것이 가능하다. 해당하는 옵션은 아래와 같은 모델의 Configuration Paramaters 창 내에 존재한다.

Code Generation 카테고리 → Code Placement 서브 카테고리

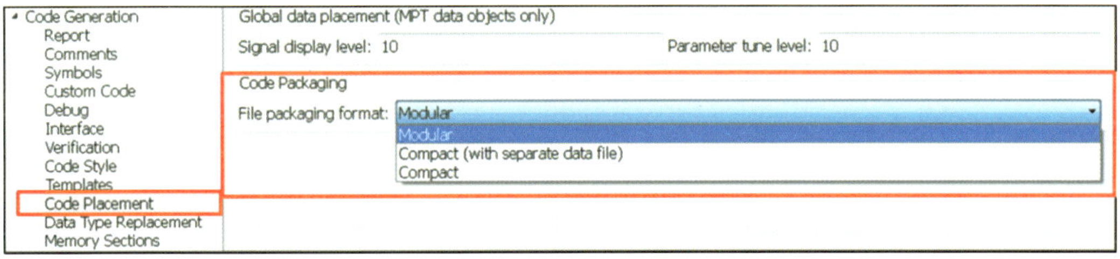

File packaging format 옵션을 Compact (with separate data file) 및 Compact 로 바꾸어가며 생성되는 코드의 변화를 살펴보자.

Chapter 4

생성 코드의 인터페이스 수정

4-1. 생성 코드의 기본 인터페이스

모델로부터 생성된 코드를 활용하기 위해서는 코드 내의 함수와 입출력에 관련된 데이터, 그리고 튜닝할 parameter 데이터들을 먼저 파악해야 한다. Chapter 3 에서 다룬 바와 같이 생성된 코드 내의 함수는 기본적으로 *model*_step 함수, *model*_initialize 함수, *model*_terminate 함수로 구성되며, 입출력 및 parameter 데이터는 각각 *model*_U, *model*_Y, *model*_P 라는 구조체형 전역 변수들로 구성되어 있다. 또한 이는 코드 생성과 함께 생성되는 Code Interface Report 를 통해서도 확인이 가능하며 함께 생성된 예제 코드인 ert_main.c 파일을 통해 생성된 코드를 활용하는 예를 접할 수 있다.

생성된 코드를 들여다 보다보면 이러한 생각이 들 수 있다. 현재 생성된 코드 내의 함수들은 모두 void 형이며 입출력 데이터들은 모두 전역 변수들이다. 즉, 생성된 코드 내의의 함수들은 재사용이 불가능하다. 재사용이 가능한 함수로 만들기 위해서는 외부에서 다른 입력을 받아 동작하고 출력을 리턴하는 형태의 함수 구성이 필요하다.

또 다른 경우를 생각해 보자. 코드 생성을 초기에 도입하는 입장에서는 기존에 손으로 작성한 검증된 코드가 이미 존재하는 상황에서 새로운 기능만을 Simulink 로 모델링하여 코드를 생성한다고 가정하자. 이 경우 이미 기존에 작성한 코드에서 만들어진 출력 데이터가 생성된 코드의 입력으로 활용되어야 할 수도 있으며 생성된 코드에서 나오는 출력 데이터가 기존 코드의 입력으로 활용될 수 있다. 이 때 기존에 작성한 코드와 생성된 코드들 사이에 주고 받는 데이터들을 연결시키기 위해 아래의 코드와 같이 각기 다른 변수로 데이터를 복사해야 한다면 이것도 또한 메모리 사용 측면서 매우 비효율적인 일일 것이다.

```
double u;
double y;

void function_call_example(void)
{
        pi_ctrl_U.error = u; /* 데이터 복사 */
        pi_ctrl();
        y = pi_ctrl_Y.ctrl_output; /* 데이터 복사 */
}
```

결국, 경우에 따라 생성된 코드의 인터페이스를 변경하는 작업이 필요하다. 바로 이번 Chapter 에서는 이러한 기본 코드 인터페이스를 변경하는 방법에 대해 다루어 보려고 한다.

4-2. 함수 인터페이스

4-2-1. 재사용 가능한 함수의 생성

생성된 코드의 인터페이스와 관련된 옵션들은 주로 Configuration Parameters 창의 Code Generation 카테고리 내 Interface 서브 카테고리(그림 4.1) 안에 존재한다. 예를 들어 Terminate function required 옵션을 해제하면 기본적으로 생성되던 *model*_terminate 함수를 제거할 수도 있으며, Single output/update function 옵션을 해제하면, *model*_step 함수가 *model*_ output 함수와 *model*_update 함수로 구분되어 실제 아웃풋을 계산하는 부분과 state 를 업데이트 하는 부분이 나누어지는 코드가 생성된다. 결국, 생성된 코드 내의 함수를 활용하는 입장에서는 함수의 인터페이스가 크게 변경되는 효과를 가져오는 옵션들이 Interface 서브 카테고리 안에 모여있다. 하지만 앞서 언급한 이 두가지 옵션들은 자주 사용하지 않는 것이니 여기서는 깊이 다루지 않겠다. 시간이 된다면 한번 시도해 보라.

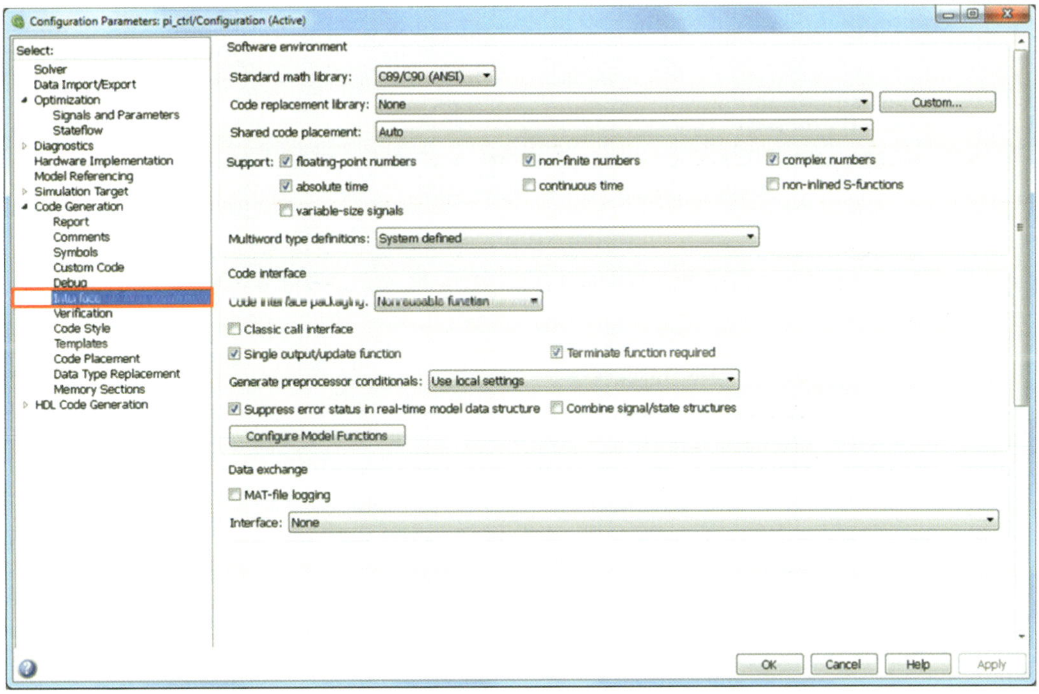

그림 4.1 코드의 인터페이스를 변경하기 위한 옵션들

여기서 다룰 인터페이스 옵션은 Code interface packaging 옵션이다. 그림 4.2 의 Code interface 항목 내의 Code interface packaging 옵션은 생성되는 함수의 프로토 타입을 변경시킨다.

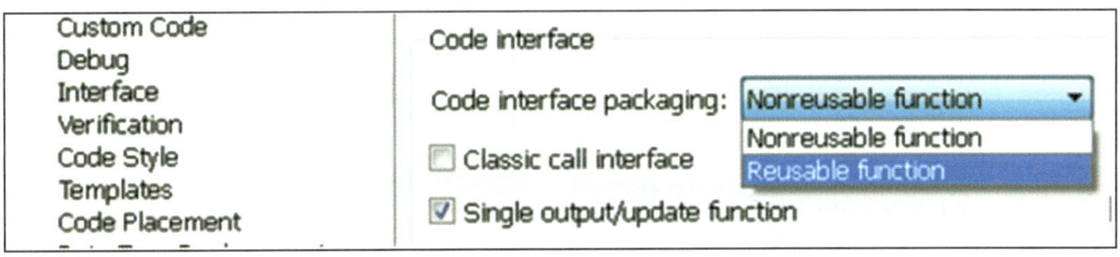

그림 4.2 Generate reusable code 옵션

그림 4.3 은 Code interface packaging 옵션을 Reusable function 으로 변경한 상태에서 생성된 코드이다. 입력 데이터는 외부로부터 받아오며, 출력 데이터는 포인터로형으로 주소를 입력받아 그 주소에 값을 업데이트하는 형태로 코드가 생성되었다. 또한 전역 메모리 공간이 필요한 state 와 보정이 필요한 parameter 데이터들 또한 외부로부터 입력을 받는 형태로 코드가 생성되었다. 생성된 함수 내부에 전역 변수의 사용이 없어짐으로서 함수의 반복 호출이 가능해 진다.

```c
/* Model step function */
void pi_ctrl_step(RT_MODEL_pi_ctrl_T *const pi_ctrl_M, real_T pi_ctrl_U_error,
                  real_T *pi_ctrl_Y_ctrl_output)
{
  P_pi_ctrl_T *pi_ctrl_P = ((P_pi_ctrl_T *) pi_ctrl_M->ModelData.defaultParam);
  DW_pi_ctrl_T *pi_ctrl_DW = ((DW_pi_ctrl_T *) pi_ctrl_M->ModelData.dwork);
  real_T rtb_yi;

  /* Sum: '<S1>/Sum1' incorporates:
   *  Gain: '<S1>/integral_gain'
   *  Gain: '<S1>/sample_time'
   *  Inport: '<Root>/error'
   *  UnitDelay: '<S1>/Unit Delay'
   */
  rtb_yi = pi_ctrl_P->Ts * pi_ctrl_U_error * pi_ctrl_P->Ki + pi_ctrl_DW->yi_prev;

  /* Outport: '<Root>/ctrl_output' incorporates:
   *  Gain: '<S1>/proportional_gain'
   *  Inport: '<Root>/error'
   *  Sum: '<S1>/Sum'
   */
  *pi_ctrl_Y_ctrl_output = pi_ctrl_P->Kp * pi_ctrl_U_error + rtb_yi;

  /* Update for UnitDelay: '<S1>/Unit Delay' */
  pi_ctrl_DW->yi_prev = rtb_yi;
}
```

그림 4.3 재사용 가능한 함수 형태의 코드 생성

4-2-2. 함수 프로토타입의 변경

바로 앞 절에서는 재사용 가능한 함수를 갖도록 코드 생성 인터페이스를 변경하는 작업을 수행해 보았다. 그러면, 모델 내부에 존재하는 state 와 튜닝 parameter 에 대한 부분은 그대로 전역 변수로 선언하도록 두고 입출력 데이터만을 외부 코드로부터 참조하는 형태의 코드를 원할 수도 있을 것이다. 그 작업을 가능케 해주는 옵션이 바로 그림 4.4 의 Configure Model Functions 옵션이다.

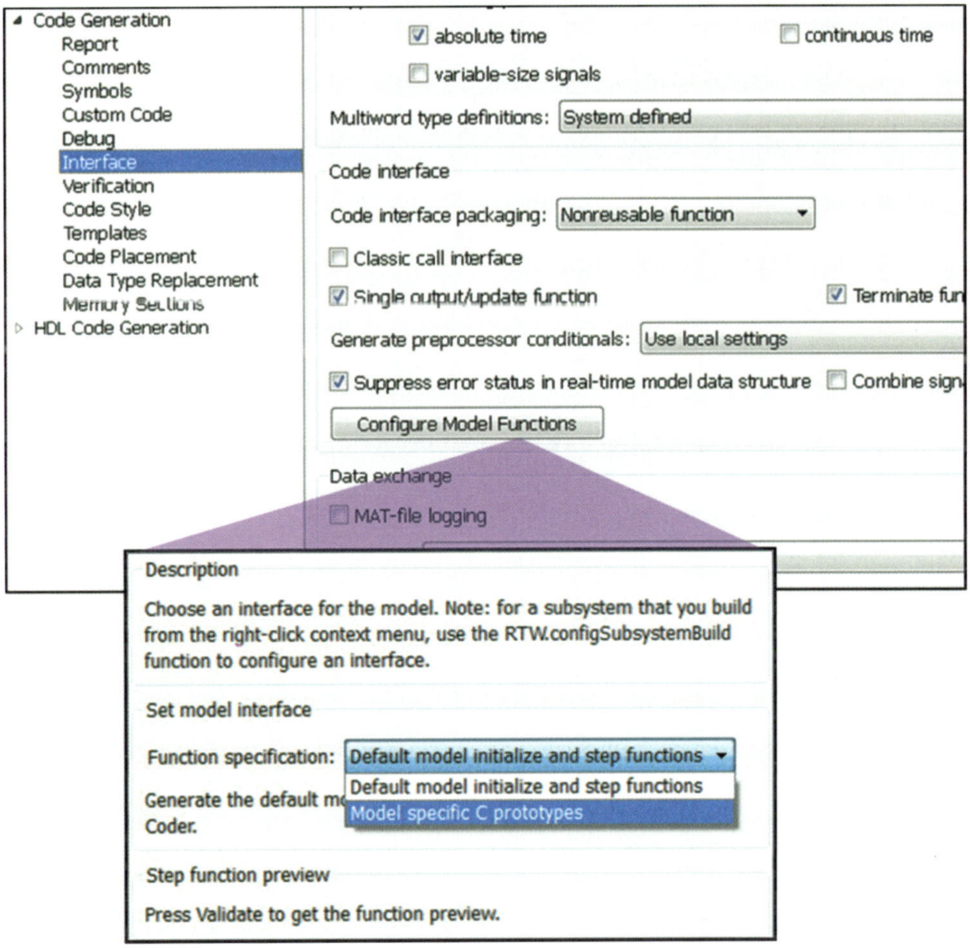

그림 4.4 Configure Model Functions 옵션

Configure Model Functions 버튼을 선택하면 Model Interface 창이 열린다. 그 안에는 Function specification 을 선택할 수 있는 메뉴가 있으며, 기본적으로는 Default model initialize and step functions 라는 항목이 선택되어 있다. 이것을 Model specific C prototypes 로 변경하고, Get Default Configuration 버튼을 클릭하면, 그림 4.5 와 같이 모델 구조에 맞도록 생성되는 함수의 프로토타입을 변경할 수 있는 옵션들이 추가로 활성화 된다. 바로 여기서 생성되는 함수의 이름을 변경할 수도 있으며, 함수에 적용되는 매개 변수들의 속성도 변경이 가능하다.[9]

[9] 주의: Code interface packaging 옵션의 Reusable function 세팅과 Configure Model Functions 옵션은 동시에 사용이 불가능하다. Configure Model Functions 옵션을 활용하기 위해서는 Code interface packaging 옵션은 반드시 Nonreusable function 으로 세팅되어 있어야 한다.

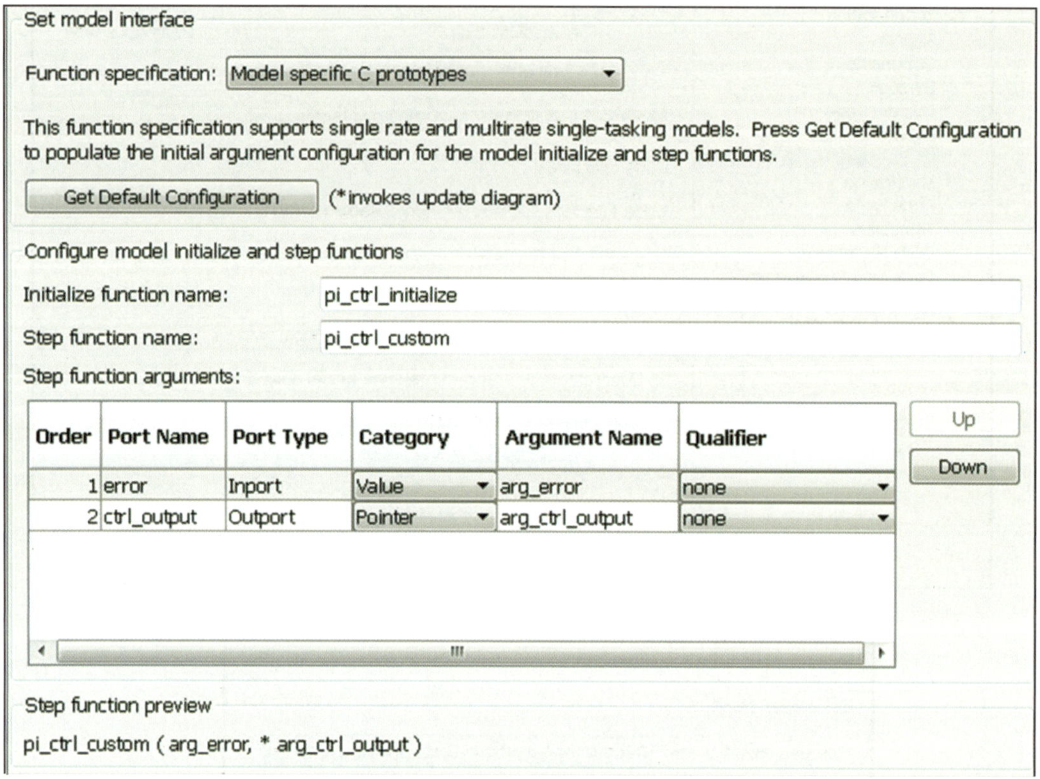

그림 4.5 모델 구조에 맞는 함수의 인터페이스 세팅

이번 예제에서는 그림 4.6과 같이 모델의 입력 error와 출력 ctrl_output에 대해 Category 부분을 모두 Value로 선택하고 Argument Name을 각각 동일하게 error와 ctrl_output으로 정해 본다. 또한 입력 데이터 error에 대한 Qualifier를 const로 지정해 코드를 생성해 보겠다.

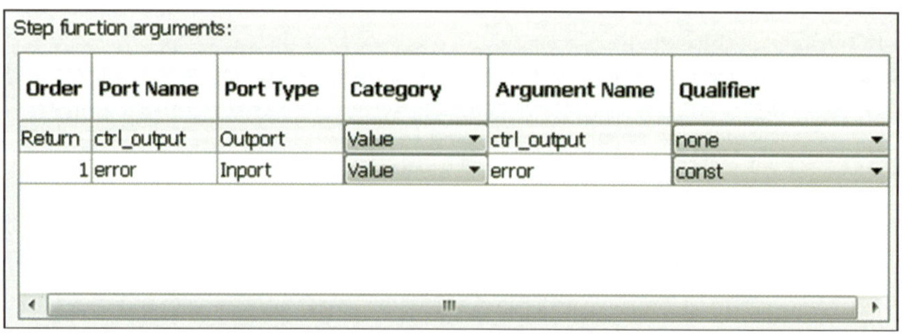

그림 4.6 Step 함수의 매개 변수 세팅

```
/* Model step function */
real_T pi_ctrl_custom(const real_T error)
{
  real_T rtb_yi;

  /* specified return value */
  real_T ctrl_output;

  /* Sum: '<S1>/Sum1' incorporates:
   *  Gain: '<S1>/integral_gain'
   *  Gain: '<S1>/sample_time'
   *  Inport: '<Root>/error'
   *  UnitDelay: '<S1>/Unit Delay'
   */
  rtb_yi = pi_ctrl_P.Ts * error * pi_ctrl_P.Ki + pi_ctrl_DW.yi_prev;

  /* Outport: '<Root>/ctrl_output' incorporates:
   *  Gain: '<S1>/proportional_gain'
   *  Inport: '<Root>/error'
   *  Sum: '<S1>/Sum'
   */
  ctrl_output = pi_ctrl_P.Kp * error + rtb_yi;

  /* Update for UnitDelay: '<S1>/Unit Delay' */
  pi_ctrl_DW.yi_prev = rtb_yi;
  return ctrl_output;
}
```

그림 4.7 Configure Model Functions 기능에 의해 변경된 생성 코드

생성된 코드는 그림 4.7 과 같다. 입력 데이터를 const 형으로 받아 ctrl_output 데이터를 출력으로 리턴하는 형태의 함수이다.

4-3. 데이터 인터페이스

4-2 절에서는 함수의 인터페이스를 변경하는 기법에 대해 다뤄보았다. 이번 절에서는 외부의 다른 코드와 데이터를 주고 받는 데에 있어서 외부 코드를 수정하지 않으면서도 데이터의 비효율적인 복사 없이 생성 코드를 활용하기 위한 기능에 대해 다뤄보도록 하겠다. 순조로운 진행을 위해 앞 절에서 Generate reusable code 옵션을 선택했거나 Configure Model Functions 옵션을 변경했다면 다시 원래 상태로 돌려놓고 시작해 보자.

4-3-1. Simulink 의 데이터들

Simulink 모델에서 사용하는 데이터는 기본 데이터 타입으로 double 데이터 타입을 사용한다. 하지만 이것은 디폴트일 뿐 언제든지 모델 내에 존재하는 모든 데이터의 데이터 타입은 변경이 가능하며, 이러한 데이터 타입들은 코드 생성뿐 아니라 모델의 시뮬레이션에도 반영된다. 즉, 모델의 시뮬레이션을 통해 정수형 데이터의 overflow 나 고정 소수점 연산에 의한 결과들도 확인할 수 있다.

Simulink 내에 존재하는 데이터는 그림 4.8 과 같이 크게 Signal 과 Parameter, 그리고 State 로 구분된다. Signal 은 Simulink 모델에 존재하는 화살표 모양의 선을 의미하는 것이고, State 는 Unit Delay 블록이나 Discrete Time Integrator 블록, Discrete Transfer Fcn 블록 등을 통해 만들어 지며 입력 Signal 데이터를 저장하여 다음 스텝에서 활용하는 것들로 볼 수 있다. 또한, Parameter 는 각 블록에서 직접 값을 입력하여 넣는 데이터를 뜻한다. Signal 과 Parameter 의 큰 차이점은 Signal 은 모델의 시뮬레이션 시 연산에 의해 매 타임 스텝마다 값이 변동하는 데이터라고 볼 수 있으며, Parameter 는 사용자가 직접 값을 바꿔 넣기 전까지는 저절로 바뀌지 않는 데이터라고 볼 수 있다. 이러한 각 데이터들은 State 를 제외하고 각각 데이터 타입의 세팅이 가능하다. State 의 데이터 타입 세팅이 불가능한 이유는 Unit Delay 블록을 생각해 보면 쉽게 이해할 수 있다. Unit Delay 블록은 그 블록의 입력 데이터를 그대로 저장했다가 다음 타임 스텝에서 출력으로 내보내 주는 역할을 수행하기 때문에 입력 데이터와 그 데이터의 저장 공간인 State 의 데이터 타입은 동일할 수 밖에 없다.

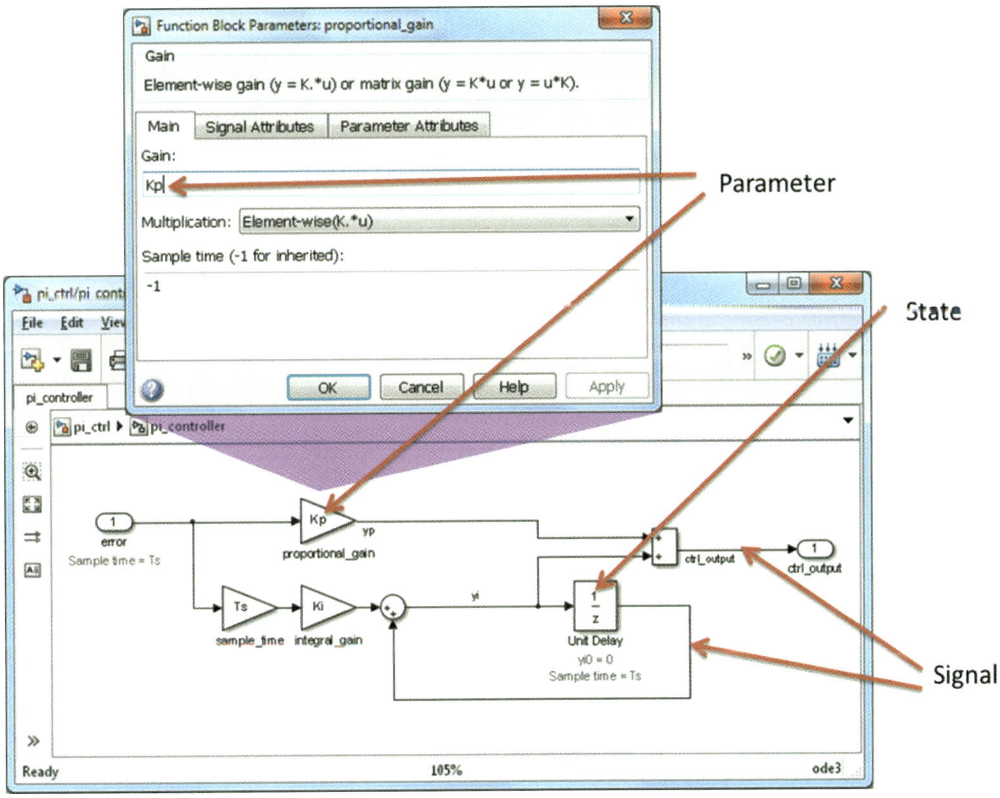

그림 4.8 Simulink 의 데이터들

4-3-2. Simulink 데이터의 데이터 타입 세팅

먼저 signal 의 데이터 타입을 세팅하는 방법부터 알아보자. signal 의 데이터 타입 세팅은 그 앞에 있는 블록의 출력 데이터 타입을 지정함으로서 이뤄진다. Simulink 의 블록에 대한 대화상자 내에는 그림 4.9 와 같이 Signal Attributes 라는 탭이 있으며 그곳에서 그 블록의 출력 signal 데이터 타입을 지정할 수 있다. parameter 의 경우에는 그림 4.10 의 Gain 블록 같이 parameter 를 갖는 블록의 경우, Parameter Attributes 라는 탭이 함께 존재하며 거기에서 parameter 의 데이터 타입을 지정할 수 있다.

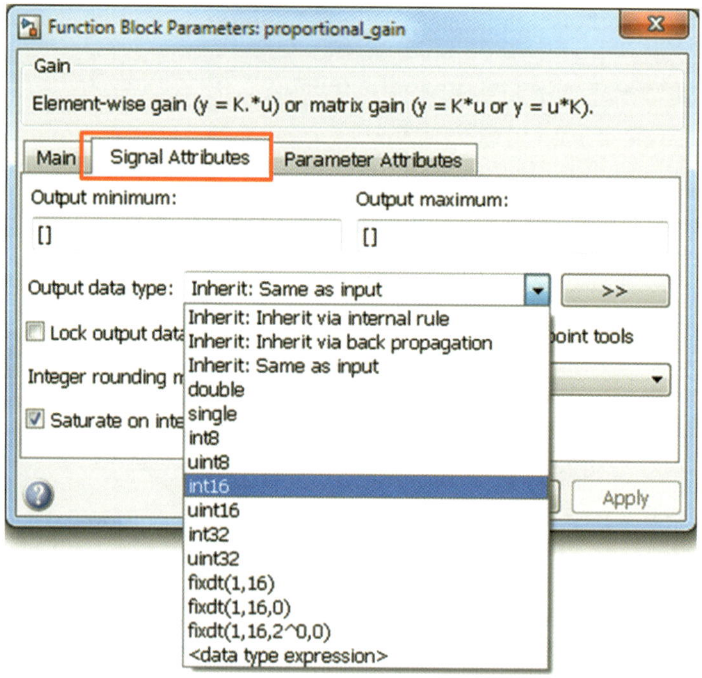

그림 4.9 Simulink Signal 데이터의 데이터 타입 세팅

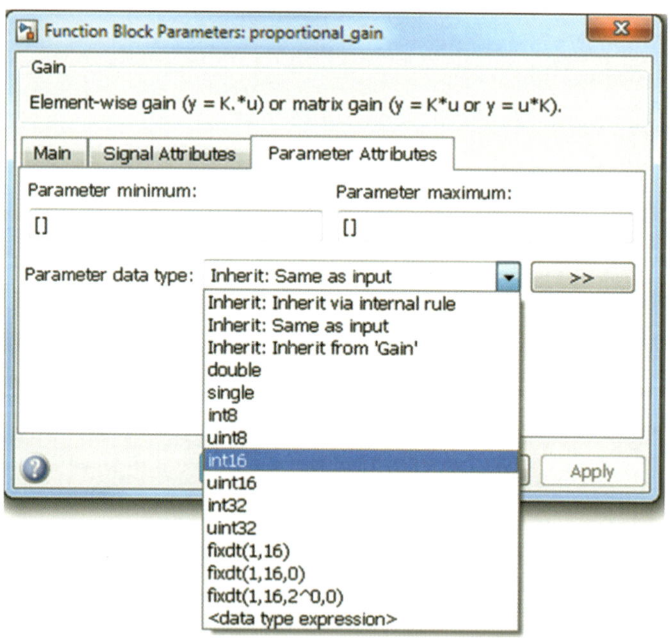

그림 4.10 Simulink Parameter 데이터의 데이터 타입 세팅

굳이 바꾸지 않는다면 데이터 타입의 기본 세팅인 Inherit 옵션에 의해 내부적인 규칙에 의해 자동으로 세팅되거나 각 블록에 들어오는 입력 데이터의 타입과 동일하게 블록의 출력 데이터나 parameter 의 데이터 타입이 결정된다. 따라서 최상위 모델의 입력 데이터의 데이터 타입이 세팅되면 나머지 중간 매개 signal 의 데이터와 출력 signal 의 데이터 타입들이 자동으로 세팅이 된다. 대부분의 블록이 입력 signal 데이터와 동일한 데이터 타입을 유지하기 때문에 정수형 데이터의 곱셈 등의 연산이 이루어 질 때는 overflow 등이 발생할 수 있으며, 정수형 데이터를 사용할 경우 블록마다 출력 데이터의 데이터 타입을 직접 입력할 필요가 있다.

어찌 되었든 외부 코드와 생성 코드를 연동하는 과정에서 외부코드에서 선언된 데이터를 모델에서 생성되는 코드의 입력으로 활용코자 한다면 그것에 맞도록 모델의 입력 signal 데이터 타입을 동일하게 지정할 필요가 있으며, 시뮬레이션을 수행하면서 각 블록의 출력 데이터 타입들을 최적화할 필요가 있다. 고정 소수점 연산에 대해서는 데이터 타입을 fixdt 라는 데이터 타입으로 지정하여 각 데이터의 fraction length 등을 지정할 수 있다. 이 내용은 다음 절에서 좀 더 상세히 알아 보도록 하자.

여기서는 입력 데이터 error 의 데이터 타입을 single(32 bit floating-point 데이터 타입)로 지정하여 코드를 생성해 본다. 입력 데이터 error 의 데이터 타입만을 single 로 변경하여도 그림 4.11 에서 보이는 바와 같이 다른 모든 데이터들의 데이터 타입이 특별히 지정되지 않는 경우는 기본 데이터 타입 옵션인 Inherit 세팅에 의해 데이터 타입 속성들이 모두 상속되어 자동으로 변경된다.

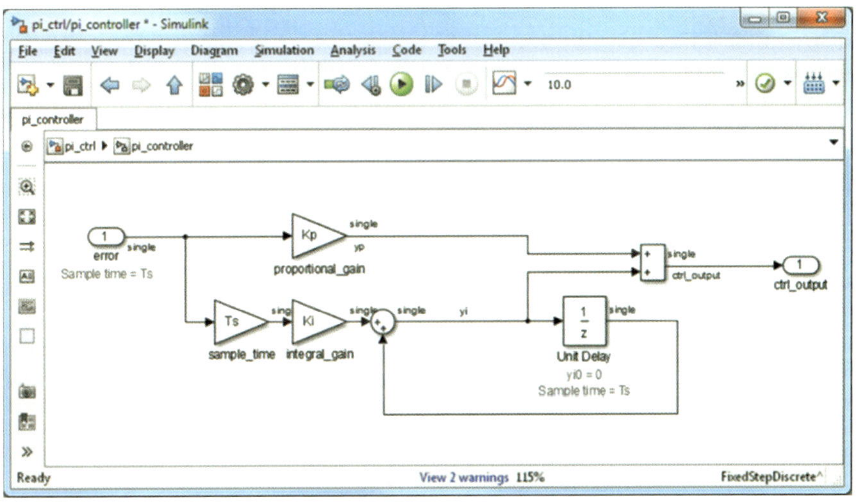

그림 4.11 입력 데이터의 데이터 타입 변경에 따른 모든 signal 의 데이터 타입 자동 변경의 예

그림 4.11 과 같이 모델에서 각 signal 의 데이터 타입을 보기 위해서는 그림 4.12 와 같이 모델의 Display 메뉴에 있는 Signals & Ports 의 Port Data Types 를 선택하면 된다.

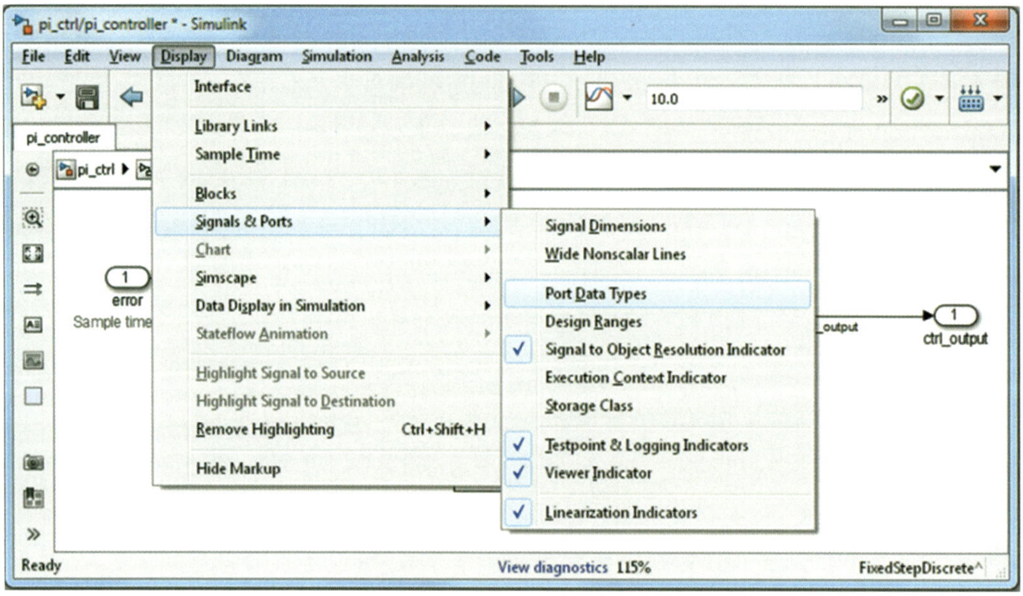

그림 4.12 모델에서 각 signal 의 데이터 타입 보기

모델로부터 생성된 코드의 데이터 타입은 pi_ctrl.h 파일을 보면 쉽게 알 수 있다(그림 4.13). 모든 데이터들이 real32_T 라는 type definition 으로 선언되어 있다.

```
/* Block states (auto storage) for system '<Root>' */
typedef struct {
  real32_T yi_prev;                    /* '<S1>/Unit Delay' */
} D_Work_pi_ctrl;

/* External inputs (root inport signals with auto storage) */
typedef struct {
  real32_T error;                      /* '<Root>/error' */
} ExternalInputs_pi_ctrl;

/* External outputs (root outports fed by signals with auto storage) */
typedef struct {
  real32_T ctrl_output;                /* '<Root>/ctrl_output' */
} ExternalOutputs_pi_ctrl;

/* Parameters (auto storage) */
struct Parameters_pi_ctrl_ {
  real32_T Ki;                         /* Variable: Ki
                                         * Referenced by: '<S1>/integral_gain'
```

```
                                      */
  real32_T Kp;                        /* Variable: Kp
                                       * Referenced by: '<S1>/proportional_gain'
                                       */
  real32_T Ts;                        /* Variable: Ts
                                       * Referenced by: '<S1>/sample_time'
                                       */
  real32_T UnitDelay_InitialCondition; /* Computed Parameter: UnitDelay_InitialCondition
                                       * Referenced by: '<S1>/Unit Delay'
                                       */
};
```

그림 4.13 데이터 타입 변경에 의한 생성코드의 변화

4-3-3. 고정소수점 데이터와 코드생성

임베디드소프트웨어를 개발하는데에 있어서 고정소수점 데이터의 활용과 연산에 대해 생각하지 않을 수 없다.

실제로 다양한 임베디드 프로세서들은 고정소수점 연산만이 가능하도록 구성되어 있는 경우가 많다. 물론 최근 하드웨어의 빠른 발전에 의해 부동소수점 연산이 가능한 프로세서의 활용이 많아지고 있으나 여전히 연산속도와 데이터의 사이즈 측면때문에 연산의 정밀도가 매우 중요한 어플리케이션이 아니라면, 여전히 고정소수점 연산 코드의 개발이 이루어지고 있다. 하지만, 고정소수점 연산 코드의 개발에는 데이터의 정밀도를 극대화하면서도 데이터의 overflow 가 발생하지 않게 하기위한 많은 노력들이 요구된다. Simulink 는 이러한 고정소수점연산을 위한 편리한 기능을 제공한다.

먼저 고정소수점 데이터의 세팅을 고려해 보자. 그림 4.14 는 앞서 Chapter 2 에서 다룬 제어시스템 모델에 PI 제어기에 해당하는 데이터를 고정소수점으로 세팅하기 위해서 제어기의 입출력 signal 에 Data Type Conversion 블록을 삽입한 모델이다.

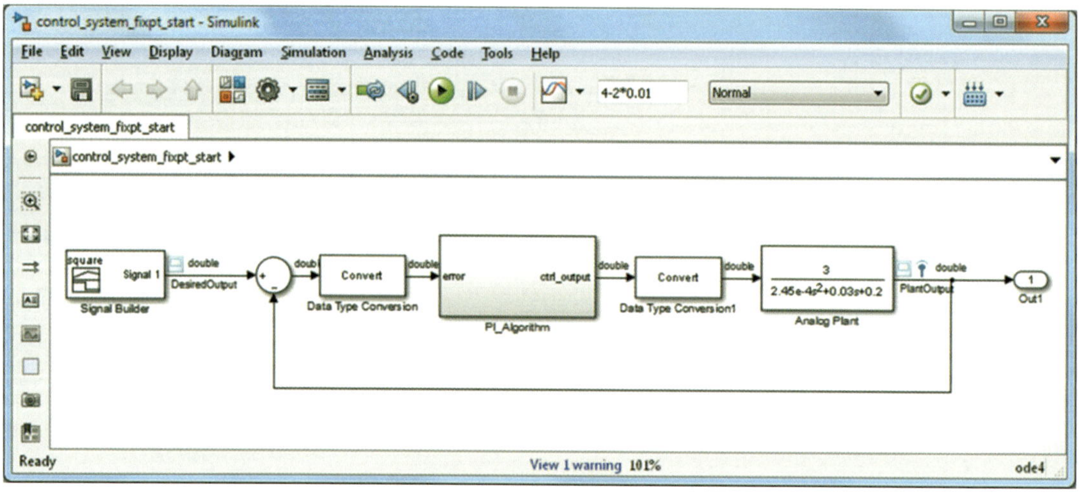

그림 4.14 PI 제어알고리즘의 입출력 signal 에 Data Type Conversion 블록삽입

실제 제어기의 입력데이터인 error 는 소수점 이하의 자리수를 포함할 수 있으며, 만약 이 입력데이터를 단순히 int16 이라는 정수형 데이터로 세팅 할 경우 소수점이하의 자리는 모두 사라지게 된다. 정수형데이터를 활용하면서도 소수점 이하의 자리를 표현하기 위해서는 그림 4.15 와 같이 그 데이터에 가상적인 소수점을 지정하여 가능한 실제값에 가까운 소수점 이하 자리수를 표현하는 것이다.

그림 4.15 정수형 데이터의 고정소수점

그림 4.15 의 경우 표현할 수 있는 수는 signed 의 경우 -2^3 ~ (2^3-2^{-4}), 즉 -8 ~ 7.9375 의 범위를 갖게 되며, 2^{-4}(0.0625)까지 표현할 수 있는 정밀도를 갖게 된다. Simulink 에서 이러한 데이터는 그림 4.16 과 같이 데이터 타입 지정란에 fixdt 라는 함수를 적용하여 표현한다. fixdt 함수의 입력 매개변수는 순서대로 Signed, Word Length, Fraction Length 순이며, 그림 4.16 경우는 그림 4.15 와 같은 고정소수점 데이터를 표현한 것으로 signed integer 8 bit 형의 데이터로 소수점 이하 자리수가 4 라는 것을 의미한다.[10]

[10]fixdt 라는함수는 네개 혹은 다섯 개의 입력 매개변수를 가질 수도 있으며, 이 경우 각각 Signed, WordLength, TotalSlope, Bias 이거나 Signed, WordLength, SlopeAdjustmentFactor, FixedExponent, Bias 를 뜻한다.

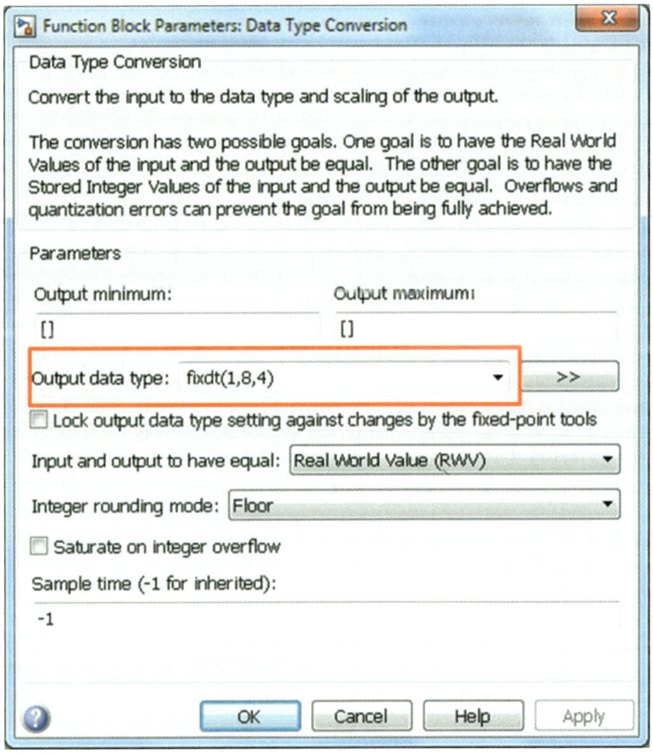

그림 4.16 고정소수점데이터타입의세팅

Simulink 의 각데이터에 fixdt 함수를 활용해 데이터타입을 세팅하는 작업이 사실 어려운 것은 아니지만 이러한 과정을 처음 접하는 사용자들에게는 다소 생소할 수 있을 것이다. 따라서 Simulink 는 이러한 세팅을 보다 쉽게 할 수 있도록 Data Type Assistant 라는 기능을 제공한다.

이 기능은 Simulink 데이터의 데이터 타입 세팅항목 오른쪽에 있는 >> 버튼을 클릭하면 활성화 된다(그림 4.17). 데이터 타입 속에 fixdt(1,8,4)와 같이 직접 signed 와 fraction length 들을 직접 작성하는 것이 아니라 메뉴의 선택을 통해 데이터 타입을 세팅한다. 특히 Fixed-point details 항목을 펼쳐보면 현재 데이터의 표현 범위와 정밀도의 계산 결과를 바로 확인할 수 있어 유용하다.

그러면 이러한 경우를 생각해 보자. 우리가 만약 입력 데이터의 범위를 민지 알고 있디면 어떨까? 만약 입력데이터의 범위가 -100~100 이라는 값이라고 가정해 보자. 16 bit 의 word length 를 사용하는 경우라면 fraction length 로 어떤 값을 취하는 것이 overflow 가 발생하지 않으면서 가장 좋은 정밀도로 데이터를 표현할 수 있을까? 결과부터 말하자면 -100~100 을 표현하기 위해서는 8 개의 bit 가 필요하고 16bit word length 로 데이터를 표현한다면 16-8=8 의 fraction length 가 필요하다는 계산을 할 수 있다. 사실 이러한 계산을 매번 수행해서 데이터의 fraction length 를 정하는 것은 매우 번거로운 일이며, 실제 수작업으로 고정소수점연산코드를 작성할때 가장 빈번히 실수가 일어나는 부분이기도 하다. Data Type Assistant 는 이경우에도 큰 도움을 준다. Simulink 의 모든 블록에는 데이터의 최소값 (Minimum)과 최대값(Maximum)을 지정하는 부분이 있다. 여기에 지정된 값은 시뮬레이션에 직접적인 영향을 주지 않는다. 하지만 고정소수점 연산에서 이 값들은 유용하게 활용될 수 있다. [11]

그림 4.17 Data Type Assistant

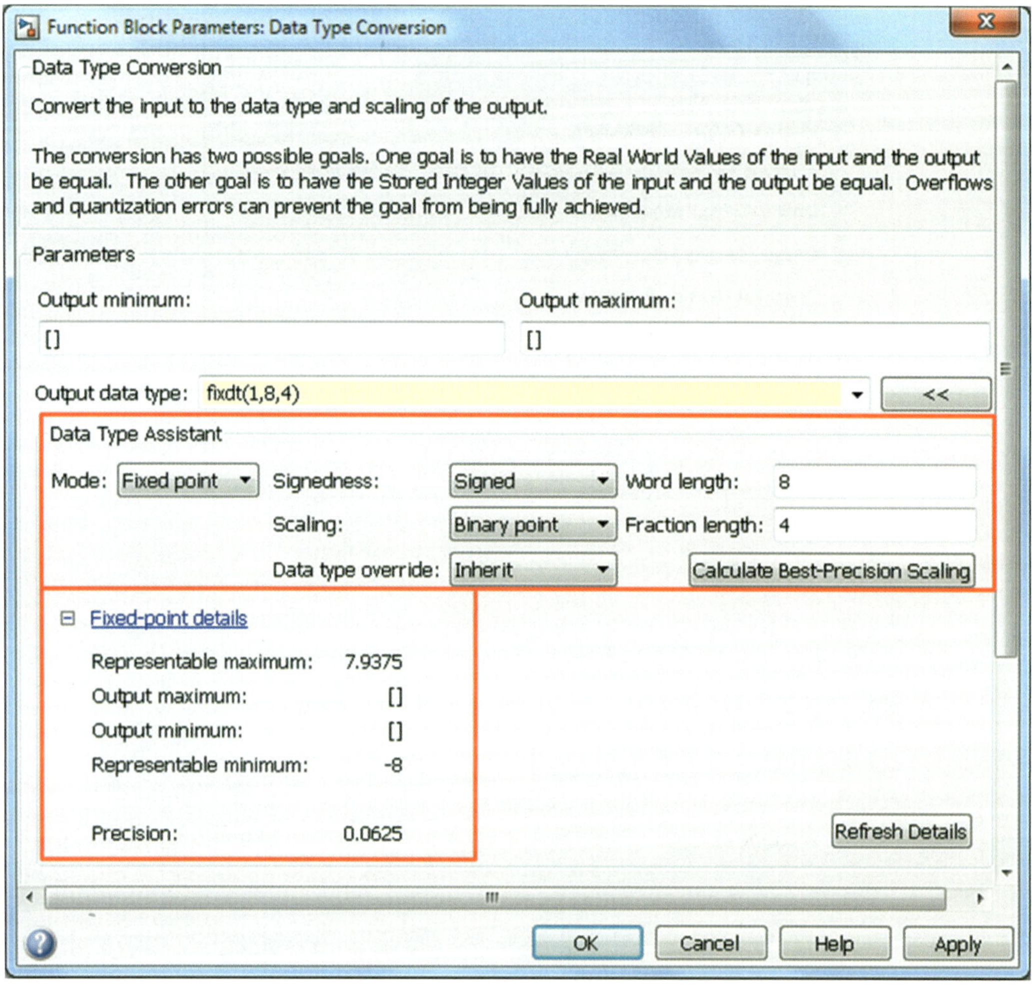

그림 4.18 과 같이 minimum 과 maximum 값을 순서대로 지정하고 Data Type Assistant 에 있는 Calculate Best-Precision Scaling 버튼을 클릭하면, 자동으로 최적의 Fraction Length 를 계산해준다. 이 기능은 수작업으로 고정소수점 연산 코드를 작성할 때 발생할 수 있는 실수를 줄이는데 큰 도움이 된다.

[11] 그외에도 세팅된 최대/최소값은 Simulink 의 추가 도구들에서 다양하게 활용된다.

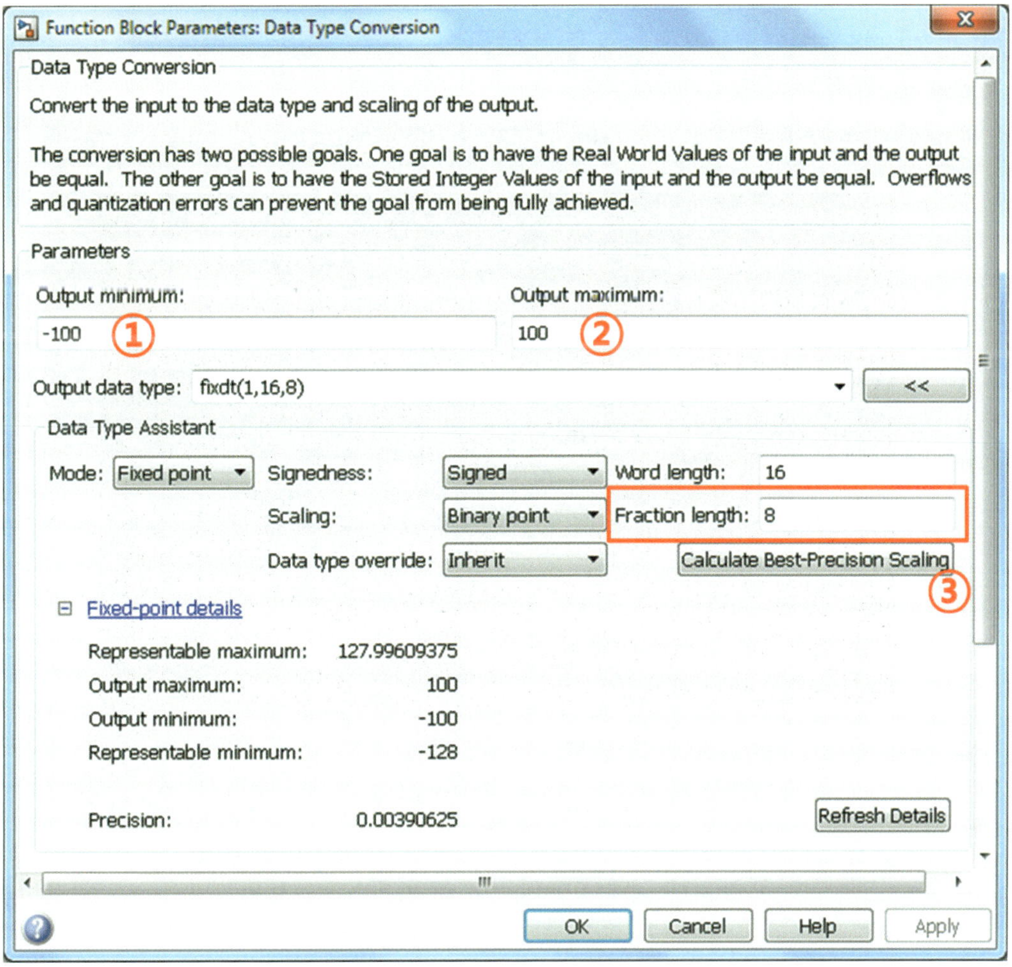

그림 4.18 최대/최소값에의한자동 Fraction length 계산

그러면 현재 가지고 있는 모델의 PI 제어기 입력부분의 Data Type Conversion 블록에서 데이터타입을 위와 같이 세팅하고 시뮬레이션을 수행해 보자. 모델에는 그림 4.19 와 같이 데이터의 overflow 에 의한 잘못된 제어 결과가 나타난다.

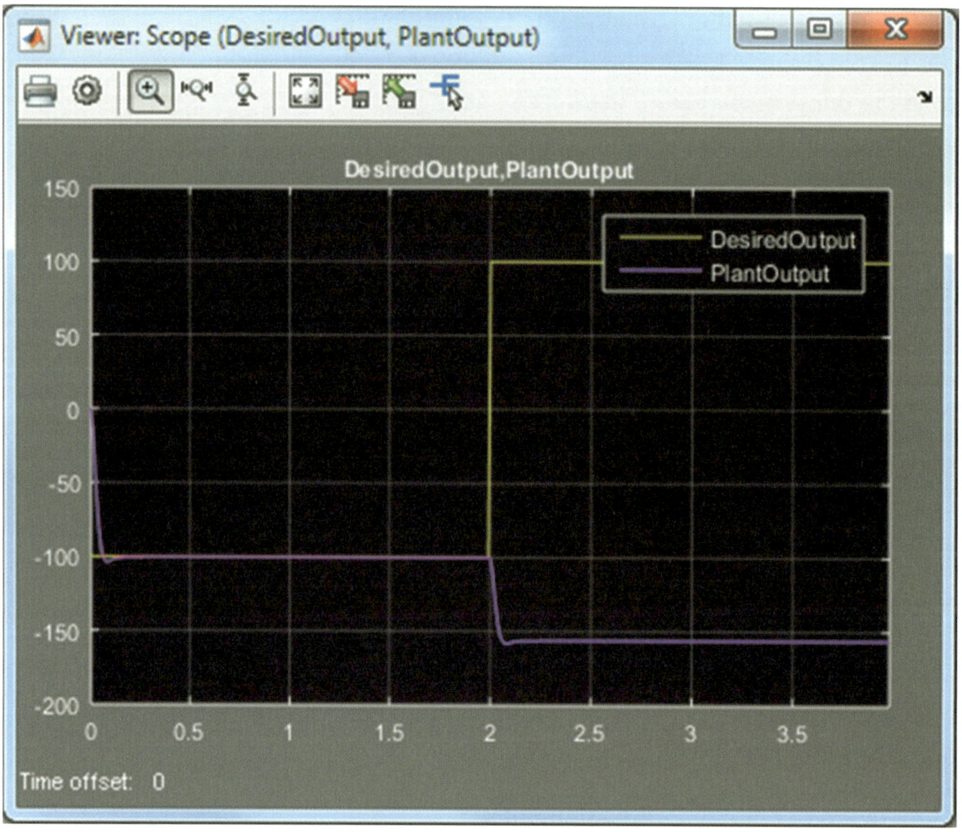

그림 4.19 데이터 overflow 에 의한잘못된제어

즉, Simulink 는 데이터의 overflow 현상을 시뮬레이션에 그대로 반영한다. 또한 내부적으로 이러한 overflow 현상을 감지하는 기능을 가진다. 시뮬레이션을 수행한 후 Simulink 모델 하단의 warning 메시지에 대한 Diagnostics Viewer 를 열어보면 그림 4.20 과 같이 overflow 에 대한 메시지가 나타난것을 확인할 수 있다.

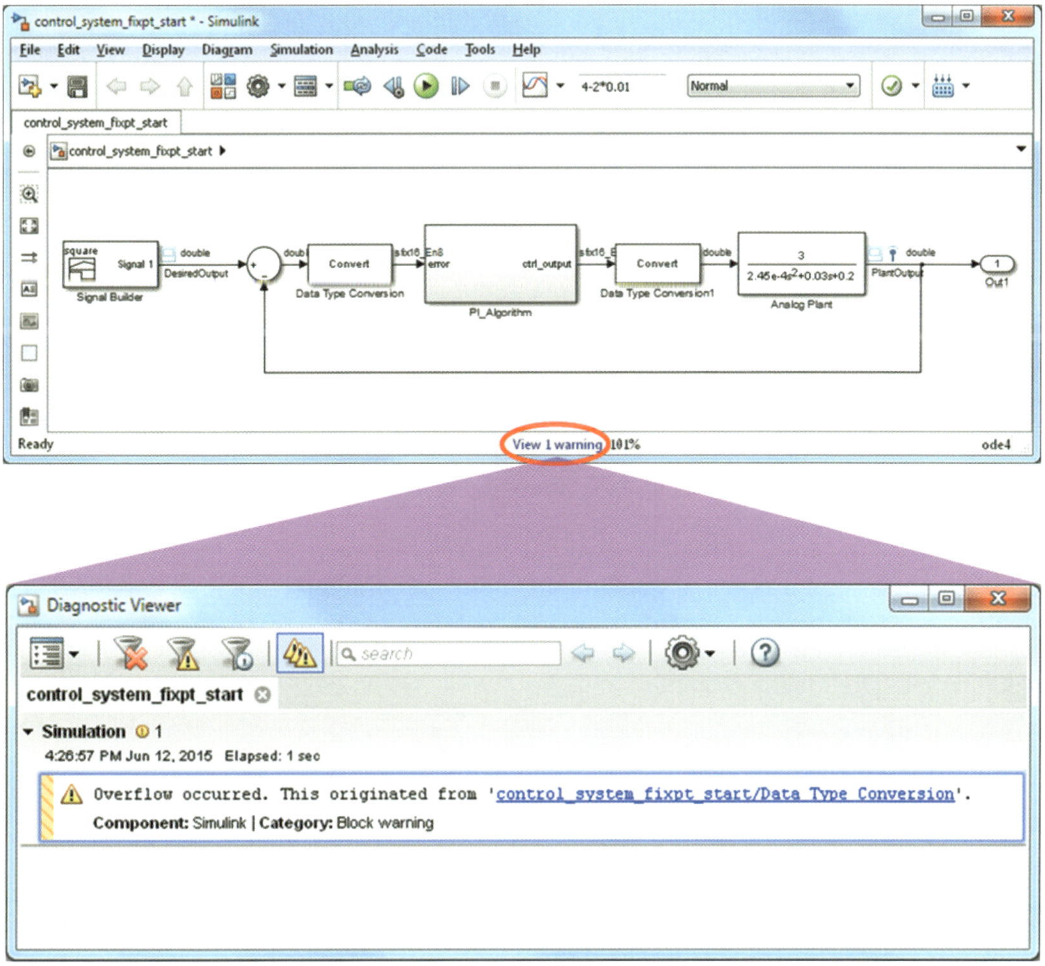

그림 4.20 overflow 감지

만약, 위와 같은 메시지가 보이지 않는 다면 모델의 Configuration 에서 overflow 감지항목을 세팅해줄 필요가 있다. 데이터 overflow 에 대해서 warning 이나 error 메시지를 보여주도록 세팅하기 위해서는 그림 4.21 과 같이 모델의 Configuration parameters 창의 Diagnostics 카테고리의 서브카테고리인 Data Validity 내의 overflow 관련 옵션들을 warning 이나 error 로 세팅한다.

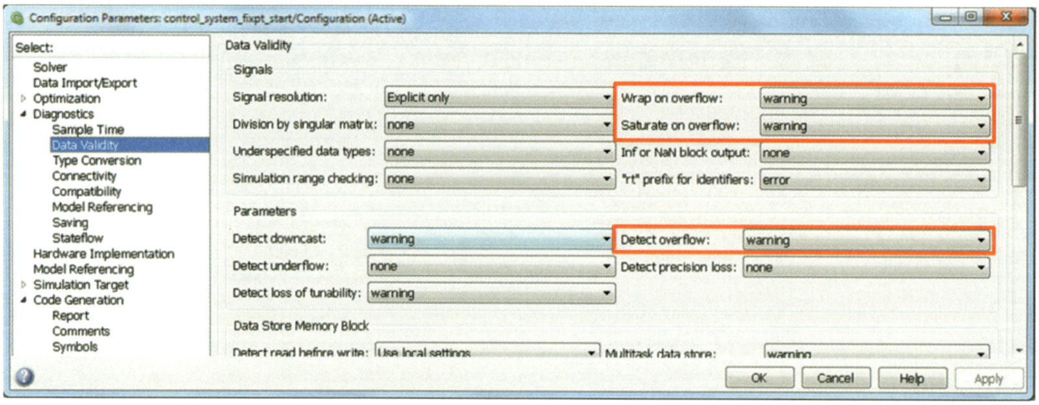

그림 4.21 overflow 감지옵션

Overflow 를 없애면서도 최적의 정밀도를 유지하는 고정소수점데이터의 세팅을 위해서는 반복적인 시뮬레이션을 통한 시행착오가 불가피하다. 하지만, Fixed-Point Designer 도구를 추가로 활용한다면 이러한 작업들을 자동화할 수도 있다. Fixed-Point Designer 도구는 Simulink 모델 창과 별개의 Fixed Point Tool 이라는 GUI(Graphical User Interface) 환경을 제공하며, 이를 활용하여 고정소수점 시뮬레이션 결과를 부동 소수점 시뮬레이션 결과와 비교할 수 있다. 더우기, Fixed-Point Tool 은 부동 소수점 시뮬레이션 결과에 가장 근접한 결과가 나올 수 있도록 모델 내의 모든 고정소수점데이터의 fraction length 들을 자동으로 추천하기도 한다 Fixed-Point Designer 도구의 상세한 사용방법은 본 책의 범위를 벗어나므로 여기서는 더 이상 다루지 않겠다.

앞서다룬 PI 제어시스템모델에서 overflow 가 발생한 이유는 테스트 입력 때문이다. 테스트 입력이 현재 2 초 시간대에서 -100 에서 100 으로 급격하게 변경되는 부분이 있고 이로 인해 PI 제어기의 error 인풋이 순간적으로 최대 200 까지 나타날 수 있는 부분이 있다. 따라서 PI 제어기의 error 입력 데이터의 범위를 최소한 -200 에서 200 까지로 보다 넓게 지정할 필요가 있다. 다시 데이터의 최소/최대값을 각각 -200 및 200 으로 정하고 Calculate Best-Precision Scaling 버튼을 클릭하면 fraction length 가 7 로 변경되게 된다. 이 상태에서 시뮬레이션을 수행해 보면 그림 4.22 와 같이 overflow 가 발생하지 않으면서 제어기가 정상적으로 동작하는 것을 알 수 있다.

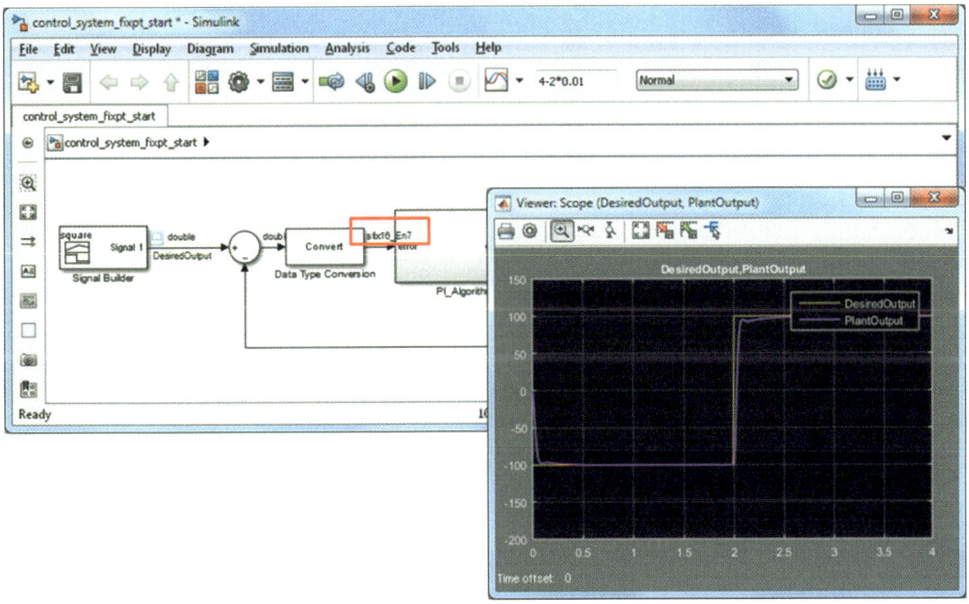

그림 4.22 Overflow 가 발생하지 않는고정소수점 연산 결과

그러면 현재 모델에서 PI 제어기 Subsystem 만을 코드로 생성해 보자. Subsystem 에 대한 코드만을 생성하더라도 Chapter 2 에서 다룬바와 같은 모델 전체레벨에서의 Configuration parameters 세팅이 필요하다. 모델레벨의 코드생성 기본 세팅을 마쳤다면, 코드를 생성하고자 하는 subsystem 상에 커서를 가져가 마우스 오른쪽 버튼을 클릭한다. 그림 4.23 과 같이 나타나는 메뉴의 C/C++ Code 항목을 선택한 후 Build This Subsystem 항목을 클릭하면 해당 subsystem 에 대한 코드가 생성된다.

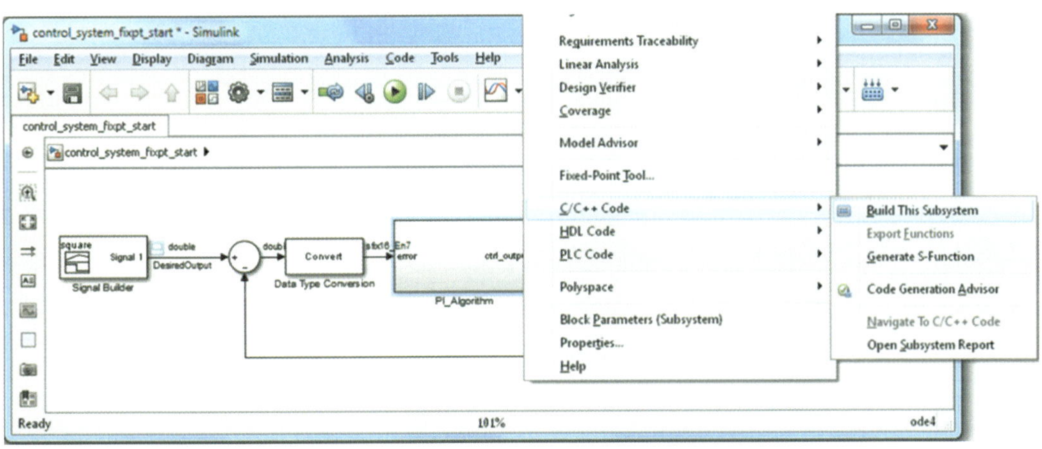

그림 4.23 Subsystem 으로부터의코드생성

PI_Algorithm subsystem 에서 부터 생성된 코드는 그림 4.24 와 같다. 고정소수점 연산의 스케일링을 위해 shift 연산 코드들이 자동으로 포함된 것을 확인할 수 있다.

```
/* Model step function */
void PI_Algorithm_step(void)
{
  int16_T rtb_yi;

  /* Sum: '<S1>/Sum1' incorporates:
   *  Gain: '<S1>/Gain'
   *  Gain: '<S1>/integral_gain'
   *  Inport: '<Root>/error'
   *  UnitDelay: '<S1>/Unit Delay'
   */
  rtb_yi = (int16_T)(((PI_Algorithm_U.error >> 7) << 1) +
                     PI_Algorithm_DW.UnitDelay_DSTATE);

  /* Outport: '<Root>/ctrl_output' incorporates:
   *  Gain: '<S1>/proportional_gain'
   *  Inport: '<Root>/error'
   *  Sum: '<S1>/Sum'
   */
  PI_Algorithm_Y.ctrl_output = (int16_T)((19 * PI_Algorithm_U.error >> 6) +
    rtb_yi);

  /* Update for UnitDelay: '<S1>/Unit Delay' */
  PI_Algorithm_DW.UnitDelay_DSTATE = rtb_yi;
}
```

그림 4.24 고정소수점연산코드

4-3-4. Storage Classes

외부 코드에서 선언된 데이터를 생성된 코드에서 중복 선언하지 않고, 참조만 하는 코드를 생성하기 위해서는 모델의 입출력 데이터에 대해 Storage Class 라는 옵션을 변경하는 작업이 필요하다. 현시점에서 Storage Class 의 정의를 내리기 보다는 실제로 옵션을 변경하여 코드를 생성함으로서 Storage Class 라는 것이 무엇인지 직접 눈으로 확인해 보자.

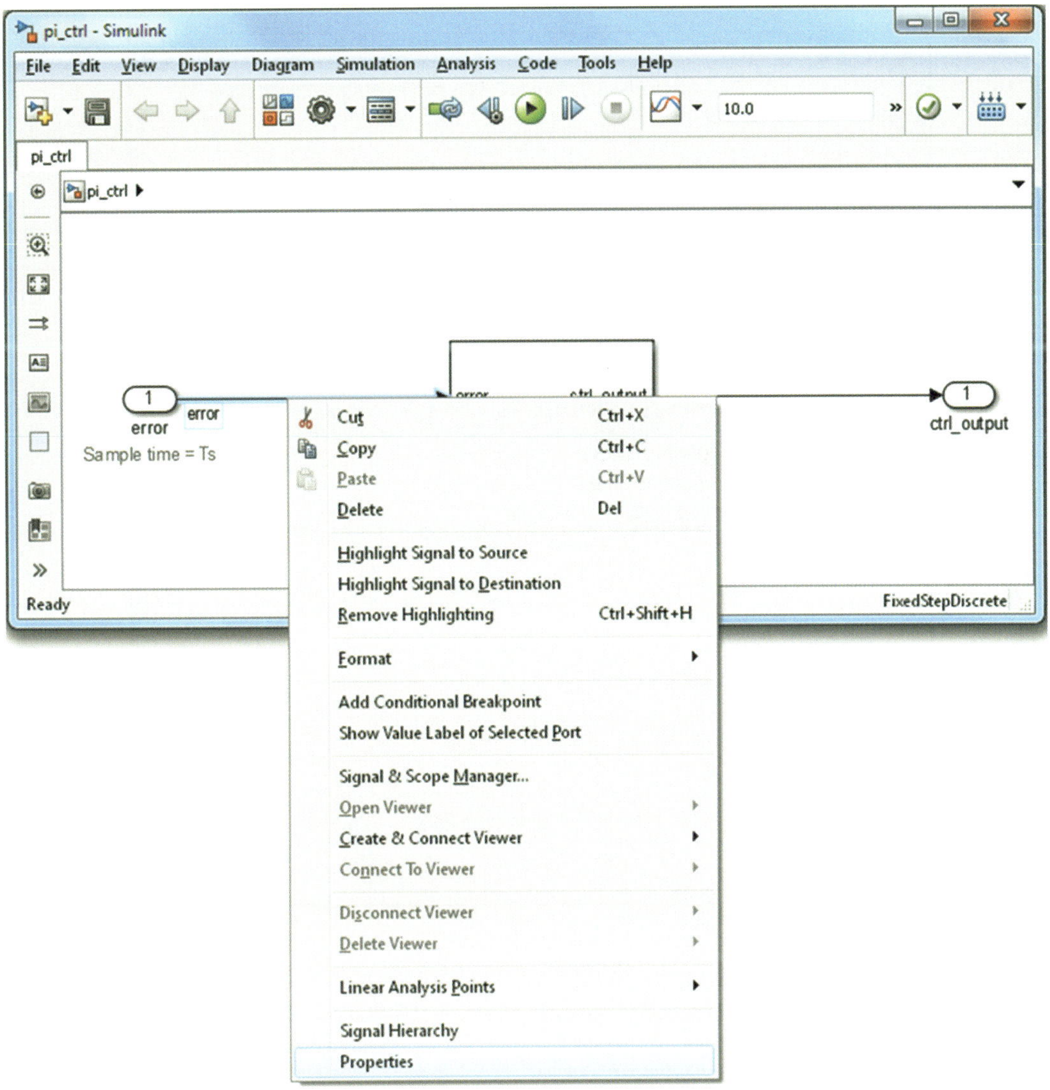

그림 4.25 Simulink Signal 의 속성 세팅 메뉴

먼저 각 Simulink signal 데이터의 Storage Class 는 각 signal 에 커서를 가져가 마우스 오른쪽 버튼을 클릭하여 나타나는 메뉴 중 Properties 항목을 선택하여 변경할 수 있다. (그림 4.25). Signal 의 속성 세팅 창의 구성은 그림 4.26 과 같다.

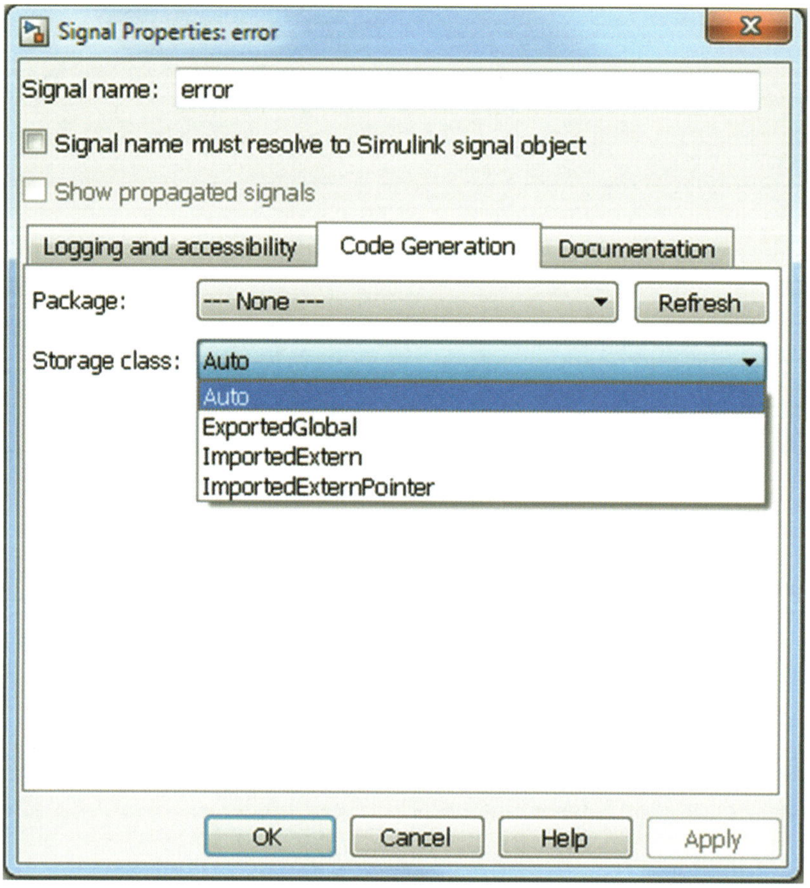

그림 4.26 Signal 의 Storage Class 옵션

창의 내부에는 세개의 탭이 있으며, 처음으로 보이는 탭 내부 옵션들은 시뮬레이션 시 signal 결과값들을 logging 받기 위한 기능들에 해당하며, 코드 생성과 관련된 옵션은 주로 Code Generation 탭에 있다. 첫 메뉴인 Package 항목은 Simulink 의 Signal 데이터의 속성에 대해 코드 생성 시 추가적으로 고려할만한 사항이 있다면 사용자가 추가하여 활용할 수 있도록 만들어진 부분이다. 우선은 Simulink 가 기본적으로 제공하는 기능부터 들여다 보자. 바로 아래의 Storage class 항목을 보면 크게 Auto, ExportedGlobal, ImportedExtern, ImportedExternPointer 의 네가지 옵션이 있다. 이러한 옵션들은 우선 signal 에 label 이 달려 있을 때에만 활성화 된다. 즉, 그림 4.26 제일 상단의 Signal name 항목이 비어 있을 경우에는 활성화 되지 않는다. 그림 4.27 과 같이 현재 예제 모델인 pi_ctrl 의 입력 데이터인 error signal 의 Storage class 를 ImportedExtern 으로 세팅하고 출력 데이터인 ctrl_output signal 의 Storage class 를 ExportedGlobal 로 세팅하여 코드를 다시 생성해 보자.

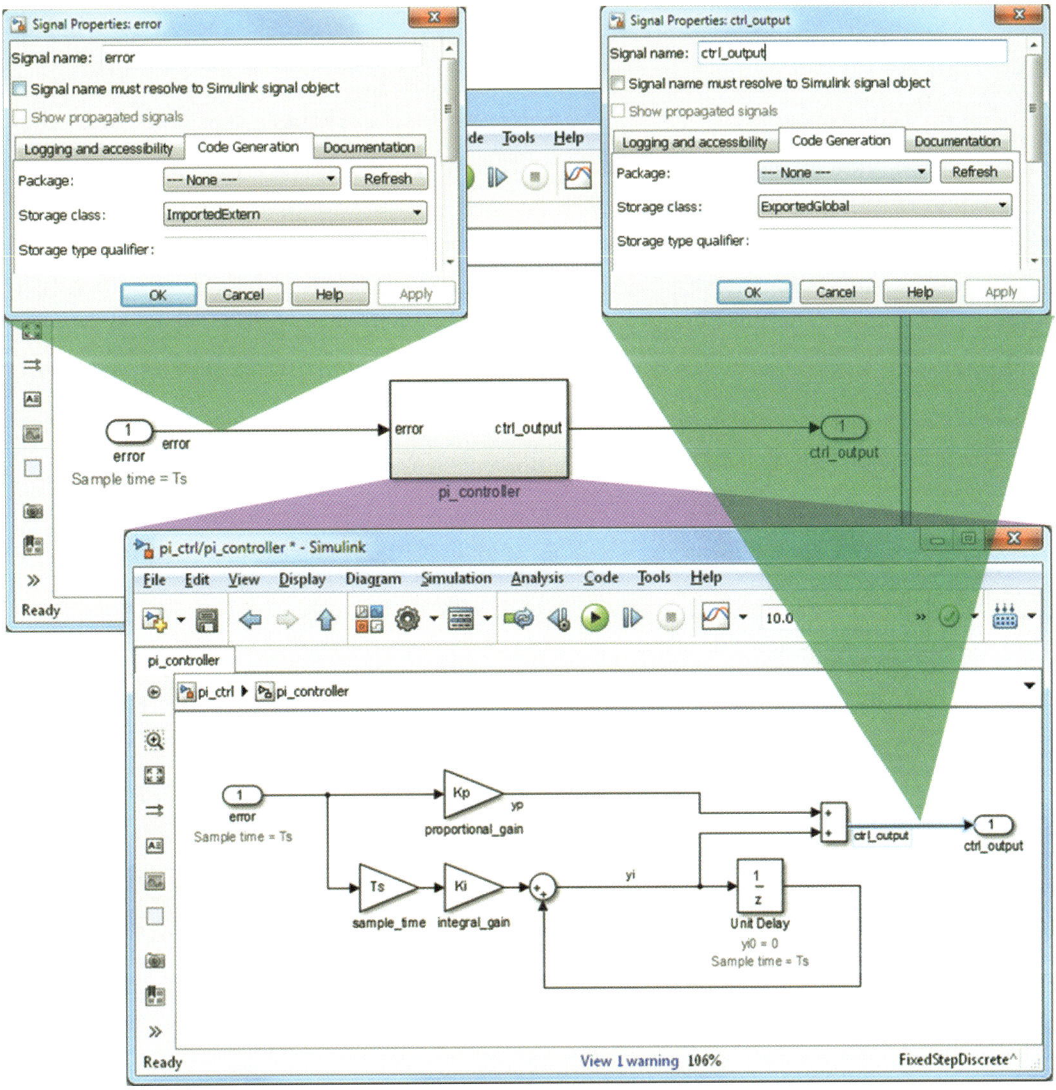

그림 4.27 입출력 Signal 의 Storage Class 옵션 변경

생성된 코드는 그림 4.28 과 같다. 더이상 입력 데이터는 pi_ctrl_U 라는 구조체 변수로 선언되지 않는다. 소스 코드에 입력 데이터 error 의 전역 변수 선언 부분이 사라지며, 단지 코드의 **36 번째 줄**과 같이 error 라는 변수가 바로 활용되고 있다.

여기서 *model*_private.h 헤더 파일, 즉 pi_ctrl_private.h 파일을 한번 살펴 보자. 바로 이 파일 내부에 error 데이터가 extern 으로 선언되어 있는 것을 확인할 수 있다. 즉, 생성코드의 기본 모듈 구조는 이러하다. 외부 코드에 선언된 데이터를 참조만 하여 생성된 코드에서 활용할 수 있도록 코드를 생성할 때는 이러한 참조 선언을 모두 *model*_private.h 파일에서 이루어지도록 구성된다. 그리고 이 *model*_private.h 헤더 파일은 *model*.h 헤더 파일이 아닌 *model*.c 소스 파일에서 직접 include 한다. 이는 생성된 코드를 활용하기 위해 *model*.h 헤더파일을 외부 코드에서 include 하더라도 생성된 코드에서 참조하는(extern 선언) 데이터들은 활용할 수 없으며, 생성된 소스 코드에서만 활용할 수 있도록 하기 위함이다. 즉, 데이터의 무결성을 위한 코드의 구조인 것이다.

다시 출력 데이터인 ctrl_output 데이터를 보자. ExportedGlobal Storage class 세팅에 의해 더이상 pi_ctrl_Y 라는 구조체에 묶이지 않고 단독으로 ctrl_output 이라는 이름으로 선언 및 사용되고 있다(그림 4.28 pi_ctrl.c 파일의 **20 번째 줄** 및 **42 번째 줄**). 또한, pi_ctrl.h 헤더 파일에서 생성된 함수들과 함께 extern 선언되고 있다.

결국, Storage class 옵션은 기본적으로 Auto 로 세팅 되어 있으며, 이는 모든 Simulink 모델의 입력 및 출력 signal 들을 *model*_U 또는 *model*_Y 라는 구조체로 묶어 선언하는 구조로 코드를 생성하게 한다. 그러나 이 옵션을 ExportedGlobal 또는 ImportedExtern 등의 옵션으로 변경 시 단독 변수로 선언하거나, 외부에 이미 선언된 데이터를 생성코드에서 활용할 수 있도록 코드를 생성시켜 준다. 표 4.1 에서 각 Storage class 옵션들에 의해 데이터 선언어 어떻게 변경되는지 정리해 보았다.

표 4.1. Storage class 와 생성 코드의 데이터 선언

Auto	모든 데이터를 입력/출력에 대해 구조체로 묶어 선언한다. Simulink Global 이라는 Storage class 이름으로 불리기도 한다.
ExportedGlobal	소스 코드에 각 데이터를 직접 선언한다. *model*.h 헤더파일에서 extern 선언을 하여 외부에서 활용할 수 있게 해준다.
ImportedExtern	모델 외부의 다른 코드에서 변수가 선언될 경우 모델로부터 생성된 코드에서는 참조만 하여 활용할 수 있도록 해준다. *model*_private.h 헤더 파일에서 참조(extern) 선언을 하며, *model*.c 소스 코드에서 include 한다.
ImportedExternPointer	모델 외부의 다른 코드에서 변수가 포인터 또는 배열 형태로 선언될 경우 모델로부터 생성된 코드에서는 이를 참조만 하여 활용할 수 있도록 해준다. *model*_private.h 헤더 파일에서 참조(extern) 선언을 하며, *model*.c 소스 코드에서 include 한다.

pi_ctrl.c

```
16 #include "pi_ctrl.h"
17 #include "pi_ctrl_private.h"
18
19 /* Exported block signals */
20 real_T ctrl_output;                    /* '<S1>/Sum' */
21
22 /* Block states (auto storage) */
23 D_Work_pi_ctrl pi_ctrl_DWork;
24
25 /* Model step function */
26 void pi_ctrl_step(void)
```

```
{
  real_T rtb_yi;

  /* Sum: '<S1>/Sum1' incorporates:
   *  Gain: '<S1>/integral_gain'
   *  Gain: '<S1>/sample_time'
   *  Inport: '<Root>/error'
   *  UnitDelay: '<S1>/Unit Delay'
   */
  rtb_yi = pi_ctrl_P.Ts * error * pi_ctrl_P.Ki + pi_ctrl_DWork.yi_prev;

  /* Sum: '<S1>/Sum' incorporates:
   *  Gain: '<S1>/proportional_gain'
   *  Inport: '<Root>/error'
   */
  ctrl_output = pi_ctrl_P.Kp * error + rtb_yi;

  /* Update for UnitDelay: '<S1>/Unit Delay' */
  pi_ctrl_DWork.yi_prev = rtb_yi;
}
```

pi_ctrl.h

```
/*
 * Exported Global Signals
 *
 * Note: Exported global signals are block signals with an exported global
 * storage class designation.  Code generation will declare the memory for
 * these signals and export their symbols.
 *
 */
extern real_T ctrl_output;              /* '<S1>/Sum' */

/* Model entry point functions */
extern void pi_ctrl_initialize(void);
extern void pi_ctrl_step(void);
extern void pi_ctrl_terminate(void);
```

pi_ctrl_private.h

```
/* Imported (extern) block signals */
extern real_T error;                    /* '<Root>/error' */

```

그림 4.28 Storage class 변경에 따른 생성 코드의 변화

4-3-5. Package

앞 절에서는 Simulink 의 기본 Storage class 기능에 대해 살펴보았다. 생성된 코드의 외부 코드(특히 손으로 작성된 코드)와의 연동을 고려하다 보면 위의 Storage class 옵션만으로는 자동으로 모든 데이터의 연동이 이루어지도록 코드를 생성하는 것은 다소 어려울 수 있다. 예를 들어, 경우에 따라서는 모든 데이터의 참조 선언을 하나의 헤더 파일로 묶어서 모듈화 해놓은 경우, 생성된 코드에서는 단지 이 파일만 include 해서 활용하고 싶을 수도 있을 것이고, 입출력 데이터를 하나의 구조체로 묶어서 코드 생성하고 싶을 수도 있을 것이다. 다양한 코드 생성 기능에 대한 요구 사항을 만족시키기 위해 Embedded Coder 는 사용자가 직접 Storage class 들을 설계하고 추가할 수 있는 환경을 제공한다. 사용자가 만든 Storage class 들은 Package 라는 개념을 통해 관리 된다. 외부 코드와의 연동을 고려할 때 Simulink 에서 기본적으로 제공하는 기능이 부족하다면 이러한 Package 의 개념을 이해하고 직접 Storage class 를 만들어 추가하는 것이 가능하다. 하지만 추가적인 Storage class 를 만드는 작업이 그리 간단하지 않으며, Simulink 가 기본적으로 제공하는 Package 만 으로도 다양한 Storage class 기능들을 사용할 수 있기 때문에 실제로 추가적인 Storage class 를 만드는 작업은 흔치 않은 일이다. 따라서 본 책에서는 Storage class 기능을 추가하는 방법까지는 다루지 않을 것이며 Simulink 에서 기본적으로 제공되는 Storage class 기능만을 살펴보기로 하겠다.[12]

이미 만들어져 제공되는 Package 는 기본적으로 Simulink Package 라는 것이 있다. Package 항목에서 Simulink 를 선택하고 Refresh 버튼을 클릭하면, 그림 4.29 와 같이 추가적인 Storage class 옵션들이 활성화 된다. (Custom)이라고 붙어 있는 Storage class 옵션들은 사용자가 추가하거나 변경 가능한 옵션이라는 것을 뜻한다.

[12] Package 는 모델과 분리된 데이터 속성관리를 가능케 하기도 한다. 즉, MATLAB 의 Workspace 에서 Simulink 데이터들의 속성을 관리하게 함으로서 Data Dictionary 를 따로 구성할 수 있다. 이 내용은 Chapter 8 에서 다루기로 한다.

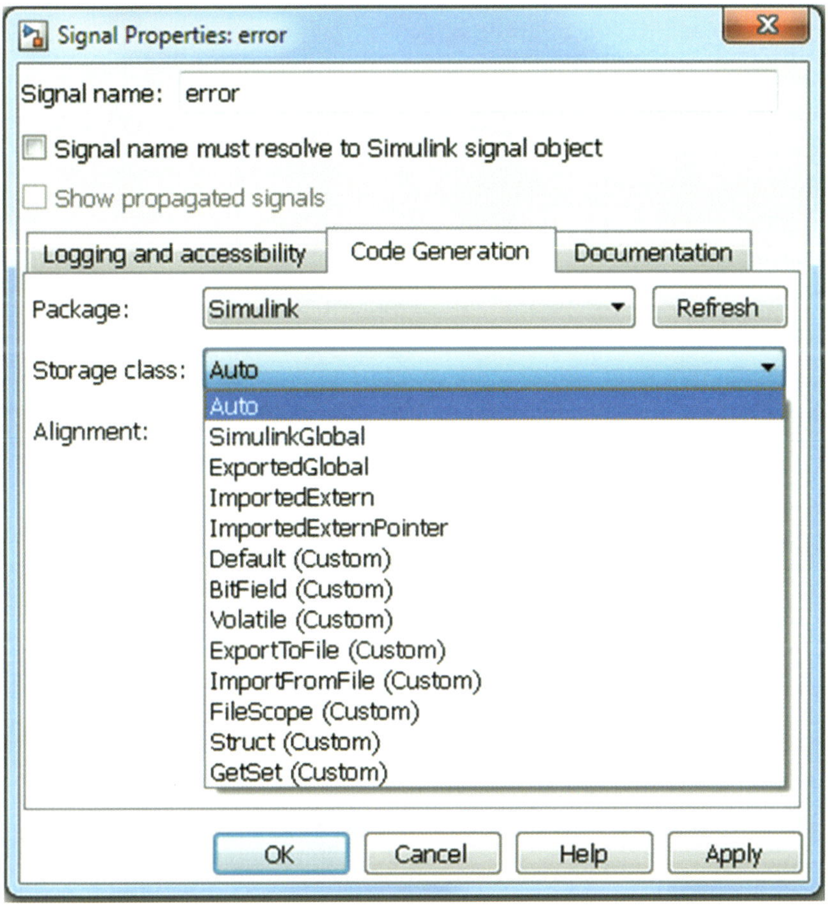

그림 4.29 Simulink Package에 의한 추가적인 Storage Class 옵션들

그러면, 입력 데이터 error의 Storage class를 이러한 Custom Storage class 중 한가지 예로서 ImportFromFile (Custom)으로 세팅하여 코드를 생성해 보자. 입력 데이터 error에 대한 Storage class로 ImportFromFile (Custom)을 선택하면, 그림 4.30과 같이 추가적인 Custom atributes가 활성화 되며 그곳에 HeaderFile을 입력하는 메뉴가 나타난다. 이곳에 임으로 inputs.h라는 헤더 파일 이름을 입력하고 코드를 생성해 본다.

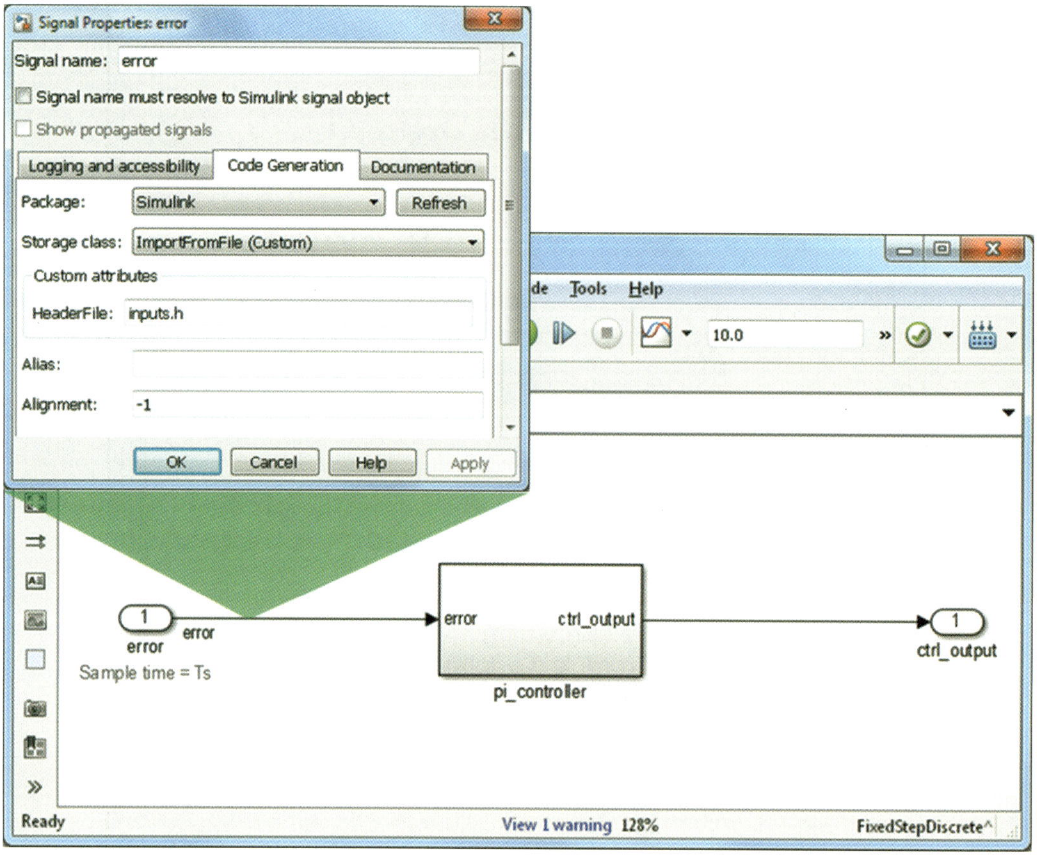

그림 4.30 Simulink Package 의 ImportFromFile (Custom) 선택의 예

생성된 코드의 pi_ctrl.c 파일은 입력 데이터 error signal 의 Storage class 를 ImportedExtern 으로 세팅한 결과(그림 4.28 의 pi_ctrl.c)의 경우와 완전히 동일하다. 달라진 부분은 pi_ctrl_private.h 파일(그림 4.31)이다.

```
/* Includes for objects with custom storage classes. */
#include "inputs.h"
```

그림 4.31 ImportFromFile (Custom) 선택에 의한 pi_ctrl_private.h

입력 데이터 error 에 대해 extern 선언이 이루어지기 보다 inputs.h 라는 헤더 파일을 include 하는 구조의 코드가 생성되었다. 결국, ImportFromFile (Custom)라는 Storage class 는 다른 외부 코드에 이미 입력 데이터인 error signal 에 대해 extern 선언을 포함하는 헤더파일이 존재할 때 생성된 코드에서도 이러한 헤더 파일을 포함하도록 하는 custom Storage class 인 것이다.

위의 예에서 보이는 바와 같이 다양한 custom Storage class 들은 처해진 상황에 따라 필요한 기능이기도 하지만, 특정 상황이 발생하기 전에는 굳이 필요성을 느끼지 못할 수도 있다. 따라서 다양한 custom Storage class 옵션들을 바꾸어 가며 코드를 생성해 보는 작업은 독자들에게 맡기도록 하겠다. 다만 여기서는 이러한 기능들이 존재함을 기억하자. 언젠가는 실무에서 이 기능이 필요한 상황이 올 수도 있을 테니까.

4-4. Parameter 데이터의 인터페이스

앞 절에서는 Simulink signal 데이터의 선언을 바꾸기 위해 각 signal 의 속성 중 하나인 Storage class 에 대해 알아 보았다. 지금부터 Simulink parameter 데이터의 Storage class 에 대해 알아보자. Simulink 에서 사용되는 parameter 들은 각 Simulink 블록에서 값을 직접 지정하거나, MATLAB 에서 parameter 변수를 만들어 모델의 각 블록에 변수 이름을 적어 적용하는 방법으로 만들어진다. Simulink 블록에 값을 직접 입력할 경우 시뮬레이션 과정에서 값을 튜닝하기 위해서는 항상 그 블록을 찾아가 그 블록에 대한 대화 상자를 열고 값을 바꾸며 작업을 한다. 반면 MATLAB Workspace 에 변수를 만들고 값을 그 변수에 지정한 다음 모델의 각 블록에 그 변수 이름을 입력할 경우, Simulink 블록들을 일일이 찾아가 값을 바꾸지 않고 MATLAB 에서 쉽게 변수 값을 바꾸면서 시뮬레이션을 수행할 수 있어 편리하다. 특히 여러 블록이 동일한 MATLAB 변수를 parameter 로 갖는 경우 그 MATLAB 변수 하나만 값을 바꾸어 모든 블록의 parameter 값을 변경시킬 수도 있다. 특히 MATLAB script 를 작성하여 parameter 값들을 지정할 경우 동시에 여러 parameter 값을 변경할 수 있는 장점도 있기 때문에 많은 사용자들은 이러한 방법을 자주 사용한다. 이러한 장점은 코드 생성을 위해 parameter 의 Storage class 를 변경할 때도 적용된다.

예제 모델인 pi_ctrl 모델에서도 그림 4.32 와 같이 이러한 방법으로 parameter 들이 세팅되어 있다.

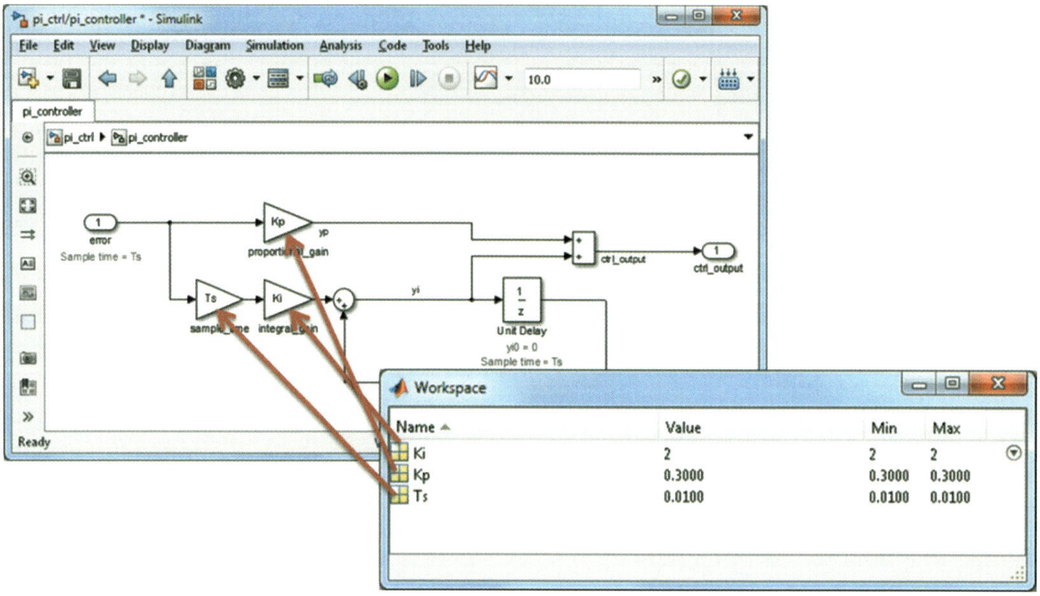

그림 4.32 MATLAB Workspace 에 지정된 parameter 변수들

```
/* Block parameters (auto storage) */
Parameters_pi_ctrl pi_ctrl_P = {
  2.0,                                   /* Variable: Ki
                                          * Referenced by: '<S1>/integral_gain'
                                          */
  0.3,                                   /* Variable: Kp
                                          * Referenced by: '<S1>/proportional_gain'
                                          */
  0.01,                                  /* Variable: Ts
                                          * Referenced by: '<S1>/sample_time'
                                          */
  0.0                                    /* Expression: 0
                                          * Referenced by: '<S1>/Unit Delay'
                                          */
};
```

그림 4.33 Parameter 데이터에 대한 기본 코드 생성 (pi_ctrl_data.c)

먼저 parameter 의 Storage class 를 변경시키기에 앞서 기본적으로 생성되는 코드의 구조를 다시 한번 상기해 보자. 모델로부터 생성된 코드는 *model*_data.c 파일을 포함하고 있다. 그리고 이 파일 내에 *model*_P 라는 이름의 구조체 변수가 선언되어 있으며, 이 안에 parameter 변수들의 값이

지정되어 있다. 즉, 코드를 생성하고 parameter 의 튜닝이 필요할 때에는 구조체 내부의 값을 변경하는 작업을 수행하면 된다.

4-4-1. Inline parameters 옵션

Simulink signal 의 Storage class 옵션 변경에 따른 생성 코드의 변형을 생각해보면, parameter 의 Storage class 를 변경시킬 때의 코드 변화를 예상할 수 있다. 결국 Storage class 를 변경한 각 parameter 들은 *model*_P 라는 구조체 내에 묶이지 않고 단독으로 선언되어 생성된 코드에 사용될 것이다. 그러면 모델의 입출력과 같이 직접적인 외부와의 인터페이스가 되지 않는 parameter 들에 대해 이러한 변경이 왜 필요할까? 당연히 코드 레벨에서의 튜닝이다. 대부분의 임베디드 시스템은 실제 하드웨어를 제어하기 때문에 시스템 레벨의 성능 최적화가 필요하다. 모델 레벨에서 하드웨어를 가상적으로 모델링하여 시뮬레이션할 수 있겠지만, 여전히 가상일 뿐이고 모델 레벨에서 튜닝된 parameter 들은 실제 시스템으로 구현된 상태에서도 수많은 튜닝 작업이 필요하다. 이러한 튜닝, 즉 보정(Calibration)을 위해 다양한 표준 Calibration Protocol 등도 개발되어 있으며, 생성된 코드는 이러한 환경과의 인터페이스도 만족시켜야 한다. parameter 의 Storage class 변경 기능은 바로 이를 위한 것이라 할 수 있겠다.

그렇다면 반대로 생각해 보자. 전혀 parameter 의 보정이 필요없는 상황이라면? 굳이 모든 parameter 데이터들을 전역 변수로 만들어 임베디드 시스템의 메모리를 낭비할 필요가 있을까? 코드 상에 숫자로 직접 쓴다면 튜닝이나 보정은 불가능 하겠지만 코드가 사용하는 메모리를 최소화할 수 있는 가능성도 있다.

이러한 얘기를 장황하게 늘어놓은 이유는 parameter 의 Storage class 옵션은 코드의 최적화에서부터 시작되기 때문이다.

생성코드를 상황에 맞도록 최적화하기 위한 다양한 옵션들은 그림 4.34 와 같이 모델의 Configuration Parameters 창 내의 Optimization 이라는 카테고리에 모여있다. 지금은 이 모든 최적화 옵션들을 다룰 단계는 아니다. 이는 다음 장에서 좀더 살펴보기로 하고 지금은 parameter 의 최적화 옵션부터 들여다 보자.

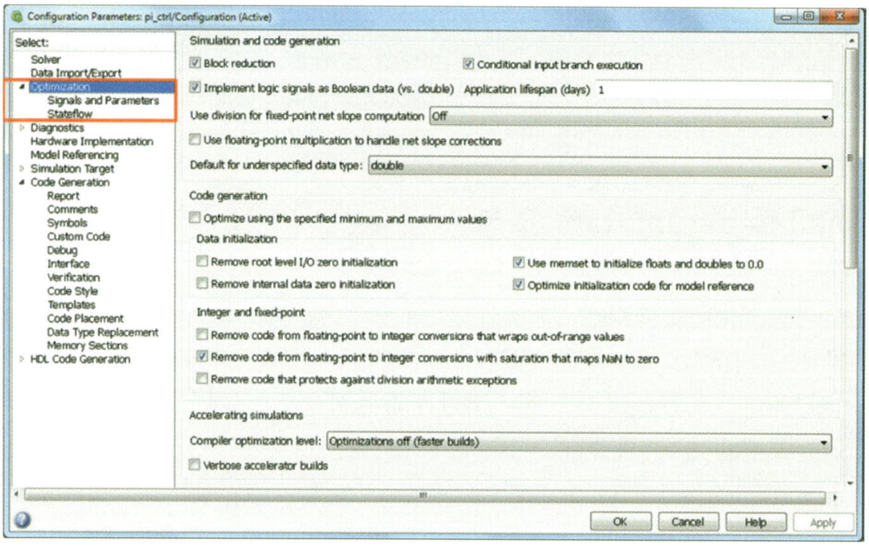

그림 4.34 코드 생성 최적화 옵션들

Optimization 카테고리 내의 Signals and Parameters 라는 서브카테고리를 들여다보면 제일 상단에 Inline parameters 라는 옵션이 있다.(그림 4.35). 이 옵션을 선택하면 모델 내의 모든 parameter들은 코드 생성 시 변수로 선언되지 않고 코드 상에 직접 숫자로 쓰여지게 된다. 그림 4.36 은 이 옵션을 선택한 상태에서 생성된 코드이다. *model*_data.c 파일은 사라지고, 모든 parameter들은 코드 상에 직접 숫자로 쓰여졌다.

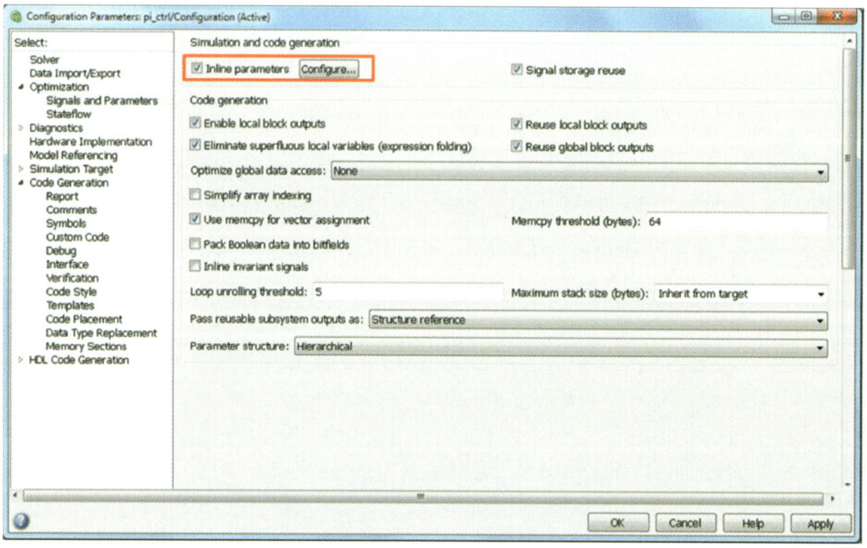

그림 4.35 Inline parameters 옵션

```
/* Model step function */
void pi_ctrl_step(void)
{
  real_T rtb_yi;

  /* Sum: '<S1>/Sum1' incorporates:
   *  Gain: '<S1>/integral_gain'
   *  Gain: '<S1>/sample_time'
   *  Inport: '<Root>/error'
   *  UnitDelay: '<S1>/Unit Delay'
   */
  rtb_yi = 0.01 * pi_ctrl_U.error * 2.0 + pi_ctrl_DW.yi_prev;

  /* Outport: '<Root>/ctrl_output' incorporates:
   *  Gain: '<S1>/proportional_gain'
   *  Inport: '<Root>/error'
   *  Sum: '<S1>/Sum'
   */
  pi_ctrl_Y.ctrl_output = 0.3 * pi_ctrl_U.error + rtb_yi;

  /* Update for UnitDelay: '<S1>/Unit Delay' */
  pi_ctrl_DW.yi_prev = rtb_yi;
}
```

그림 4.36 Inline parameters 옵션이 선택된 상태에서의 생성 코드

4-4-2. Simulink parameter 의 Storage class

Inline parameters 옵션은 자체만으로도 생성 코드의 최적화를 위해 중요한 역할을 한다. 하지만, parameter 의 Storage class 변경을 위해서도 또한 이 Inline parameters 옵션을 선택하는 것이 필요하다. 즉, 모든 parameter 에 대해서는 메모리 사용의 최적화를 위해 변수를 선언하지 않고 코드 상에 숫자로 직접 표현하며, 튜닝 및 보정이 필요한 데이터 일부를 숫자로 표현된 부분에서 빼내어 전역변수로 만드는 것을 기본 개념으로 한다. Inline parameters 옵션을 선택하면, 바로 오른쪽의 [Configure ...] 버튼이 활성화된다. 이제 이 버튼을 클릭해 보자. Model Parameter Configuration 이라는 창이 나타난다. 그림 4.37 과 같이 창의 왼쪽에 MATLAB Workspace 에 정의된 변수들의 리스트가 보이며, 오른쪽에 Global (tunable) parameters 항목이 보일 것이다. 왼쪽에 있는 모델에서 활용되는 parameter 들 중 코드 생성 후 튜닝이나 보정이 필요한 변수들을 선택하여 오늘쪽 테이블에 넣어 주게 되면(그림 4.38) 그 변수들은 다시 튜닝이 가능한 *model_P* 라는 구조체로 묶여 코드가 생성되게 된다. 그림 4.39 는 Kp 를 Global (tunable) parameter 로 선택하여 코드를 생성한 예이다.

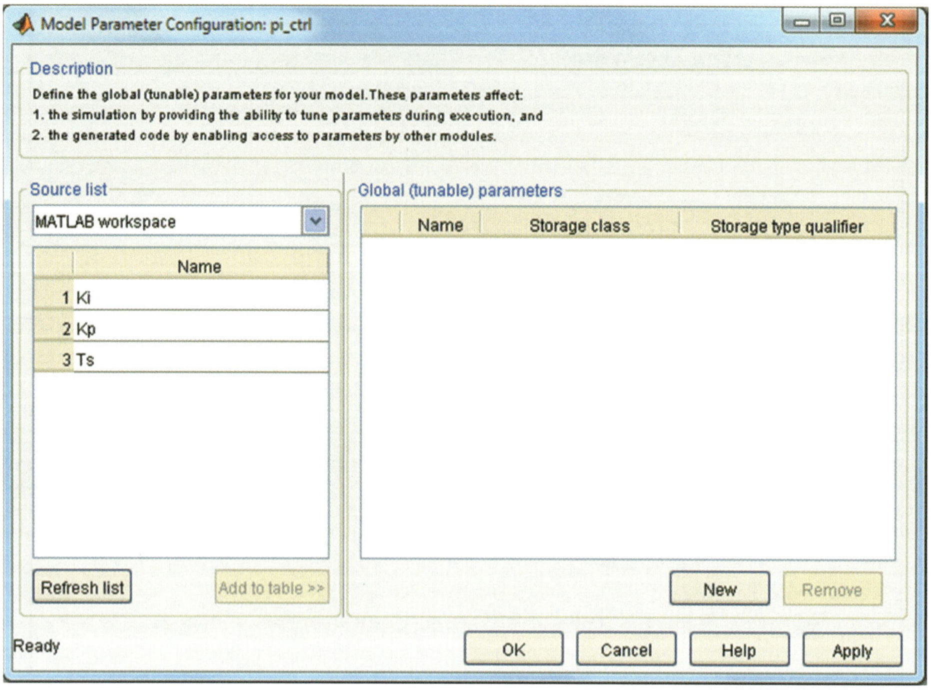

그림 4.37 Model Parameter Configuration 창

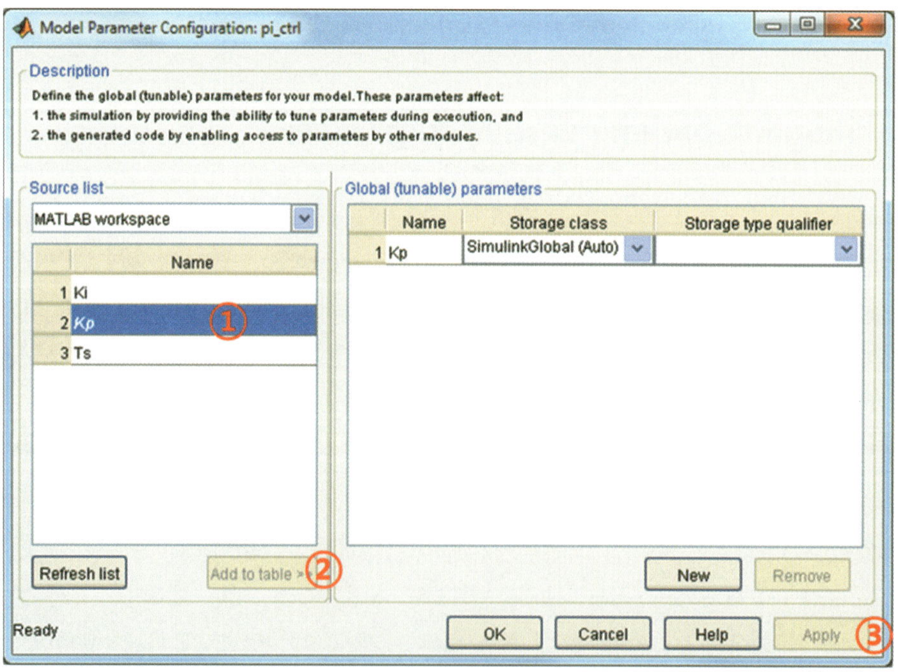

그림 4.38 Kp parameter에 대해 튜닝이 가능하도록 변경

```
/* Model step function */
void pi_ctrl_step(void)
{
  real_T rtb_yi;

  /* Sum: '<S1>/Sum1' incorporates:
   *  Gain: '<S1>/integral_gain'
   *  Gain: '<S1>/sample_time'
   *  Inport: '<Root>/error'
   *  UnitDelay: '<S1>/Unit Delay'
   */
  rtb_yi = 0.01 * pi_ctrl_U.error * 2.0 + pi_ctrl_DW.yi_prev;

  /* Outport: '<Root>/ctrl_output' incorporates:
   *  Gain: '<S1>/proportional_gain'
   *  Inport: '<Root>/error'
   *  Sum: '<S1>/Sum'
   */
  pi_ctrl_Y.ctrl_output = pi_ctrl_P.Kp * pi_ctrl_U.error + rtb_yi;

  /* Update for UnitDelay: '<S1>/Unit Delay' */
  pi_ctrl_DW.yi_prev = rtb_yi;
}
```

그림 4.39 Kp parameter 의 Global (tunable) parameter 세팅에 의한 생성 코드

이 과정을 진행하며 이미 눈치를 챈 독자도 있을 것이다. Parameter 의 Storage class 의 변경은 바로 이러한 과정 속에서 진행이 된다. 이미 Inline parameters 옵션에 의해 숫자로 표현된 parameter 데이터들 중 튜닝하고자 하는 데이타만을 일부 빼내어 다시 Global (tunable) parameter 로 만든다. 이 때 Global (tunable) parameter 테이블 내에 Storage class 라는 옵션이 있다. 그냥 Global (tunable) parameter 로 만들면 기본적으로 SimulinkGlobal 이라는 Storage class 로 세팅되어 *model*_P 라는 구조체로 선택된 parameter 들이 묶여 코드가 생성된다. 하지만 이 때 선택된 parameter 의 Storage class 를 그림 4.40 과 같이 ExportedGlobal 과 같은 다른 Storage class 로 선택한다면 생성된 코드의 parameter 구조는 바뀔 수 있다. 그림 4.41 은 pi_ctrl 모델로부터 Kp parameter 의 Storage class 를 ExportedGlobal 로 선택했을 때 생성된 코드를 보여준다. 생성 코드의 20 **번째 줄**과 같이 ExportedGlobal 로 세팅된 parameter 에 대한 변수는 소스 코드 상단에서 직접 선언되며, 51 **번째 줄**과 같이 직접 코드 상에서 사용된다. 또한 *model*.h 헤더 파일에서 extern 선언되어 외부에서의 엑세스가 가능해 진다.

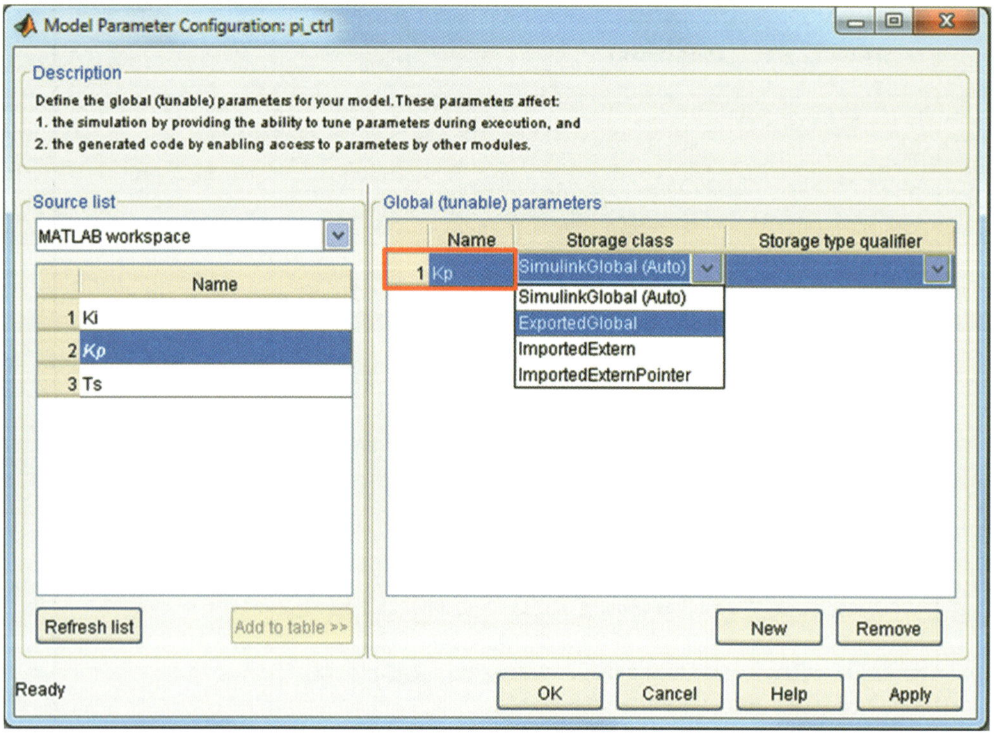

그림 4.40 Parameter 의 Storage class 변경 작업

pi_ctrl.c 파일

```
/* Exported block parameters */
real_T Kp = 0.3;                       /* Variable: Kp
                                        * Referenced by: '<S1>/proportional_gain'
                                        */


/* Block states (auto storage) */
DW_pi_ctrl pi_ctrl_DW;

/* External inputs (root inport signals with auto storage) */
ExtU_pi_ctrl pi_ctrl_U;

/* External outputs (root outports fed by signals with auto storage) */
ExtY_pi_ctrl pi_ctrl_Y;

/* Model step function */
void pi_ctrl_step(void)
{
  real_T rtb_yi;

  /* Sum: '<S1>/Sum1' incorporates:
   *  Gain: '<S1>/integral_gain'
   *  Gain: '<S1>/sample_time'
   *  Inport: '<Root>/error'
   *  UnitDelay: '<S1>/Unit Delay'
   */
```

```
    rtb_yi = 0.01 * pi_ctrl_U.error * 2.0 + pi_ctrl_DW.yi_prev;

    /* Outport: '<Root>/ctrl_output' incorporates:
     *  Gain: '<S1>/proportional_gain'
     *  Inport: '<Root>/error'
     *  Sum: '<S1>/Sum'
     */
    pi_ctrl_Y.ctrl_output = Kp * pi_ctrl_U.error + rtb_yi;

    /* Update for UnitDelay: '<S1>/Unit Delay' */
    pi_ctrl_DW.yi_prev = rtb_yi;
}
```

pi_ctrl.h 파일

```
/*
 * Exported Global Parameters
 *
 * Note: Exported global parameters are tunable parameters with an exported
 * global storage class designation.  Code generation will declare the memory for
 * these parameters and exports their symbols.
 *
 */
extern real_T Kp;                      /* Variable: Kp
                                         * Referenced by: '<S1>/proportional_gain'
                                         */

```

그림 4.41 ExportedGlobal Storage class 로 세팅된 Kp parameter 에 대한 생성 코드

Simulink Signal 의 **Storage Class** 는 **Package** 를 Simulink 로 세팅했을 경우, 매우 다양해 진다. **(Custom)**이라고 적혀 있는 다양한 **Storage class** 를 선택하면서 코드를 생성해 보자. 예를 들어 아래와 같이 모델의 입출력 signal 에 **Struct (Custom)**라는 이름의 **Storage class** 를 선택하고 동일한 **Struct name** 을 기입하여 코드 생성한 후 생성된 코드를 관찰해 본다.

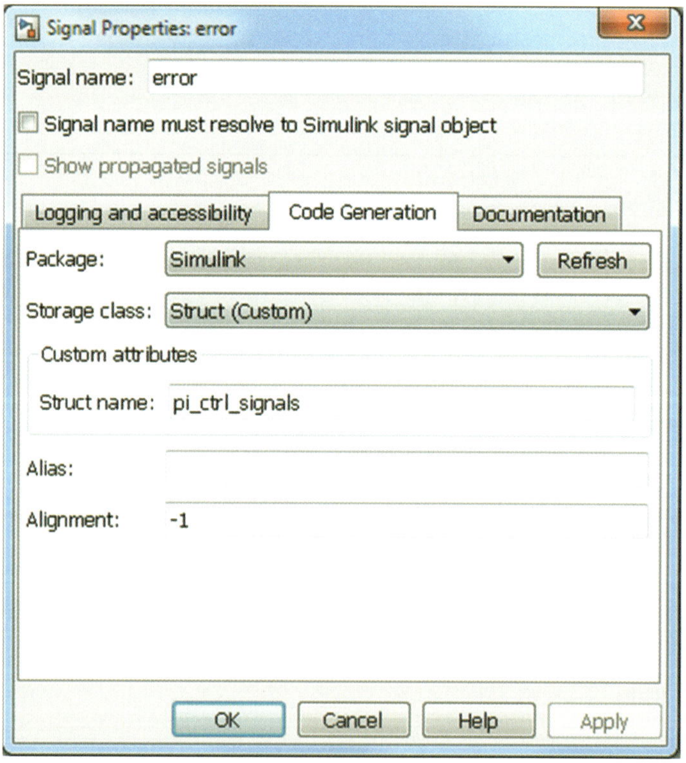

Multirate 시스템 모델의 코드 생성

생성된 코드 내의 함수 인터페이스는 사용자의 옵션 설정(Chapter 4-2 참조)에 의해서만 바뀌는 것은 아니다. 모델의 구조가 생성된 코드의 함수 인터페이스를 자동으로 변경시키기도 한다. 즉, 한 모델 내에 다양한 Sample Time 을 갖는 태스크들이 존재할 경우 각각의 태스크들에 대해 분리된 함수 형태로 코드가 생성될 수 있다. 이러한 시스템을 Multirate 시스템이라고 하며, Simulink 는 Multirate 시스템 모델링 및 시뮬레이션, 그리고 그것에 대한 코드 생성을 지원한다. 그러면, Multirate 시스템 모델로부터의 코드 생성에 앞서 모델링 및 시뮬레이션을 먼저 알아보도록 하자.

5-1. Multirate 시스템 모델링의 고려사항

Multirate 시스템 모델링 및 시뮬레이션을 알아보기 위해 이번 Chapter 에서는 두 개의 다른 Sample Time 을 갖는 태스크를 포함하는 모델의 예를 활용해 보도록 하겠다. 그림 5.1 은 설명의 편의를 위해 Sample Time 이 다른 두 개의 Discrete Transfer Function 블록을 이용하여 간단히 Multirate 시스템 모델을 구성한 예이다. 모델 내의 Discrete Transfer Fcn 블록의 Sample Time 은 0.1, Discrete Tranfer Fcn1 블록의 Sample Time 은 0.2 로 세팅 되어 있다. 각 블록의 Sample Time 은 각 블록을 더블클릭 하여 나타나는 창 내의 Sample Time 항목에 값을 지정하여 세팅한다. 사실 Simulink 의 모든 블록은 Sample Time 의 지정이 가능하며, 일반적으로 -1 (inherited)로 지정되어 있다. Sample Time 으로서의 -1 값은 앞 블록의 출력 Signal 이 업데이트되는 시간을 상속받아 그 시간마다 그 블록을 계산하겠다는 의미를 갖으며, 최상위단 모델 입력 포트의 Sample Time 이 지정되면 특정 블록에서 Sample Time 을 변경하지 않는 한, 대부분의 블록은 동일한 Sample Time 을 갖게 된다. 만약 모델 내의 모든 블록이 -1 의 Sample Time 을 갖는 다면, 모델 자체의 Sample Time, 즉 모델의 Configuration Parameters 에서 지정한 Sample Time 이 모든 입력 포트로 상속되어 모든 블록이 그 Sample Time 에 따라 동작하게 된다.

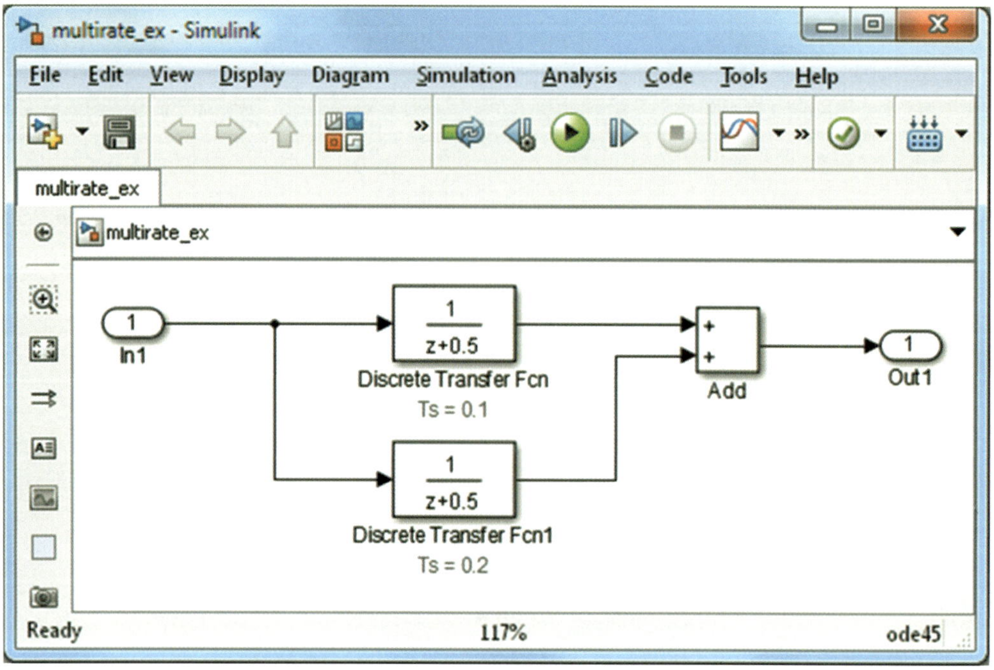

그림 5.1 Multirate 시스템 모델링의 예

그러면 모델의 Configuration Parameters 를 함께 살펴보자.

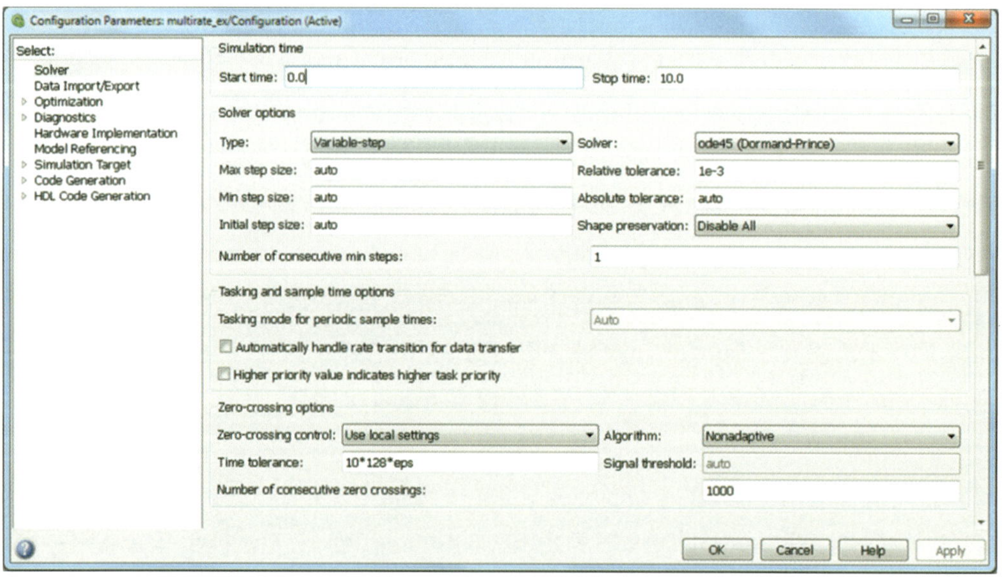

그림 5.2 모델 Configuration Parameters 의 Solver 카테고리

현재 모델은 기본 solver 세팅을 바꾸지 않아 Type 은 Variable-step 이며, Solver 도 ode45 로 세팅되어 있다(그림 5.2). 하지만 이 모델은 이산 시스템으로 구성되어 있으며, 시뮬레이션을 수행하면, Simulink 가 자동으로 Variable-step Type, Discrete solver 로 solver option 을 변경하여 시뮬레이션을 수행하게 된다.

그림 5.3 과 같이 Fixed-step Type, Discrete solver 로 solver options 를 세팅하고 시뮬레이션을 수행하면 이제 그림 5.4 와 같은 error 메시지가 나타난다.

자, 그러면 왜 이러한 error 가 발생하게 되었는지 알아보자.

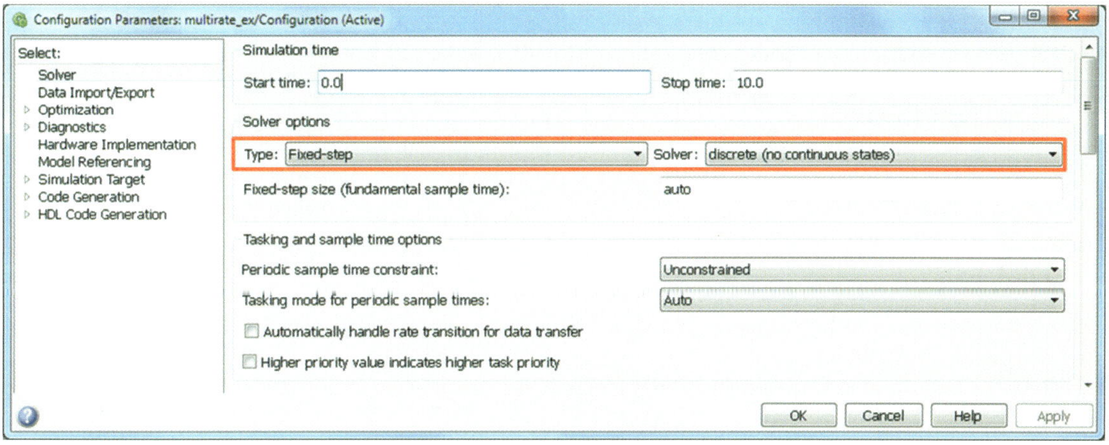

그림 5.3 Fixed-step discrete solver 의 선택

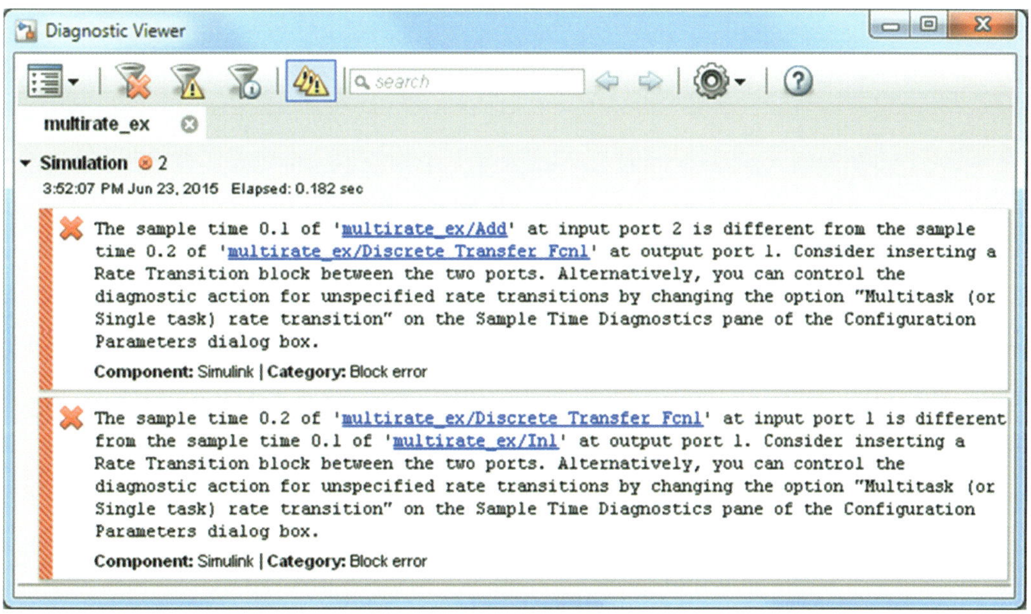

그림 5.4 Multirate 시스템의 시뮬레이션 Error 메시지

위와 같은 multirate 시스템은 각기 다른 Sample Time 을 갖는 블록들이 서로 데이터를 교환하고 있다. 그림 5.4 의 error 메시지는 사실 이러한 데이터 교환의 문제점을 지적하고 있는 것이다. 그렇다면 다른 Sample Time 으로 동작하는 태스크들 간의 데이터 교환 시 어떠한 문제가 생기게 되는 것인가?

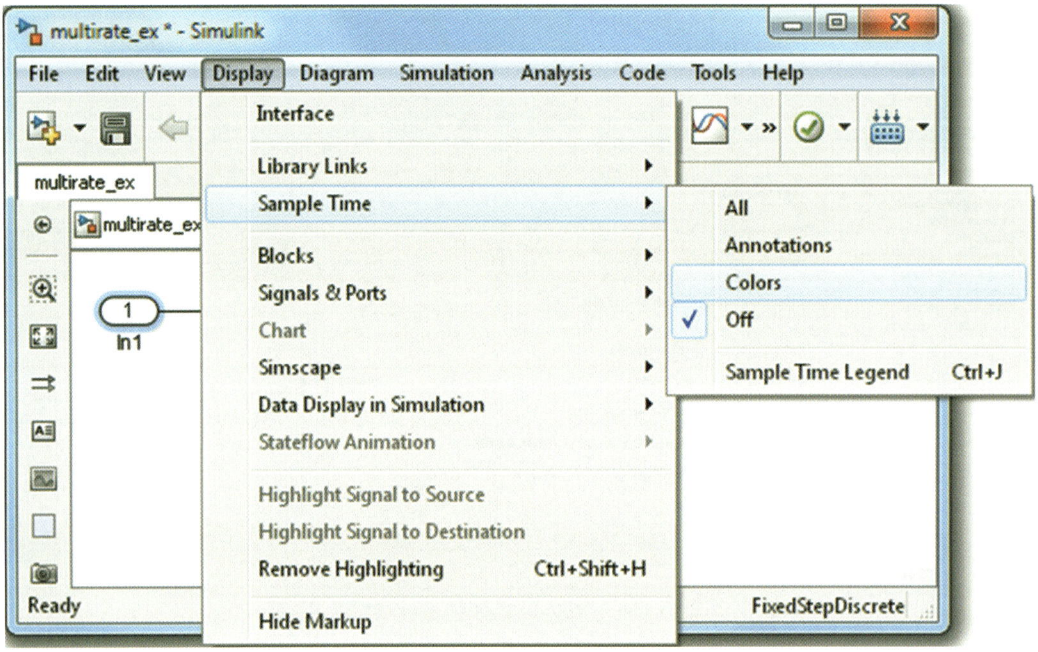

그림 5.5 Sample Time 을 색으로 표현하기

예제 모델인 multirate_ex 모델 내부의 각 블록들에 Sample Time 이 어떻게 세팅되어 있는지 한 눈에 확인하기 위해 Simulink 의 Display 기능 중 하나를 활용해 본다. 그림 5.5 와 같이 모델의 Display 메뉴에 있는 Colors 항목을 선택하면 그림 5.6 과 같이 모든 블록과 signal 들이 Sample Time 별로 각기 다른 색으로 표현된다. In1 블록은 0.1 의 Sample Time 을 갖는 Discrete Transfer Fcn 블록으로 0.1 초마다 데이터를 전달하기 위해 자동으로 0.1 의 Sample Time 으로 세팅되었고, 그 출력 데이터는 0.2 의 Sample Time 을 갖는 Discrete Transfer Fcn1 블록에도 전달된다. 또한 0.1 의 Sample Time 을 갖는 Discrete Transfer Fcn 블록의 출력을 놓치지 않고 연산에 활용하기 위해 Add 블록은 자동으로 0.1 의 Sample Time 으로 세팅되었으며, 0.2 의 Sample Time 을 갖는 Discrete Tranfer Fcn1 블록의 출력 데이터를 함께 입력 받아 동작한다. 결국 이 모델에서 Sample Time 이 다른 태스크들 간의 데이터 교환이 발생하며, 이러한 데이터 교환은 In1→Discrete Transfer Fcn1 과 Discrete Transfer Fcn1 → Add 사이에서 일어난다.

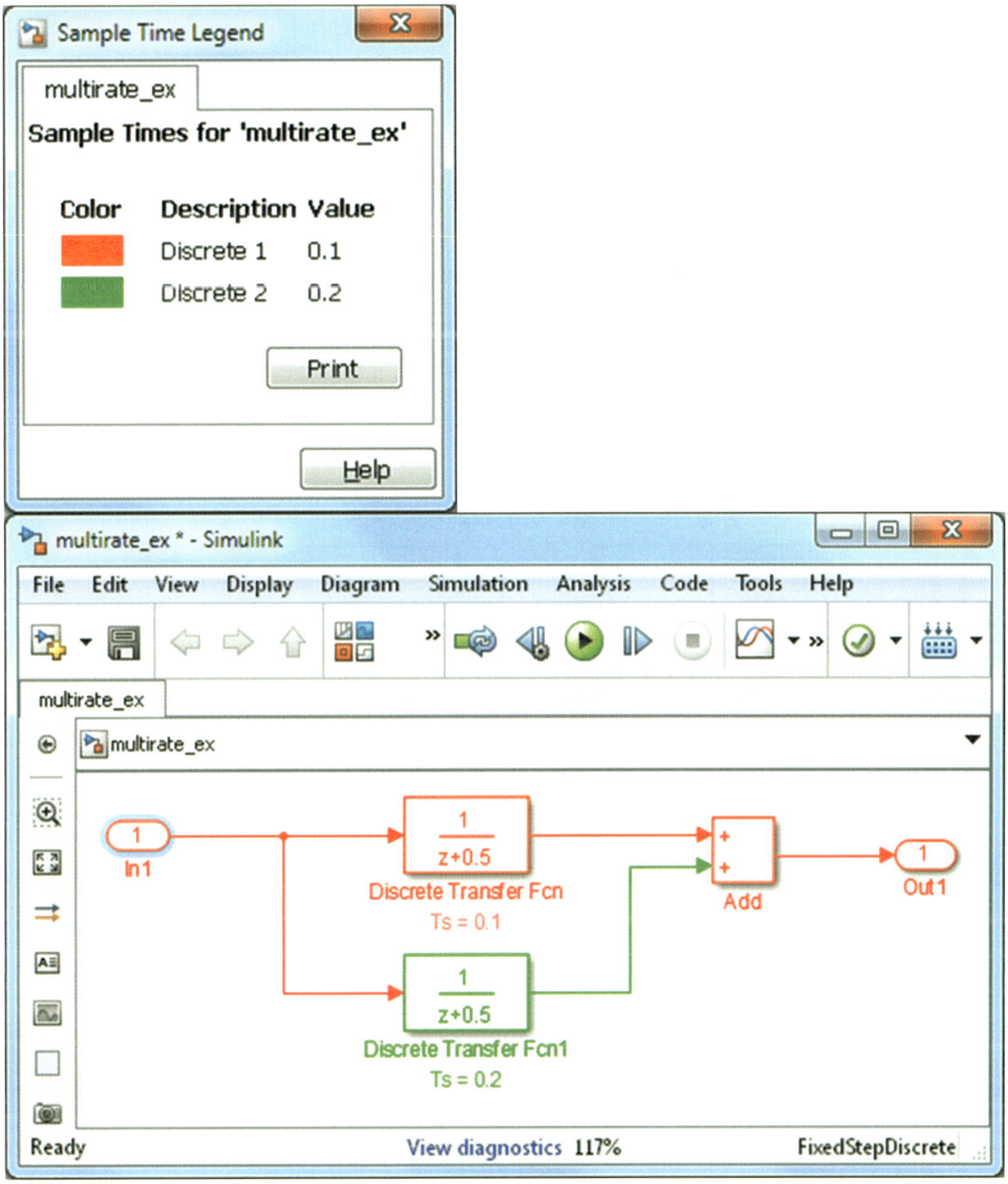

그림 5.6 다른 Sample Time 을 갖는 블록과 Signal 들을 각기 다른 색으로 표현한 예.

모델의 Smulation 은 사실상 실시간은 아니다. 하지만 코드 생성을 통해 임베디드 시스템으로의 구현을 목표로 한다면 실시간에 대한 고려를 빠뜨릴 수 없다. 실제로 실시간 임베디드 시스템에서는 Sample Time 이 다른 태스크간의 데이터 교환 시 추가적인 관리 코드가 필요하기 때문이다.

그림 5.7 은 Multirate 시스템의 실시간 동작 특성을 간단히 보여준다. 0.1 의 Sample Time 을 갖는 태스크는 0.1 초 내에 동작을 완료해야 하며, 0.2 의 Sample Time 을 갖는 태스크는 0.2 초 내에

동작을 완료해야 한다. 동작이 완료되었다고 해서 다음 실행되어야 할 태스크가 바로 이어서 동작하지 않으며, 다음 스케쥴된 시간까지 기다렸다가 다음 태스크가 실행된다. 이러한 시간 간격을 Idle Time 이라고 한다. Idle Time 이 길면 길 수록 사실 CPU 하드웨어 리소스를 효율적으로 사용하고 있지 않는 것이 되며, 불필요하게 빠르고 값비싼 하드웨어를 사용하고 있다는 의미가 될 수 있다. 그림 5.7 에서 보여주는 multirate 시스템의 태스크 스케쥴링은 single-tasking 모드 스케쥴링 방법으로서 mulirate 시스템이지만, 확실한 실시간을 위해서는 결국 모든 태스크들이 빠른 Sample Time (0.1 초) 이내에 모든 동작을 마쳐야 한다. 따라서 느린 Sample Time 을 갖는 태스크들의 동작이 필요없는 구간에서는 반복적으로 Idle Time 이 길게 나타나는 현상이 발생하게 되고 하드웨어 리소스 활용 측면에서 효율적이지 않다.

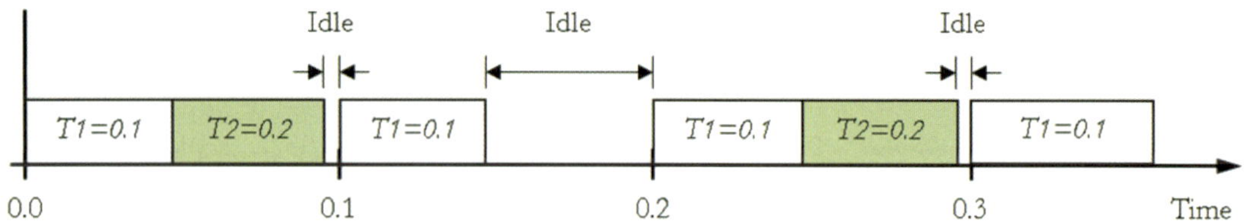

그림 5.7 Multirate 시스템의 실시간 동작의 예

반대로 스케쥴링된 시간내에 태스크가 완료되지 못하면, 그림 5.8 과 같이 다음 태스크가 스케쥴된 시간 내에 동작을 완료하지 못할 위험이 발생하게 되고 이것은 실시간 동작의 실패를 야기한다. 이렇게 태스크가 스케쥴된 시간 범위 내에서 동작을 완료하지 못하고 다음 스케쥴된 시간 범위를 벗어나게 되면 이것을 Overrun 이라고 한다. 이의 해결을 위해 물론 비싸고 빠른 CPU 로 하드웨어를 교체하는 것도 하나의 방법이 될 수 있겠지만 이것은 비용 측면에서 효율적이지 못하다. 그러면, 각 태스크에 대한 Sample Time 을 늦추는 것은 어떨까? 만약, 충분히 빠르게 동작시킬 수 있는 시스템을 Overrun 의 위험을 고려해 너무 느리게 실시간 스케쥴링을 하게 된다면 이것도 비효율적인 일이 될 것이다. 따라서, 실시간 임베디드 시스템에서는 각 태스크에 우선 순위(Task Priority)를 부여함으로서 중요한 태스크의 실시간성을 확보하고 CPU 의 활용 효율성을 높이기 위해 선점형 multitasking 스케쥴링 기법을 가장 많이 활용한다.

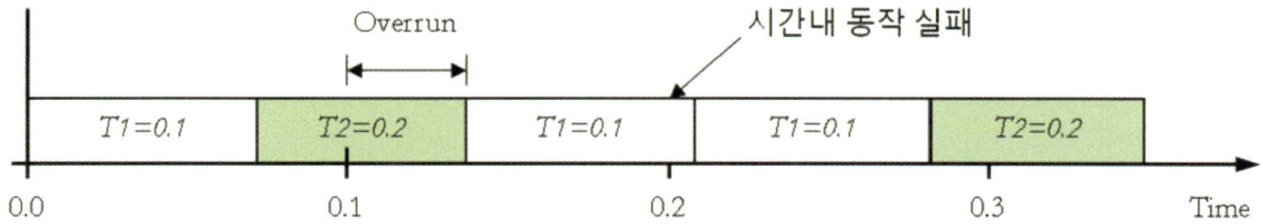

그림 5.8 Overrun 이 존재하는 Multirate 시스템의 예

그림 5.9 는 0.1 의 Sample Time 을 갖는 태스크(T1)에 0.2 의 Sample Time 을 갖는 태스크(T2)보다 높은 우선 순위를 부여함으로서 태스크의 선점이 일어나는 예이다. T2 태스크가 동작 중에 있다고 하더라도 우선순위가 높은 T1 태스크의 스케쥴된 시간이 되면, T2 태스크는 동작을 잠깐 멈추게 되며 스케쥴된 T1 태스크가 먼저 동작을 수행한다. T1 태스크의 동작이 완료되면, T2 태스크가 이어서 남은 작업을 수행한다. 이러한 선점형 태스크 스케쥴링 기법은 multirate 시스템의 동작 시 CPU 리소스를 효율적으로 활용하면서도 중요한 태스크의 실시간 동작 특성을 보장할 수 있다는 장점을 갖는다.

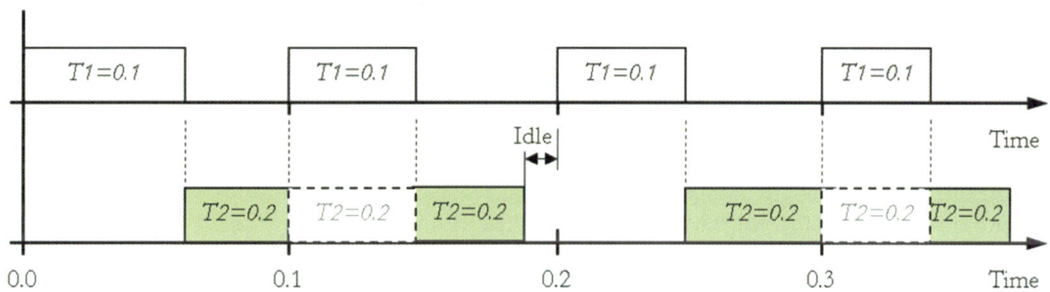

그림 5.9 Multirate 시스템의 Multitasking 모드

그러면 이렇게 타이밍에 대한 스케쥴링만 하면 다 된 것인가? 이러한 태스크 스케쥴링 방법의 문제는 각 테스크 간의 데이터 교환에서 발생한다. 그림 5.9 와 같은 경우, 0.1 초 시점에서 T2 태스크는 동작을 멈추고 T1 태스크의 동작 완료를 기다린다. 이때 만약 T1 태스크가 T2 태스크로부터의 데이터를 입력받아 동작해야 한다면 어떠한가? T2 태스크는 동작을 끝마치지 않았기 때문에 T1 태스크에 올바른 데이터를 전달하지 못할 수 있다. 반대로 T2 태스크가 T1 태스크로부터 데이터를 입력 받아 동작하고 있었다면, T1 태스크가 동작을 완료하는 시점에서 동작이 끝나지 않은 T2 태스크가 사용하던 데이터에 문제가 발생할 수 있다. 이것을 데이터 무결성(Data Integrity)의 결여라고 한다. 이것을 해결하기 위해 세마포어(Semaphore)와 같은 다양한 데이터 관리 기법들이 있다. 하지만, 이것에 대해 더 깊이 설명하는 것은 본 책의 범위를 벗어나며 자세한 사항이 궁금한

독자는 실시간 OS 에 관련된 서적들을 참고하길 바란다. 여기서는 가장 간단한 데이터 무결성의 해결방법을 소개하고 Simulink 의 multirate 시스템 관리 기법의 설명에 좀더 초점을 맞추어 보겠다.

그림 5.9 의 0.2 초 시점을 살펴보자. T1 태스크가 T2 태스크의 데이터를 가져갈 때는 큰 문제가 없다. T1 태스크가 시작되기 전에 T2 태스크는 이미 동작을 완료한 상태이기 때문이다. 하지만 0.3 초 시점은 그렇지 않다. 물론 실시간 동작에서는 T1 태스크의 스케쥴링된 시점 전에 T2 태스크가 동작 수행을 끝마쳤을 가능성도 있다. 하지만 이것을 기대하는 것은 항상 위험하다. 따라서 0.3 초 시점에서 T2 태스크가 동작을 끝마치지 않았다고 가정하는 것이 항상 안전할 것이고 현재 T1 태스크가 가져갈 데이터의 연산이 완료되지 않았다면, 가장 최근에 만들어진 데이터를 이용하여 T1 태스크가 동작하는 것이 가장 최선일 것이다. 결국 0.2 초 시점에서 활용했던 데이터와 동일한 데이터를 활용하여 0.3 초 시점의 T1 태스크를 동작시키면 된다. 결국, T1 태스크는 현시점에서 항상 T2 태스크의 이전 업데이트 값을 사용하면 문제가 되지 않는다.

반대로 T1 태스크가 T2 태스크의 데이터를 가져가 사용할 때를 생각해 보자. 0.0 초 시점이나 0.2 초 시점에서 동작을 시작한 T1 태스크가 동작을 종료하는 시점에서 항상 T2 태스크가 동작을 시작한다. 따라서 이 시점에서는 T2 태스크가 T1 태스크의 데이터를 활용할 때 아무런 문제가 없다. 하지만, 0.1 초 시점 이후나 0.3 초 시점 이후 T2 태스크가 동작을 마치지 않은 상태에서 T1 태스크가 동작하여 T2 태스크가 사용하고 있던 데이터를 변경한다면 문제가 된다. 결국, 특정 시점에서 한번 입력 받은 데이터를 T1 태스크가 엎어쓰지 못하도록 막는 작업이 필요하고, 이 시점은 항상 T2 의 Sample Time 주기로 반복된다.

그러면 이러한 사항들을 다시 Simulink 관점에서 생각해 보자. T2 태스크의 데이터를 T1 태스크가 가져갈 때 T2 태스크의 이전값을 활용할 수 있도록 **Sample Time** 을 0.2 로 세팅한 **Unit Delay** 블록을 활용하면 되고, T1 태스크의 데이터를 T2 태스크가 가져갈 때는 T1 태스크의 데이터를 0.2 초간 유지시키기 위한 **Zero-Order Hold** 블록을 사용하면 된다. 그림 5.10 은 이렇게 세팅된 모델을 보여준다. 세팅을 완료하고 시뮬레이션을 수행해 보자. 기존과 같은 error 가 발생하지 않고 시뮬레이션이 잘 수행됨을 알 수 있다.

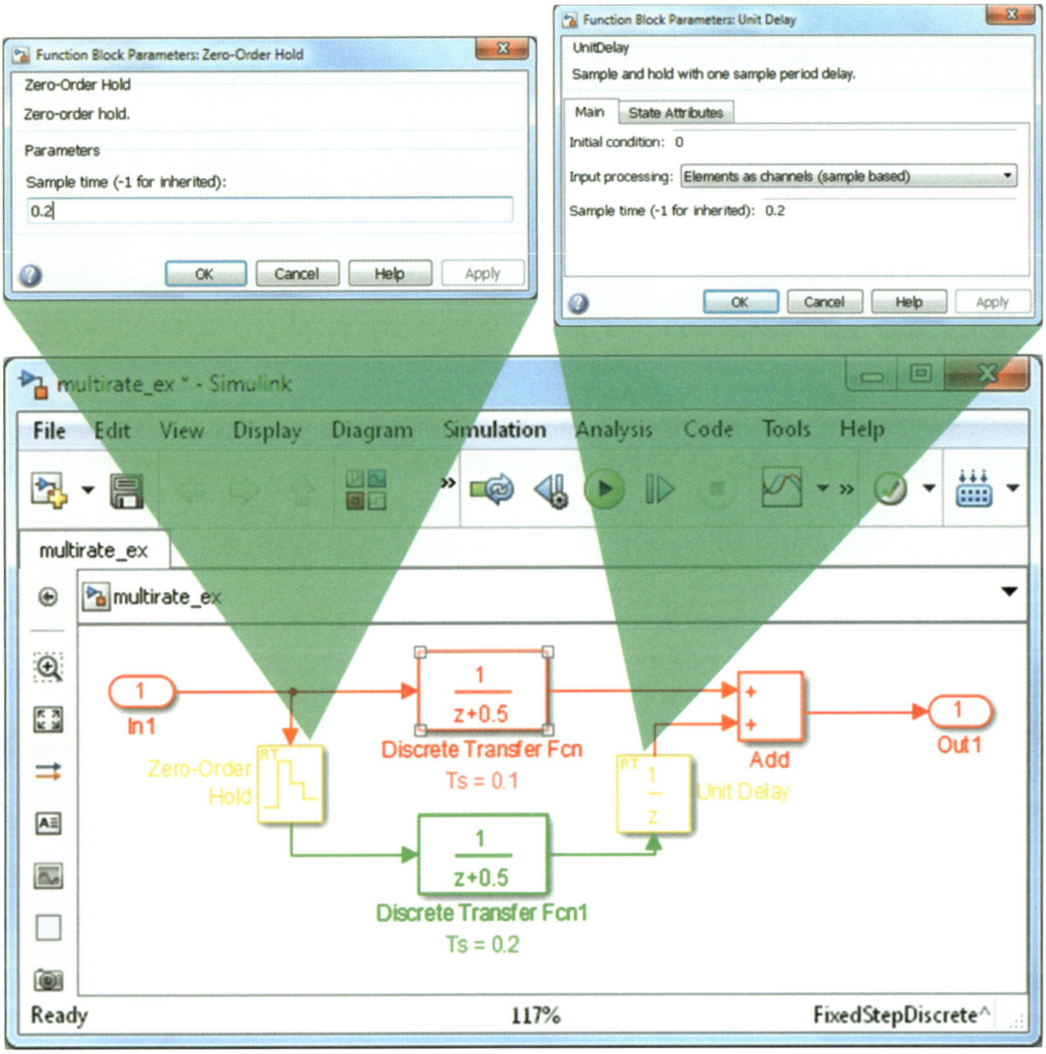

그림 5.10 Multirate 시스템의 데이터 무결성 보장을 위한 작업

지금까지 multirate 시스템의 시뮬레이션 시 Simulink 가 고려하는 사항의 깊이가 어디까지 인지 알 수 있었을 것이라 생각된다. 사실 시뮬레이션만이 목적이라면 이러한 복잡한 생각을 할 필요가 없다. 왜냐하면 Variable-step discrete solver 를 선택하면 이러한 모든 사항을 Simulink 가 자동으로 다 해결해주기 때문이다. 하지만 우리는 실시간 임베디드 시스템을 위한 코드 생성을 고려하고 있으니 이러한 사항들을 무시할 수 없다. 또한, Chapter 2 에서 다룬바와 같이 코드 생성을 위해서는 반드시 Fixed-step solver 를 선택해야 하기 때문이다. 그렇다고 해서 항상 이러한 복잡한 사항들을 고려하며 모델링을 할 필요는 없다. 사용자의 편의를 위해 Simulink 는 multirate 시스템의 모델링을 위한 편리한 기능들을 제공하고 있기 때문이다. 그러면, 지금부터 그 부분들을 다뤄보자.

앞에서는 Multirate 시스템의 데이터 무결성을 보장하기 위해 그림 5.10 과 같이 데이터의 교환이 발생하는 부분에 Unit Delay 블록과 Zero-Order Hold 블록을 삽입하여 보았다. 그러면 어느 부분에 Zero-Order Hold 블록을 넣어야 하며, 어느 부분에 Unit Delay 블록을 넣어야 할지 항상 생각하며 모델링하는 것은 번거로운 일이다. 더우기 실시간 Multirate 시스템의 데이터 무결성 확보 방법은 우리가 활용한 방법(deterministic data transfer) 외에도 세마포어(Semaphore)와 같은 다양한 방법들이 있으니 위의 방법만으로 모든 것을 해결할 수는 없다. Simulink 는 multirate 시스템의 데이터 교환을 위해 Rate Transition 이라는 블록을 제공한다. 이 블록은 Simulink 의 기본 라이브러리인 Signal Attributes 라이브러리에서 찾을 수 있다. 이 블록으로 앞의 Unit Delay 블록과 Zero-Order Hold 블록을 대체할 수 있다. 대체한 모델은 그림 5.11 과 같으며, 시뮬레이션 시 그 블록은 자동으로 Unit Delay 나 Zero-Order Hold 로 대체된다. 사용자들은 Sample Time Color 가 표현 된 모델에서 색깔이 바뀌는 곳에 간단히 이 블록을 삽입하면, 자동으로 모든 설정이 해결되는 것이다.

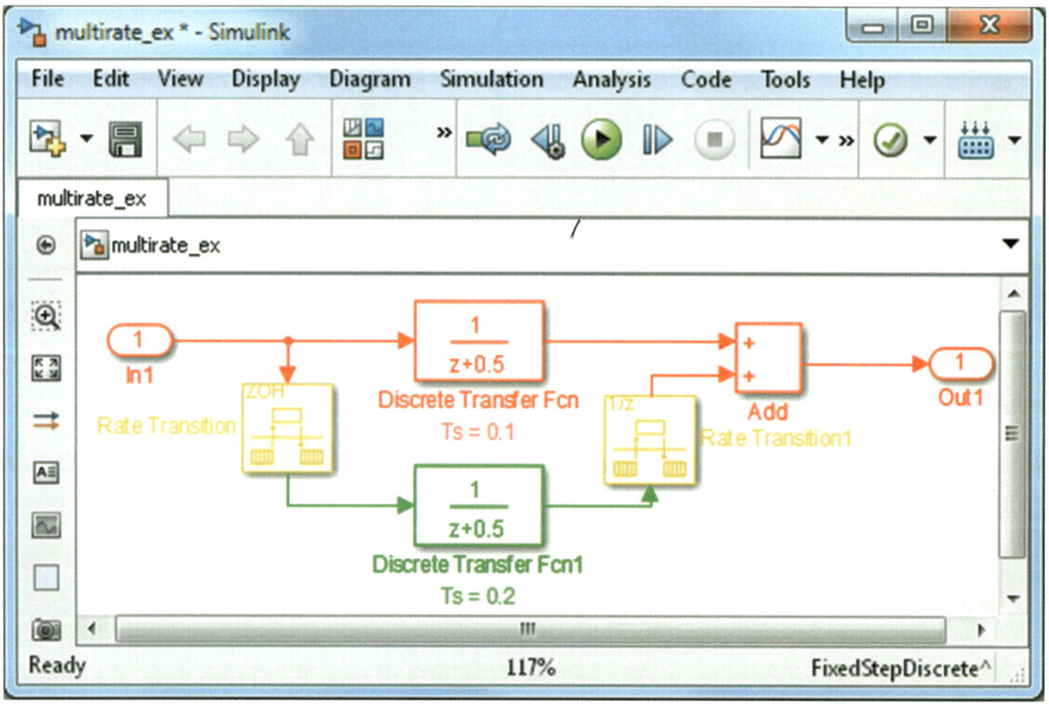

그림 5.11 Rate Transition 블록을 활용한 multirate 시스템의 데이터 무결성 관리

Rate Transition 블록을 좀더 깊이 살펴보면 그림 5.12 와 같다. 각 옵션들은 시뮬레이션보다는 코드 생성 시 더욱 큰 영향을 끼친다. Ensure data integrity during data transfer 옵션은 코드 생성 시 데이터 무결성을 보장하는 코드를 생성할 지에 대한 여부를 결정하는 부분이며, Ensure deterministic data transfer 옵션은 앞에서 우리가 한 방식과 같이 Unit Delay 와 Zero-Order Hold 로 블록을 대체하게

해준다. 만약 Ensure deterministic data transfer 옵션을 해제하게 되면, 시뮬레이션은 동일하게 동작하지만, 코드 생성 시에는 세마포어를 활용하여 데이터 무결성을 해결하는 형태로 코드를 생성시킨다.

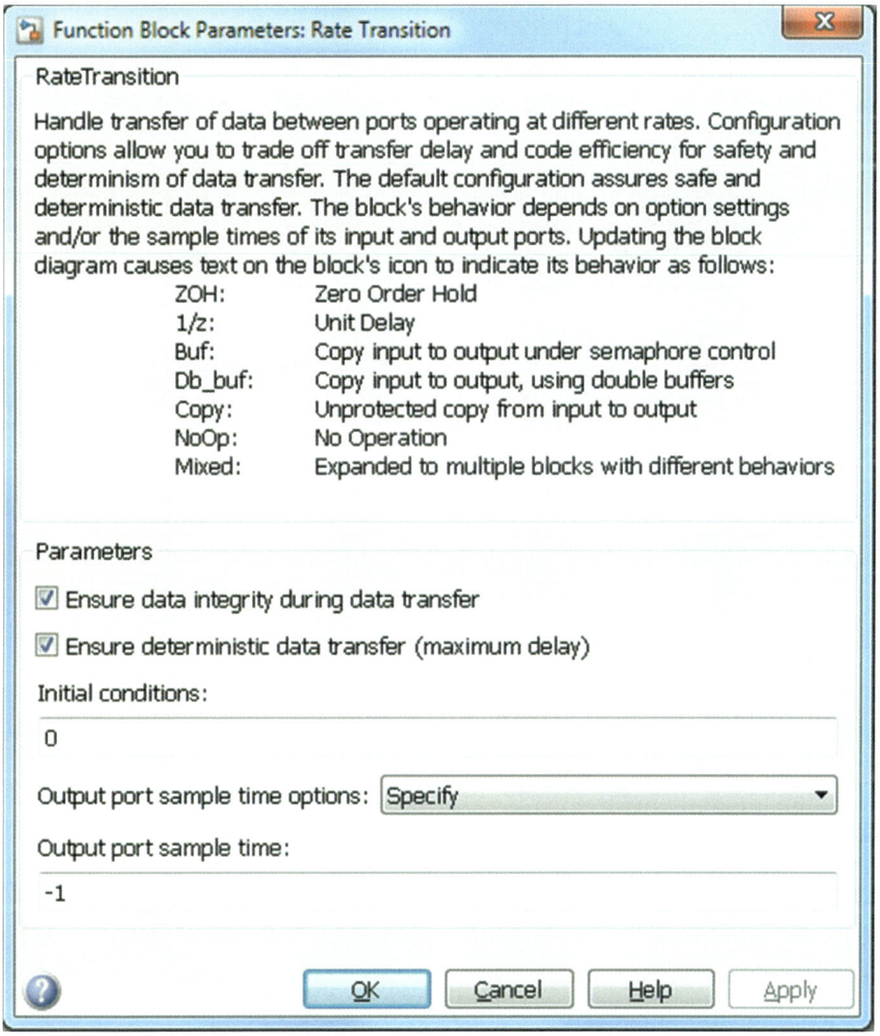

그림 5.12 Rate Transition 블록의 옵션들

그러면, 지금까지 다룬 사항을 다시 정리해 보자. Simulink 는 기본적으로 multirate 시스템 모델에 대해 multitasking 모드로 시뮬레이션을 수행한다. 물론 원한다면, 그림 5.13 과 같이 single-tasking 으로 모드를 변경하여 시뮬레이션을 수행할 수 있으나 multirate 시스템의 single-tasking 은 실전에서 흔히 사용하는 방법이 아니기 때문에 Simulink 는 기본적으로 multirate 시스템에 대하여 multitasking 을 수행하려 한다. 만약 여전히 Single-tasking 모드로 시뮬레이션을 하기를 원한다면,

그림 5.13 과 같이 모델의 Configuration Parameters 창의 solver 카테고리에서 Tasking mode for periodic sample times 옵션을 SingleTasking 으로 세팅하면 된다. Auto 옵션은 Multirate 시스템에 대해서는 자동으로 multitasking 모드를 취한다는 의미이다. Multirate 시스템의 데이터 무결성을 해결하기 위해서는 Rate Transition 블록을 활용할 수 있으며, Rate Transition 블록의 각 옵션들을 활용하여 데이터 교환 방법들을 관리할 수 있다.[13]

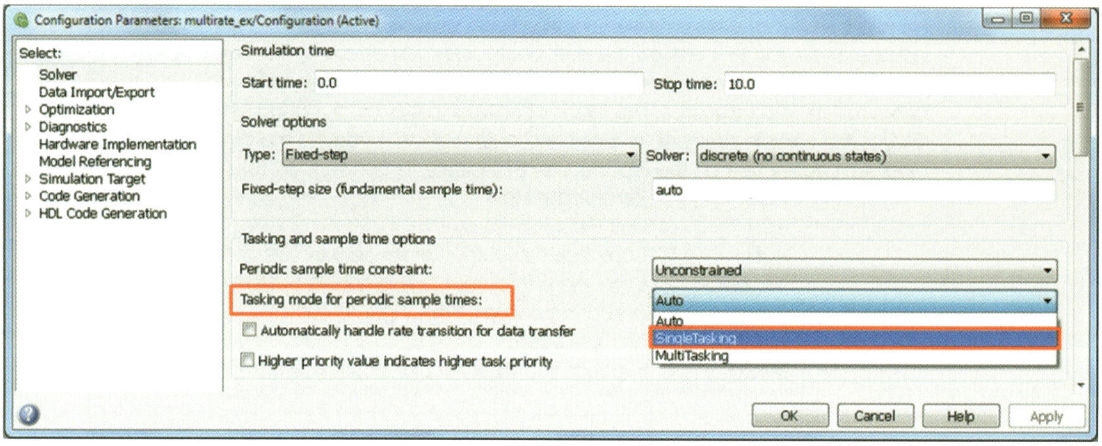

그림 5.13 Simulink 의 태스킹 모드 선택

5-2. Multirate 시스템 모델로 부터의 코드 생성

지금까지 알아본 사항은 사실 모두 multirate 시스템 모델링 및 시뮬레이션에 대한 사항이다. 이제 이러한 multirate 시스템 모델로부터 생성되는 코드에 대해 알아보자. 앞의 multirate_ex 모델에서부터 코드를 생성하면 그림 5.14 와 같이 각 태스크에 대해 multirate_ex_step0 및 multirate_ex_step1 이라는 분리된 함수로 코드가 생성된다. 즉, 생성된 코드를 활용할 때에는 실제 실시간 스케쥴러에서 각 태스크 타이밍에 맞추어 생성된 함수를 호출하여 활용하면 된다. (물론 ert_main.c 예제 파일에 포함된 스케쥴러 예제 코드를 활용할 수도 있다). 각 태스크간의 데이터 교환에 대해서는 그림 5.14 의 multirate_ex_step0 함수 내부를 통해 볼 수 있듯이 model data structure 라고 부르는 *model*_M 구조체에 타이밍에 대한 정보가 포함되며, 이를 이용하여 데이터 무결성을 확보할 수 있도록 하는 데이터 무결성 관리 코드가 함수 내에 추가된다. 데이터 무결성 관리에 대해서는 모델 시뮬레이션을 다루면서 이미 깊이 있게 다루었기 때문에 이 코드에 대한 자세한 설명은 하지 않겠다. 상세한 코드 구조는 그림 5.14 의 생성된 코드를 보며 직접 분석해

[13] 참고로모델의 Configuration Parameters 창의 solver 카테고리에서 Automatic handle rate transition for data transfer 옵션을 선택하면 Rate Transition 블록 없이도 multirate 시스템의 모든 태스크별 데이터 교환 문제가 자동으로 해결된다. 하지만, 이 방법은 각 데이터 교환에 대한 부분적 관리가 불가능하기 때문에 저자는 Rate Transition 블록의 활용을 권장한다.

보기를 바란다. 또한, Rate Transition 블록의 옵션 변경에 따른 코드의 변화에 대해서도 코드 생성을 시도하면서 하나씩 확인해 보기를 추천한다.

```
/* Model step function for TID0 */
void multirate_ex_step0(void)          /* Sample time: [0.1s, 0.0s] */
{
  /* Update the flag to indicate when data transfers from
   *  Sample time: [0.1s, 0.0s] to Sample time: [0.2s, 0.0s]  */
  (multirate_ex_M->Timing.RateInteraction.TID0_1)++;
  if ((multirate_ex_M->Timing.RateInteraction.TID0_1) > 1) {
    multirate_ex_M->Timing.RateInteraction.TID0_1 = 0;
  }

  /* RateTransition: '<Root>/Rate Transition1' */
  if (multirate_ex_M->Timing.RateInteraction.TID0_1 == 1) {
    multirate_ex_B.RateTransition1 = multirate_ex_DW.RateTransition1_Buffer0;
  }

  /* End of RateTransition: '<Root>/Rate Transition1' */

  /* Outport: '<Root>/Out1' incorporates:
   *  DiscreteTransferFcn: '<Root>/Discrete Transfer Fcn'
   *  Sum: '<Root>/Add'
   */
  multirate_ex_Y.Out1 = multirate_ex_P.DiscreteTransferFcn_NumCoef *
    multirate_ex_DW.DiscreteTransferFcn_states + multirate_ex_B.RateTransition1;

  /* RateTransition: '<Root>/Rate Transition' incorporates:
   *  Inport: '<Root>/In1'
   */
  if (multirate_ex_M->Timing.RateInteraction.TID0_1 == 1) {
    multirate_ex_B.RateTransition = multirate_ex_U.In1;
  }

  /* End of RateTransition: '<Root>/Rate Transition' */

  /* Update for DiscreteTransferFcn: '<Root>/Discrete Transfer Fcn' incorporates:
   *  Update for Inport: '<Root>/In1'
   */
  multirate_ex_DW.DiscreteTransferFcn_states = (multirate_ex_U.In1 -
    multirate_ex_P.DiscreteTransferFcn_DenCoef[1] *
    multirate_ex_DW.DiscreteTransferFcn_states) /
    multirate_ex_P.DiscreteTransferFcn_DenCoef[0];
}
```

```
/* Model step function for TID1 */
void multirate_ex_step1(void)          /* Sample time: [0.2s, 0.0s] */
{
  real_T rtb_DiscreteTransferFcn1;

  /* DiscreteTransferFcn: '<Root>/Discrete Transfer Fcn1' */
  rtb_DiscreteTransferFcn1 = multirate_ex_P.DiscreteTransferFcn1_NumCoef *
    multirate_ex_DW.DiscreteTransferFcn1_states;

  /* Update for RateTransition: '<Root>/Rate Transition1' */
  multirate_ex_DW.RateTransition1_Buffer0 = rtb_DiscreteTransferFcn1;

  /* Update for DiscreteTransferFcn: '<Root>/Discrete Transfer Fcn1' */
  rtb_DiscreteTransferFcn1 = multirate_ex_B.RateTransition;
  rtb_DiscreteTransferFcn1 -= multirate_ex_P.DiscreteTransferFcn1_DenCoef[1] *
    multirate_ex_DW.DiscreteTransferFcn1_states;
  multirate_ex_DW.DiscreteTransferFcn1_states = rtb_DiscreteTransferFcn1 /
    multirate_ex_P.DiscreteTransferFcn1_DenCoef[0];
}
```

그림 5.14 Multirate 시스템으로 부터 생성된 *model*.c 파일의 예

Chapter 5

직접 한번 해봅시다

Multirate 시스템 모델의 시뮬레이션을 위해서는 Sample Time 이 다른 모델 간의 데이터 교환 부분에 Rate Transition 블록을 삽입하여 데이터 무결성을 해결한다. 하지만, 아래와 같이 Configuration Parameters 창의 Solver 카테고리에서 Tasking mode for periodic sample times 옵션을 SingleTasking 으로 세팅하면, Rate Transition 블록 없이도 시뮬레이션과 코드생성이 가능하다. 이렇게 세팅된 모델로부터 코드를 생성하여 기존의 MultiTasking 모드로부터 생성된 코드와 비교해 보자.

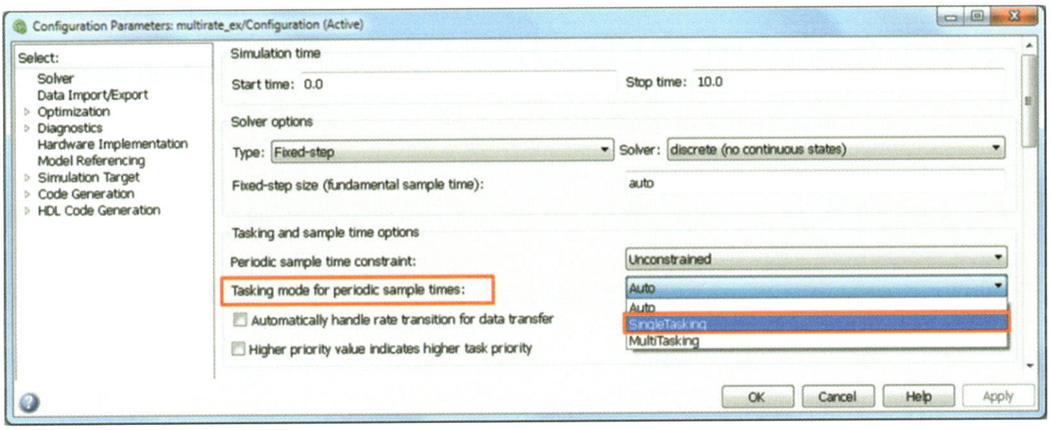

Chapter 6

생성 코드의 최적화

6-1. 실시간 임베디드 소프트웨어의 고려사항

임베디드 소프트웨어와 일반 PC 용 어플리케이션 소프트웨어의 차이점은 무엇일까? 한마디로 간단히 정리할 수는 없지만, 무엇보다 가장 먼저 생각되는 것은 활용되는 용도이다. 대부분의 임베디드 시스템은 주어진 기능만을 수행할 수 있도록 만들어진다. 굳이 불필요한 기능을 갖는 하드웨어들을 포함시켜 대량으로 생산하게 된다면 가격이 올라가고 경쟁력이 떨어져 시장에 내놓을 수 없게 될 것이다. 결국 많은 업체들은 구현해야 할 기능을 최적으로 수행하면서도 비용을 최소화 할 수 있는 하드웨어를 활용하여 임베디드 시스템을 개발한다. 결국 하드웨어의 제약 조건이 일반 PC 용 하드웨어에 비해 까다로우며, 소프트웨어 또한 이러한 제약 조건을 최적으로 활용할 수 있도록 구현되어야 한다. 즉, 임베디드 시스템을 개발하는데에 있어서 코드를 최적화하는 일은 매우 중요하다. 최근에는 C 와 C++ 코드의 실시간 임베디드 시스템으로의 활용에 대해 많은 논의가 있으며, 하드웨어가 빠르게 발전하고 C++가 갖는 객체 지향 관점의 많은 장점에도 불구하고 최적화라는 이유로 여전히 C 로 작성된 코드들이 실시간 임베디드 소프트웨어로 많이 활용되고 있다.

그렇다면, 실시간 임베디드 소프트웨어의 최적화를 위한 고려사항은 어떠한 것들이 있을까? 첫번째 고려사항은 코드의 효율성이다. 효율성이라고 하면 크게 코드의 동작 속도와 코드가 차지하는 메모리의 크기이다. 실시간 임베디드 소프트웨어는 하드웨어가 갖는 속도 제약 조건 하에서 필요한 기능이 주어진 시간 내에 동작될 수 있어야 하며, 메모리의 용량 범위 내에서 코드와 활용되는 데이터가 모두 저장될 수 있어야 한다. 이 속도와 메모리 크기라는 제약 조건을 모두 만족시키기 위해서는 최대한 간결하게 코드가 작성되어야 한다. 전역 변수를 최소화하고 dead 코드 등을 없애고 불필요한 조건문이나 데이터 카피 등이 없도록 코드를 작성해야 한다.

그렇다면 위와 같은 코드를 최소화한 코드가 항상 좋은 코드인가? 너무 간결화된 코드는 개발의 어려움을 가져오기도 한다. 코드의 동작 과정에서 잘못된 결과가 나타난다면 코드의 어느 부분이 잘못되었는지 찾기 위해 우리는 일반적으로 연산의 중간과정에서 만들어지는 데이터를 모니터링해 보면서 코드의 오류를 찾는다. 어떤 특정 데이터를 모니터링하기 위해서는 그 데이터가 메모리에 저장되었을 때 가능하다. Parameter 의 보정 작업도 그러하다. 간결한 코드를 만들기 위해 모든

parameter 들을 코드상에 숫자로 직접 써 넣을 경우, 구현된 코드의 parameter 보정은 불가능해진다. 결국, 개발 과정에서 코드의 디버깅 및 parameter 보정을 위해서는 간결한 코드가 반드시 좋다고 말할 수는 없다.

또다른 관점을 생각해 보자. 실시간 임베디드 시스템이 활용되는 분야이다. 만약 활용되는 시스템이 항공기의 이착륙 장치이거나, 자동차의 엔진이나 브레이크 등, 안전필수 시스템일 경우 구현될 실시간 임베디드 소프트웨어의 오류에 의한 문제는 인명의 미해를 가져올 정도로 심각할 수 있다. 즉, 안전성이 중요한 임베디드 소프트웨어는 에러를 방지할 수 있는 코드들을 포함해야 한다. 예를 들어 0 으로 나누기에 대한 방지 코드, 오버플로우 방지 코드 등 혹시 발생할 지 모르는 코드의 런타임 오류에 대한 방지 코드를 생각치 않을 수 없다. 결국 이러한 코드는 또다시 코드의 간결성, 즉 효율성을 방해할 수 있다.

사실 이러한 실시간 임베디드 소프트웨어의 여러가지 고려 사항에 대해 자동 코드 생성 도구는 매우 큰 도움이 된다. 동일한 모델에서부터 코드를 생성할 때, 개발 과정에서 메모리 제약이 상대적으로 적은 평가 보드를 사용하고 있다면 모든 데이터를 전역변수화 하여 디버깅에 유용한 코드의 생성을 수행하고 양산용 최적화 코드가 필요하다면 효율성 높은 코드의 생성을 수행하는 것이 가능하다. 이것은 코드 생성도구가 코드의 최적화를 위한 다양한 옵션들을 제공하기 때문이다. 이번 chapter 에서는 이러한 최적화 옵션들을 살펴보도록 한다.

6-2. 코드 생성 최적화 옵션

Embedded Coder 의 코드 생성 최적화 옵션들은 그림 6.1 과 같이 모델의 Configuration Parameters 창의 Optimization 카테고리 내에 모여있다. 각각의 체크박스들을 하나씩 키고 끄는 것에 따라 인터페이스를 제외한 생성되는 코드의 내부가 조금씩 달라 진다. 예를 들어 가운데에 있는 Data initialization 항목의 Remove root level I/O zero initialization 체크박스를 on 한 상태에서 코드를 생성해 보자.

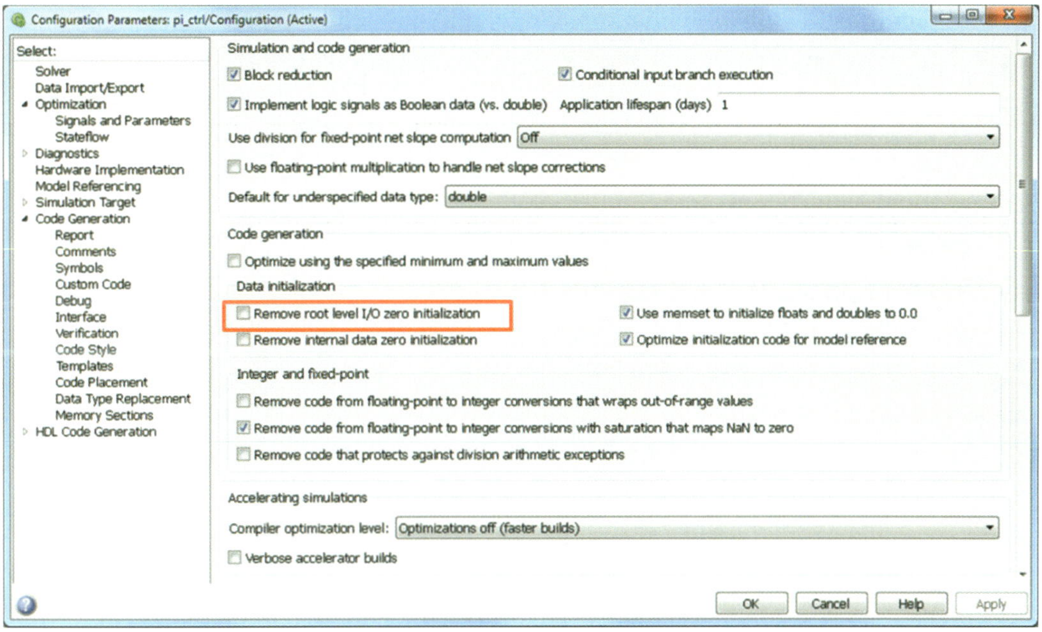

그림 6.1 Configuration Parameter 창의 Optimization 카테고리

그림 6.2는 생성된 코드의 변화를 보여준다. 결국 옵션에 의해 *model*_initialize 함수에서 수행하는 입출력 데이터의 초기화 부분이 제거될 수 있다. 이것은 생성 코드의 효율성 측면에서는 다소 좋아 질 수 있지만, 안전성 측면에서는 위험할 수 있다.

Remove root level I/O zero initialization 을 Off 한 상태

```
/* Model initialize function */
void pi_ctrl_initialize(void)
{
  /* Registration code */

  /* states (dwork) */
  (void) memset((void *)&pi_ctrl_DW, 0,
                sizeof(DW_pi_ctrl));

  /* external inputs */
  pi_ctrl_U.error = 0.0;

  /* external outputs */
  pi_ctrl_Y.ctrl_output = 0.0;
```

```
  /* InitializeConditions for UnitDelay: '<S1>/Unit Delay' */
  pi_ctrl_DW.yi_prev = pi_ctrl_P.UnitDelay_InitialCondition;
}
```

Remove root level I/O zero initialization 을 On 한 상태

```
/* Model initialize function */
void pi_ctrl_initialize(void)
{
  /* Registration code */

  /* states (dwork) */
  (void) memset((void *)&pi_ctrl_DW, 0,
                sizeof(DW_pi_ctrl));

  /* InitializeConditions for UnitDelay: '<S1>/Unit Delay' */
  pi_ctrl_DW.yi_prev = pi_ctrl_P.UnitDelay_InitialCondition;
}
```

그림 6.2 Remove root level I/O zero initialization 옵션에 의한 코드 변화

또다른 예를 들어 보자. 이번에는 그림 6.3 과 같이 Optimization 카테고리 내의 서브 카테고리인 Signals and Parameters 에 있는 Signal Storage Reuse 옵션을 끄고 코드를 생성해 본다. 그림 6.4 에서 볼 수 있는 바와 같이 Simulink 모델 내부에 존재하는 모든 signal 들이 하나씩 계산되고 있으며, 각 데이터들도 pi_ctrl_B 라는 구조체 형의 전역 변수로 선언되어 코드 상에 저장되고 있다. 결국 디버깅에 매우 유리한 코드이나 코드의 효율성은 크게 떨어진다.

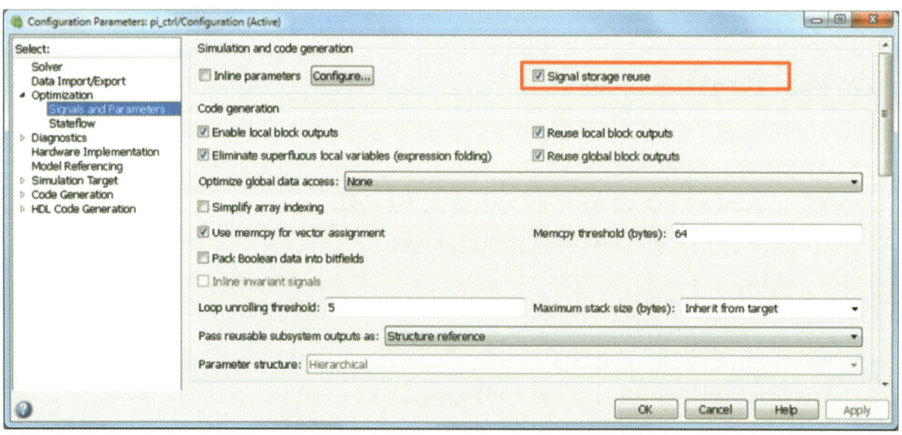

그림 6.3 Signals and Parameters 서브 카테고리 내의 Signal storage reuse 옵션

Signal storage reuse 를 On 한 상태

```
/* Model step function */
void pi_ctrl_step(void)
{
  real_T rtb_yi;

  /* Sum: '<S1>/Sum1' incorporates:
   *  Gain: '<S1>/integral_gain'
   *  Gain: '<S1>/sample_time'
   *  Inport: '<Root>/error'
   *  UnitDelay: '<S1>/Unit Delay'
   */
  rtb_yi = pi_ctrl_P.Ts * pi_ctrl_U.error * pi_ctrl_P.Ki + pi_ctrl_DW.yi_prev;

  /* Outport: '<Root>/ctrl_output' incorporates:
   *  Gain: '<S1>/proportional_gain'
   *  Inport: '<Root>/error'
   *  Sum: '<S1>/Sum'
   */
  pi_ctrl_Y.ctrl_output = pi_ctrl_P.Kp * pi_ctrl_U.error + rtb_yi;

  /* Update for UnitDelay: '<S1>/Unit Delay' */
  pi_ctrl_DW.yi_prev = rtb_yi;
}
```

Signal storage reuse 를 Off 한 상태

```
/* Model step function */
void pi_ctrl_step(void)
{
  /* Gain: '<S1>/proportional_gain' incorporates:
   *  Inport: '<Root>/error'
   */
  pi_ctrl_B.yp = pi_ctrl_P.Kp * pi_ctrl_U.error;

  /* Gain: '<S1>/sample_time' incorporates:
   *  Inport: '<Root>/error'
   */
  pi_ctrl_B.sample_time = pi_ctrl_P.Ts * pi_ctrl_U.error;
```

```
    /* Gain: '<S1>/integral_gain' */
    pi_ctrl_B.integral_gain = pi_ctrl_P.Ki * pi_ctrl_B.sample_time;

    /* UnitDelay: '<S1>/Unit Delay' */
    pi_ctrl_B.UnitDelay = pi_ctrl_DW.yi_prev;

    /* Sum: '<S1>/Sum1' */
    pi_ctrl_B.yi = pi_ctrl_B.integral_gain + pi_ctrl_B.UnitDelay;

    /* Outport: '<Root>/ctrl_output' incorporates:
     *  Sum: '<S1>/Sum'
     */
    pi_ctrl_Y.ctrl_output = pi_ctrl_B.yp + pi_ctrl_B.yi;

    /* Update for UnitDelay: '<S1>/Unit Delay' */
    pi_ctrl_DW.yi_prev = pi_ctrl_B.yi;
}
```

그림 6.4 Signal storage reuse 옵션에 의한 코드 변화

이러한 모든 옵션들을 하나씩 다 살펴보는 것은 물론 코드 생성의 최적화 기능을 익히는 데 도움이 된다. 하지만 툴을 익히기 위해 이러한 옵션들을 본 책에서 하나씩 다루는 것은 매우 장황한 설명이 될 뿐만 아니라 보다 쉽게 최적화 옵션들을 세팅할 수 있는 방법이 있기 때문에 이 설명은 이쯤에서 멈추기로 하자. 단, 각 옵션들의 기능을 하나씩 살펴보고 싶은 사람들을 위해 참고할 수 있는 문서를 하나 소개하도록 하겠다. MATLAB 과 Simulink 를 사용하는 유저들은 항상 툴과 함께 설치된 Documentation 을 잘 활용하는 것이 매우 중요하다.

MATLAB Command Window 에서 아래와 같은 명령을 실행해 보자.

```
>> docsearch('Parameter Reference')
```

MATLAB 의 Help 창이 열리며 Parameter Reference 에 해당하는 항목을 선택할 수 있다. 내부에는 그림 6.5 와 같이 각 최적화 옵션의 초기 세팅은 어떠한지, 그리고 각 옵션에 의해 생성된 코드의 고려사항들이 어떻게 영향을 받게 되는지 정리되어 있다.

Mapping Application Requirements to the Optimization Pane: General Tab

Configuration Parameter	Settings for Building Code				Factory Default
	Debugging	Traceability	Efficiency	Safety precaution	
Block reduction	Off (GRT) No impact (ERT)	Off	On	Off	On
Implement logic signals as Boolean data (vs. double)	No impact	No impact	On	On	On
Conditional input branch execution	No impact	On	On (execution) No impact (ROM, RAM)	No impact	On
Application lifespan (days)	No impact	No impact	Finite value	`inf`	`inf`
Use memset to initialize floats and doubles to 0.0	No impact	No impact	On* (execution, ROM) No impact (RAM)	No impact	On
Use floating-point multiplication to handle net slope corrections	No impact	No impact	On (when target hardware supports efficient multiplication) Off (otherwise)	Off	Off
Remove code from floating-point to integer conversions that wraps out-of-range values	Off	Off	On (execution, ROM) No impact (RAM)	Off (GRT) On (ERT)	Off
Remove code from floating-point to integer conversions with ...ration that maps NaN	Off	Off	On		

그림 6.5 Parameter Reference에 대한 Documentation

6-3. Code Generation Objectives

코드 생성 최적화를 위해 제공되는 각 옵션들은 반복하여 코드를 생성하면서 필요에 따라 하나씩 다루다 보면 다소 저절로 익혀지게 되는 부분이기도 하다. 하지만 처음 코드 생성 툴을 사용하는 입장에서는 많은 옵션에 의해 당황할 수 있는 부분이기도 하다. Embedded Coder는 코드 생성 시 현재의 목표를 지정하여 그에 맞는 코드 생성 최적화 옵션들이 자동으로 세팅될 수 있는 기능을 제공한다.

모델의 Configuration Parameters 창의 Code Generation 카테고리를 다시 한번 살펴 보자. Code Generation 카테고리 내에 코드 생성 버튼 바로 위를 보면 Code Generation Advisor라는 항목이 보일 것이다. 그리고 내부의 Prioritized objectives라는 부분이 Unspecified라고 쓰여져 있다. 이것은 현재

코드 생성의 목표를 지정하지 않았다는 뜻이다. 그러면 여기서 우리는 코드 생성의 목표를 지정하기 위해 바로 오른쪽에 있는 Set objectives ... 버튼을 클릭하여 Set Objectives 창을 열어 보자(그림 6.6).

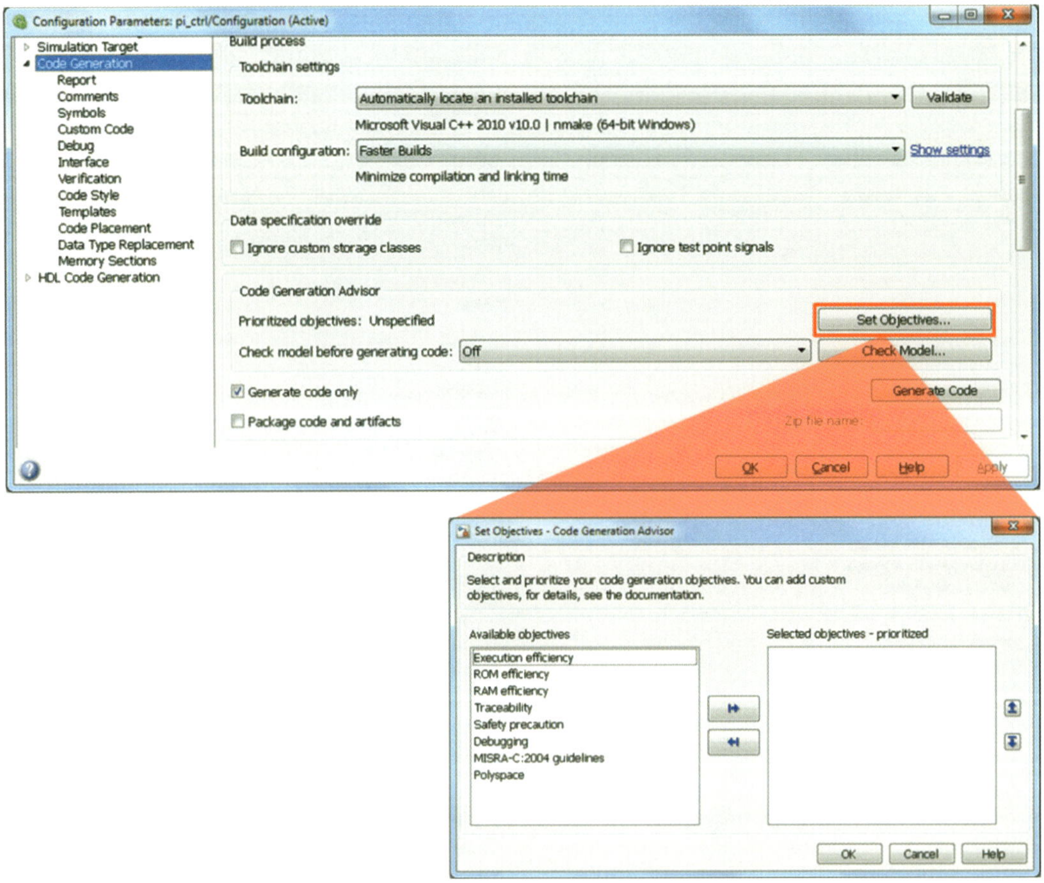

그림 6.6 Code Generation Advisor

이 옵션은 코드 생성 시 효율성이 중요한지, 안전성이 중요한지 목표를 지정하는 기능을 제공한다. 그림 6.7 은 Safety precaution 을 최우선 목표로 지정하고 그에 반하지 않는 한 RAM efficiency 를 만족시키도록 목표를 설정한 예이다. 선택된 목표가 여러가지 있을 때는 우선순위를 부여할 수 있도록 선택된 목표 항목을 위아래로 움직일 수도 있다.

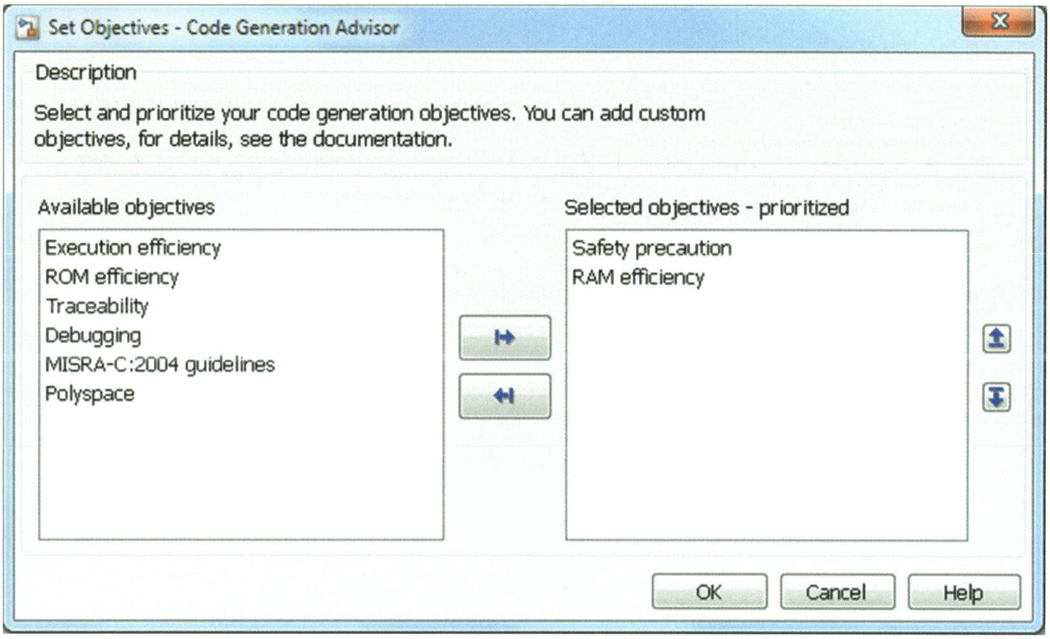

그림 6.7 코드 생성 목표 설정의 예

선택을 완료하고 OK 버튼을 클릭하면 Prioritized objectives 항목이 선택된 목표로 채워진다. 이 때 Check model ... 버튼을 클릭한다.

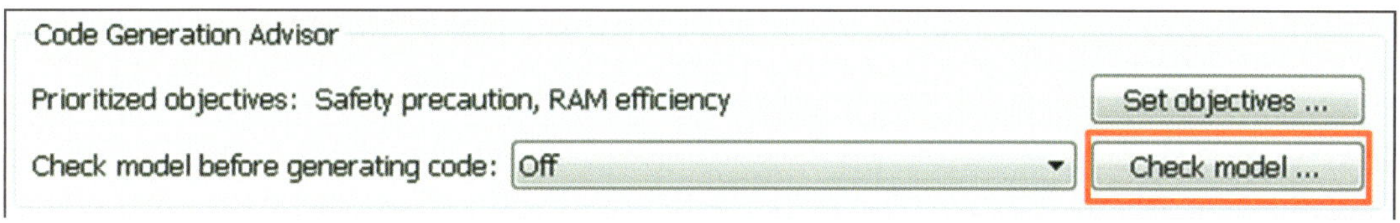

그림 6.8 Check model 버튼

현재 모델의 Configuration Parameters 의 옵션들이 현재의 목표에 최적화되도록 세팅되어 있는지 확인한 후, 그림 6.9 와 같은 결과 리포트를 보여준다. 왼쪽의 각 항목의 결과는 Pass, Fail, Warning 등으로 표현되며, Warning 이 표시된 항목을 선택하면 오른쪽에 각 옵션의 현재 세팅 값과 목표를 위해 추천하는 세팅 값을 보여준다. 각 Parameter 리스트를 선택하면 그 옵션이 위치한 곳으로 자동으로 찾아가기도 하며, 추천하는 모든 세팅 값이 만족스럽다면, Modify Parameters 버튼을 클릭하여 모든 옵션들을 추천 값으로 자동으로 세팅하는 것이 가능하다.

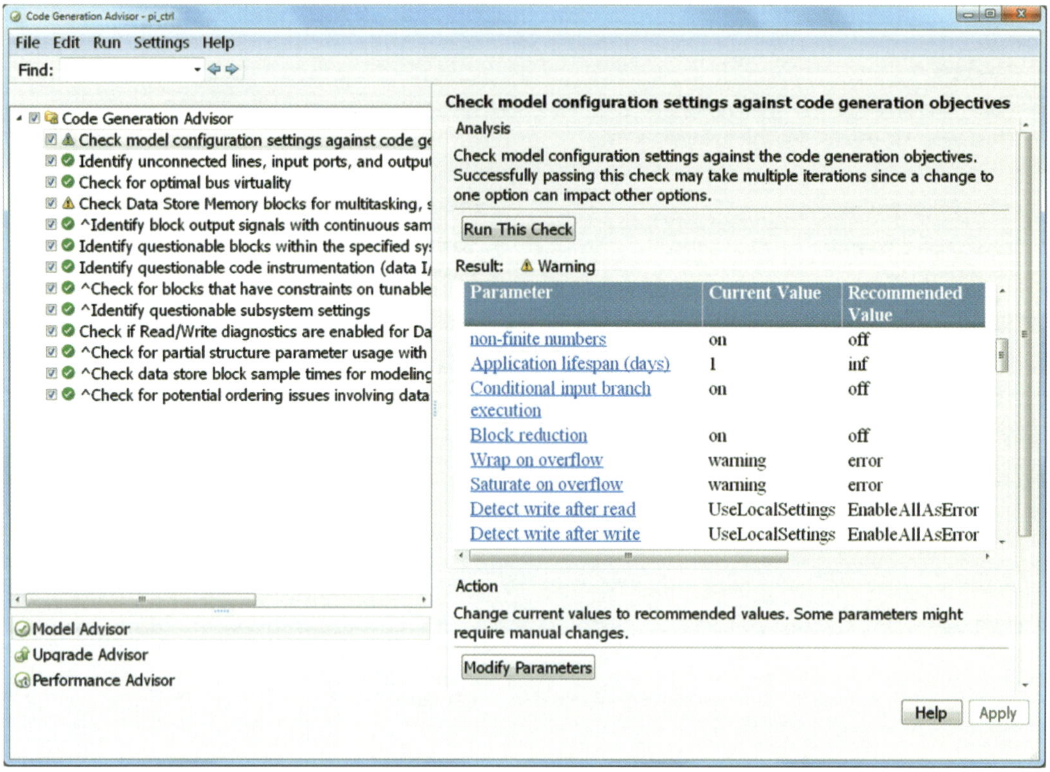

그림 6.9 Code Geneation Advisor 창

그림 6.10 은 Code Generation Objectives 를 Safety Precaution 을 최우선 순위로, 그리고 RAM efficiency 를 다음 목표 순위로 지정하여 모든 옵션을 추천 값으로 세팅하여 코드 생성한 결과이다. 생성된 코드의 RAM efficiency 를 위해 Inline paramters 옵션이 켜짐에 따라 코드가 간결해 졌다. (Safety 에 대해서는 생성된 코드에서 영향을 받을 부분이 없어 큰 변화는 없다.)

```
/* Model step function */
void pi_ctrl_step(void)
{
  /* Sum: '<S1>/Sum1' incorporates:
   *  Gain: '<S1>/integral_gain'
   *  Gain: '<S1>/sample_time'
   *  Inport: '<Root>/error'
   *  UnitDelay: '<S1>/Unit Delay'
   */
```

```
  pi_ctrl_DW.yi_prev += 0.01 * pi_ctrl_U.error * 2.0;

  /* Outport: '<Root>/ctrl_output' incorporates:
   *  Gain: '<S1>/proportional_gain'
   *  Inport: '<Root>/error'
   *  Sum: '<S1>/Sum'
   */
  pi_ctrl_Y.ctrl_output = 0.3 * pi_ctrl_U.error + pi_ctrl_DW.yi_prev;
}
```

그림 6.10 Code Generation Objectives 를 Safety Precaution 및 RAM efficiency 로 세팅한 경우의 코드 생성 결과

직접 한번 해봅시다

모델로부터 생성된 코드를 최적화하기 위한 옵션들은 모델의 Configuration arameters 창의 Optimization 카테고리에서 보이는 바와 같이 매우 다양하다. 아래에 나열된 몇가지 옵션들을 하나씩 변경하며 코드를 생성해 보자.

	Case 1	Case 2	Case3
Signal storage reuse	On	On	On
Enable local block outputs	On	Off	On
Reuse block outputs	Off	On	On

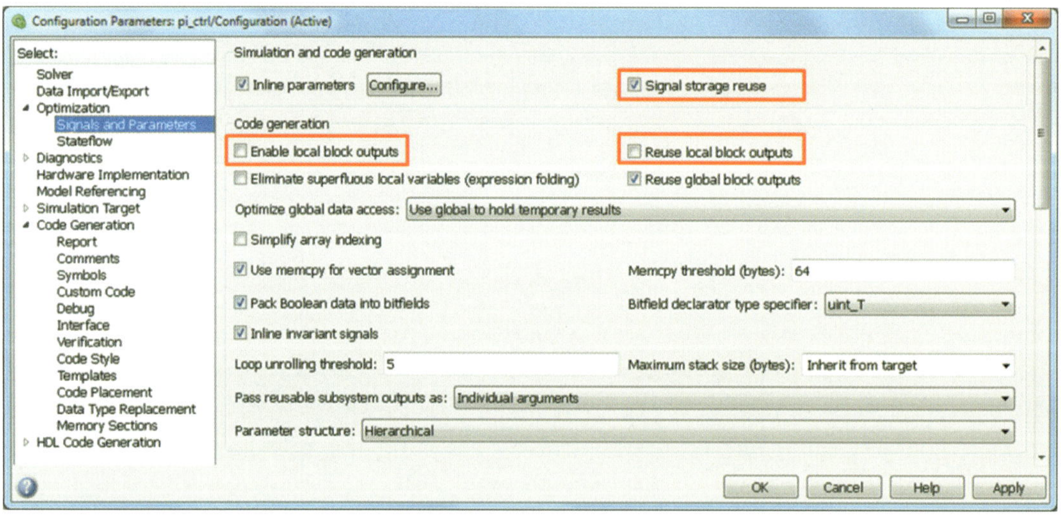

생성 코드의 파티셔닝

7-1. Simulink 모델의 구조

Simulink 는 자체적으로 계층구조 모델링을 지원한다. 시스템이 복잡해지면 질수록, 모델 내에 활용하는 블록의 수가 늘어나게 되고 한 화면으로 모델 전체를 보는 것이 불가능해진다. 따라서 Simulink 는 관련된 블록들을 모아 하나의 블록에 포함시키는 Subsystem 블록을 제공한다.

현재까지 예제로 활용한 pi_ctrl 모델의 경우에도 그림 7.1 과 같이 모델의 입출력과 pi_controller 라는 Subsystem 으로 모델이 구성되어 있으며, pi_controller Subsystem 내에 실제 PI 제어 알고리즘이 모델링되어있다. 그림 7.2 의 전체 제어 시스템 모델에서는 이 pi_controller Subsystem 이 시스템 모델 중앙에 복사되어 위치하고 있으며, PI_Algorithm 이라는 이름으로 이름이 변경되어 있다. 이렇게 모델 내부에 Subsystem 을 구성하게 되면, 그 모델은 계층구조화 되며, 한 화면에 표시되는 블록의 수를 줄여 관리 할 수 있어 편리하다. 특히 그 내부는 필요에 따라 추가로 들어가 분석이나 변경이 가능하다. 또한, 기능적으로 관련된 블록들을 모아 Subsystem 을 구성하게 되면, 그 Subsystem 을 동일한 기능이 필요한 다른 곳에 쉽게 복사하여 활용할 수 있다.

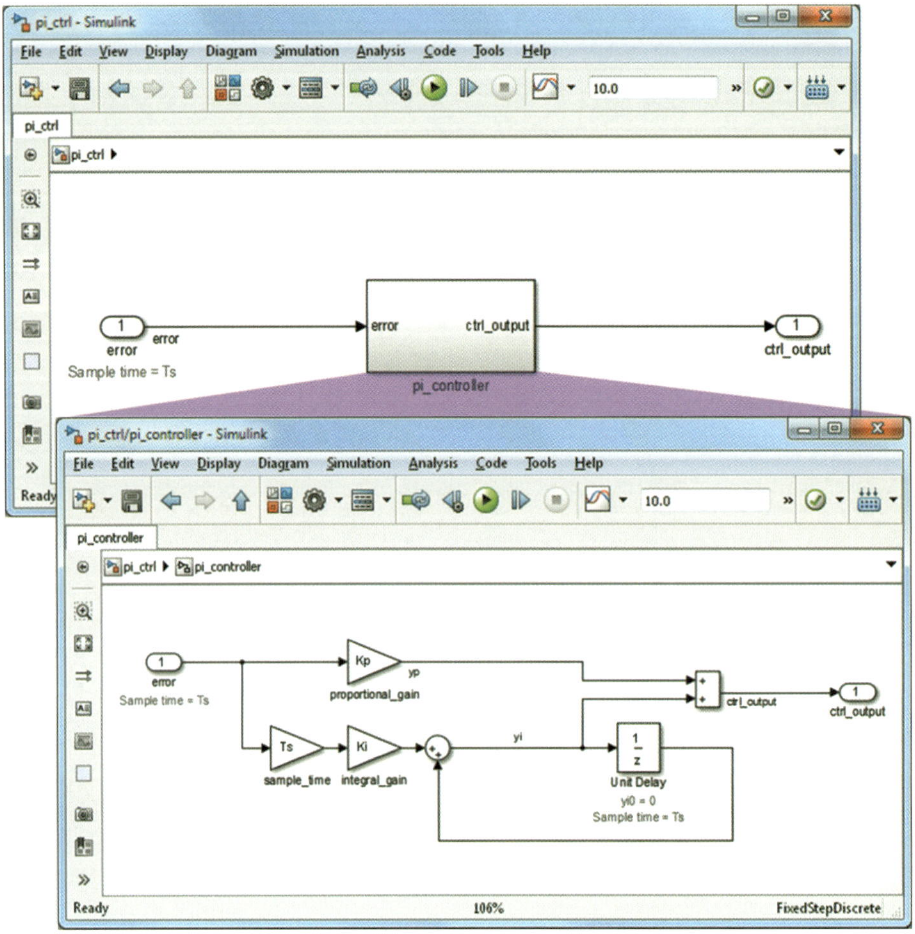

그림 7.1 pi_ctrl 모델의 구조

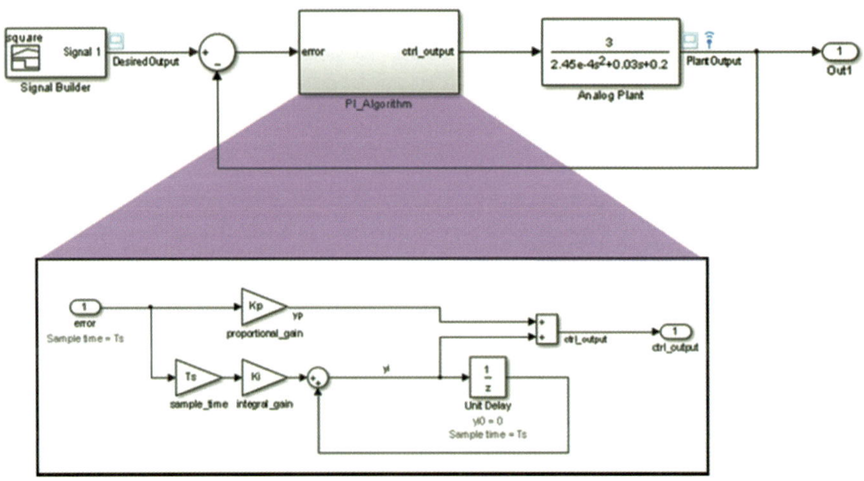

그림 7.2 전체 제어 시스템 모델의 구조

Subsystem 을 만들 때는 그림 7.3 과 같이 모델에서 Subsystem 으로 구성하고 싶은 부분을 마우스로 선택하고, 선택된 블록 중 한 블록위에 커서를 두고 마우스 오른쪽 버튼을 클릭하여 나타나는 Create Subsystem from Selection 이라는 메뉴를 통해 쉽게 만들수 있다. 하지만 이렇게 만들어진 Subsystem 은 실제 구조적인 계층을 의미하지는 않는다. 다시 말해, 겉으로 보기에만 계층 구조형태일 뿐이지, Simulink 는 그 내부를 펼쳐 모델을 이해하고 시뮬레이션을 수행하게 된다. 또한 코드 생성 시에도 그 Subsystem 을 포함한 모델 전체가 모두 하나의 함수(*model*_step)로만 코드가 생성되게 된다. 이러한 Subsystem 을 가상적인 Subsystem, 즉 Virtual Subsystem 이라고 한다.

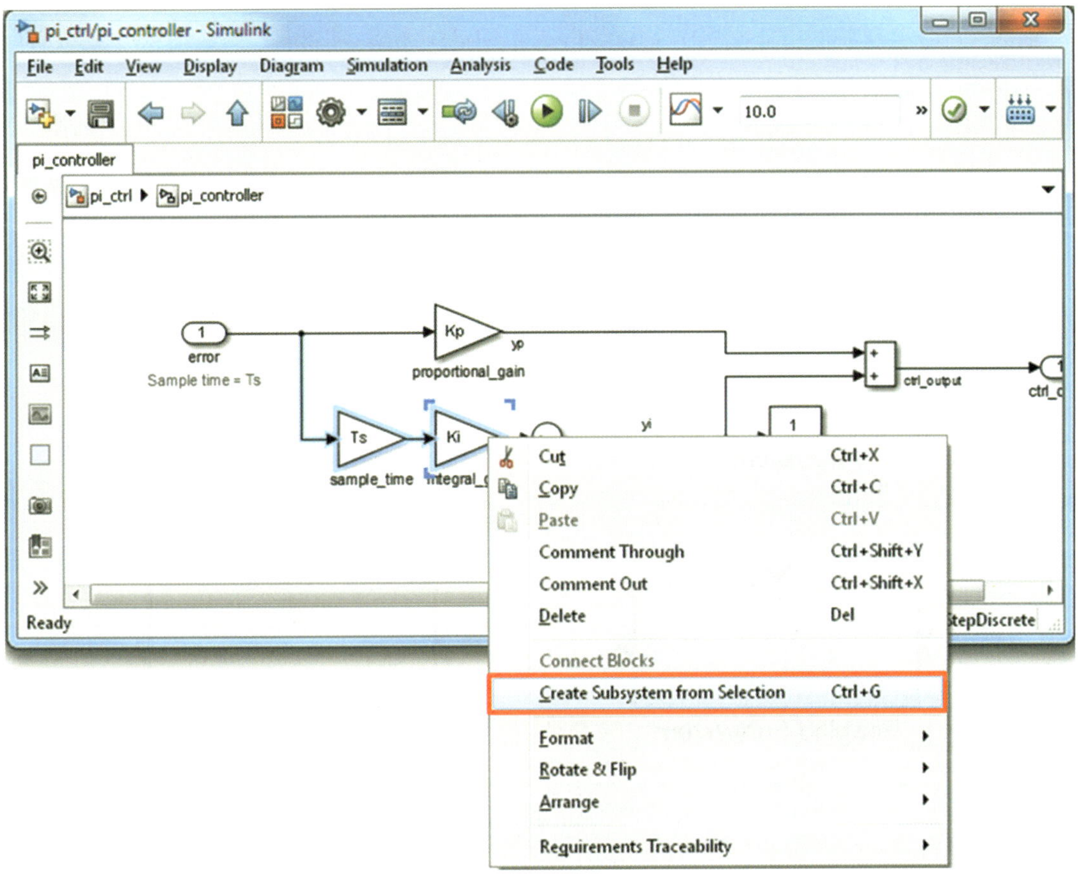

그림 7.3 Subsystem 만들기

생성 코드의 파티셔닝, 즉 하나의 모델에서 Subsystem 단위로 함수를 분리하여 코드를 생성시키기 위해서는 모델을 가상이 아닌 실제 계층 구조로 만들어낼 필요가 있다. 실제 Simulink 가 계층구조로 인식하는 Subsystem 을 Non-virtual Subsystem 이라고 한다. Non-virtual Subsystem 은 Simulink 기본 라이브러리에 포함되는 Atomic Subsystem 과, Enabled Subsystem, Triggered Subsystem 등이며, 그러한 Subsystem 들은 그림 7.4 와 같이 Virtual Subsystem 과 다르게 테두리가 진하다. Enabled Subsystem 이나 Triggered Subsystem 등은 테두리만 진한 것이 아니라 Subsystem 상단에 입력 포트가 존재하고 사실 이 입력 포트로 들어오는 signal 데이터에 의해 내부의 동작이 결정된다. 예를 들어 Enabled Subsystem 은 들어오는 입력 signal 이 양수값을 가지는 동안 내부를 동작 시키며, Triggered Subsystem 은 입력 포트로 들어오는 signal 데이터가 rising/ falling 등의 zero-crossing 이 발생할 때 그 내부를 수행한다. 결국 이러한 Subsystem 들은 하나의 단위로 동작될 수 밖에 없는 구조이며 Simulink 가 내부를 펼쳐놓고 외부 블록들과 함께 연산을 수행할 수 없기 때문에 Non-Virtual Subsystem 이 된다. 그렇다면, 그냥 일반적인 Subsystem 은 Non-Virtual subsystem 이 될 수 없을까? 이것이 바로 그림 7.4 의 Atomic Subsystem 이다.

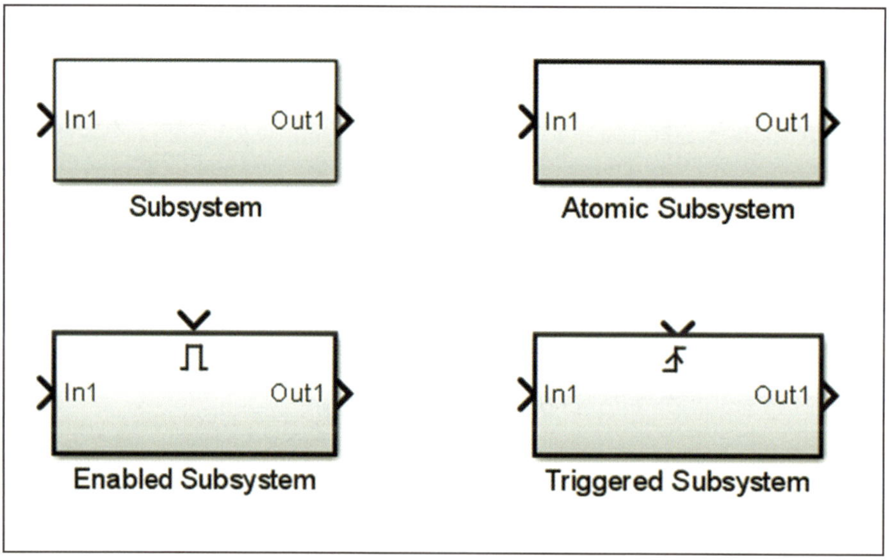

그림 7.4 다양한 Subsystem 들

Atomic Subsystem 은 Simulink Library Browser 내의 Ports & Subsystems 라이브러리에 있는 Atomic Subsystem 블록을 가져와 만들 수 있으며, 또는 Virtual Subsystem 의 속성을 변경하여 만들 수도 있다. Virtual Subsystem 의 속성을 변경하기 위해서는 그림 7.5 과 같이 Subsystem 위에 커서를 두고 마우스 오른쪽 버튼을 클릭하여 나타나는 메뉴에서 Block Parameters 를 선택하면

Subsystem 의 속성을 변경할 수 있는 창이 열린다. 여기서 그림 7.6 과 같이 Treat as atomic unit 을 선택하면 Atomic Subsystem 이 만들어진다.

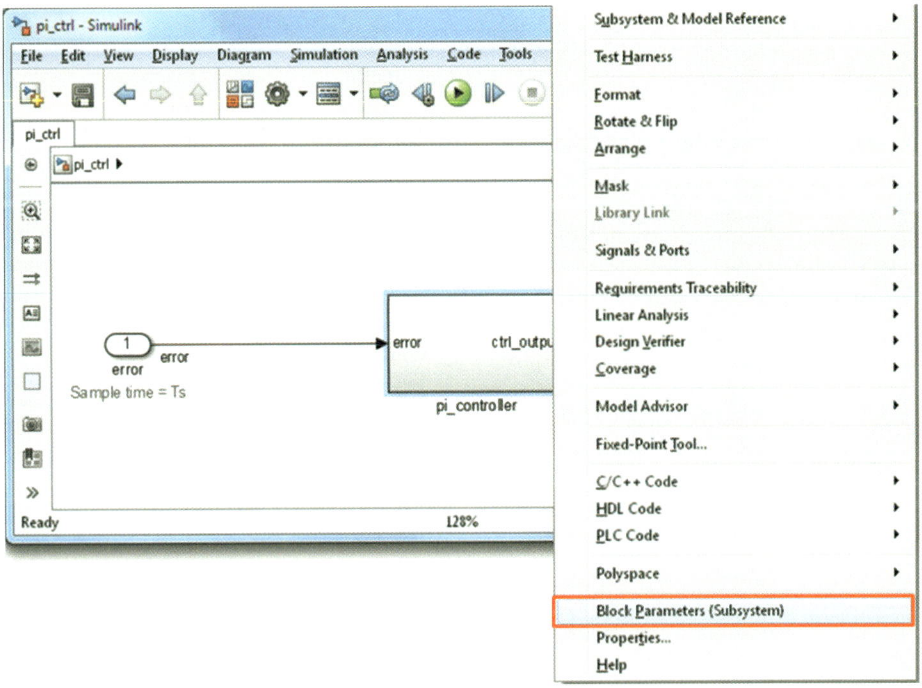

그림 7.5 Subsystem 의 block Parameters

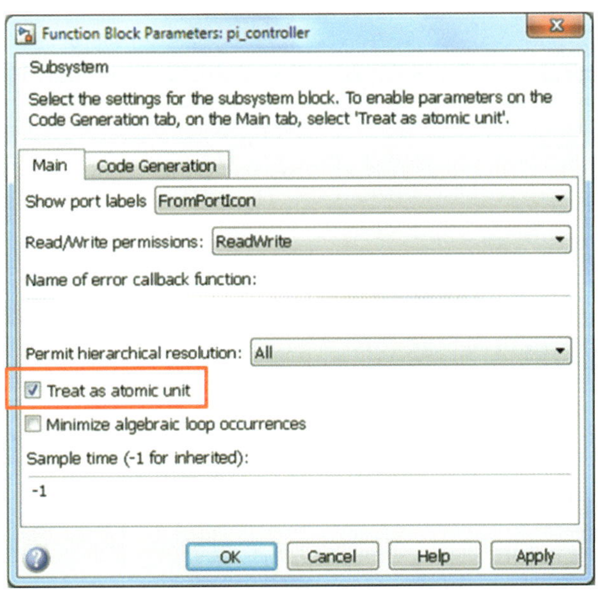

그림 7.6 Virtual Subsystem 에서 부터 Atomic Subsystem 만들기

7-2. 생성 코드의 파티셔닝

생성 코드의 파티셔닝은 Non-Virtual Subsystem 에서 부터 시작된다. Non-Virtual Subsystem 인 경우, Subsystem 의 Block Parameters 내부 Code Generation 탭 내부 옵션들이 활성화된다.

여기서는 그림 7.7 와 같이 pi_ctrl 모델의 pi_controller Subsystem 을 Atomic Subsystem 으로 바꿔본다.

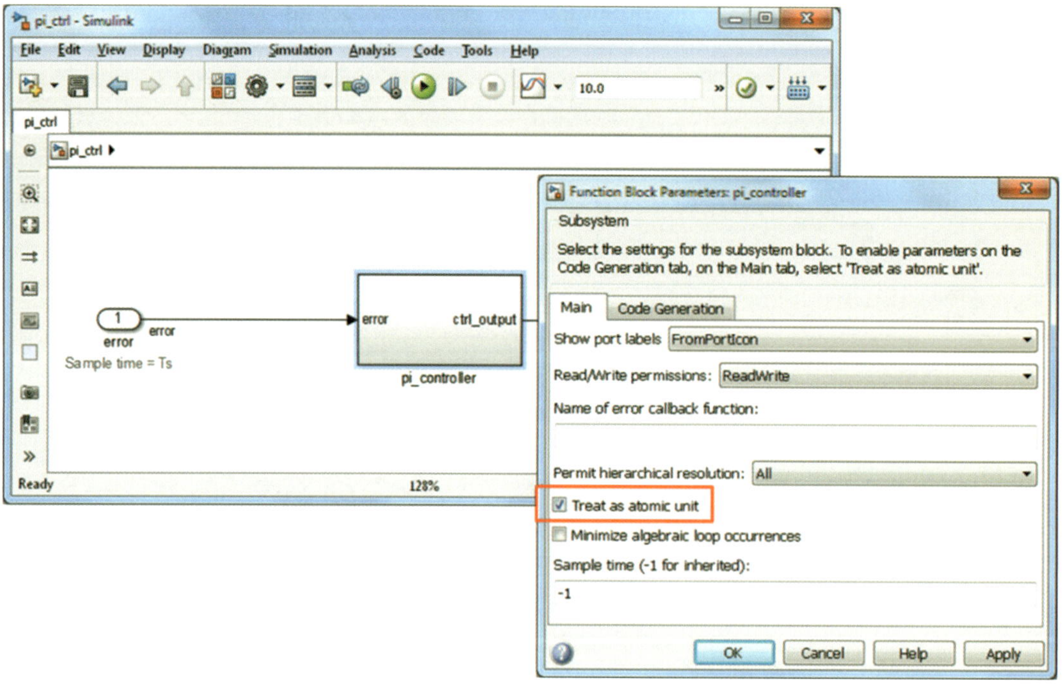

그림 7.7 pi_controller Subsystem 을 Atomic Subsystem 으로 변경

Atomic Subsystem 으로 변경됨에 따라 활성화된 Code Generation 탭 내의 Function Packaging 팝업 메뉴를 선택해 보면, 코드 생성 시 현재의 Subsystem 을 기존과 같이 *model*_step 함수 내에 그냥 포함시킬지(Inline), 분리된 함수를 생성시킬지(Nonreusable Function), 재사용 가능한 함수 형태로 생성시킬지(Reusable Function)를 선택할 수 있는 옵션들이 나타난다(그림 7.8). 기본으로 선택된 Auto 옵션은 경우에 따라 *model*_step 함수에 포함시킬지, 분리된 함수를 생성시킬지를 코드 생성 도구가 자동으로 판단한다. 이 부분은 이후에 다루어 보기로 하겠다.

- Inline: Subsystem 에 대한 코드를 기존의 *model*_step 함수내에 포함
- Nonreusable Function: Subsystem 에 대해 *model*_step 함수와 분리된 함수로 코드 생성
- Reusable function: Subsystem 에 대해 재사용 가능한 함수의 형태로 *model*_step 함수와 분리된 함수로 코드 생성

- Auto: 코드 생성도구가 Subsystem 에 대한 코드를 *model*_step 함수 내에 포함시킬지, 재사용 가능한 함수의 형태로 *model*_step 함수와 분리된 함수로 코드를 생성할지에 대해 자동으로 결정

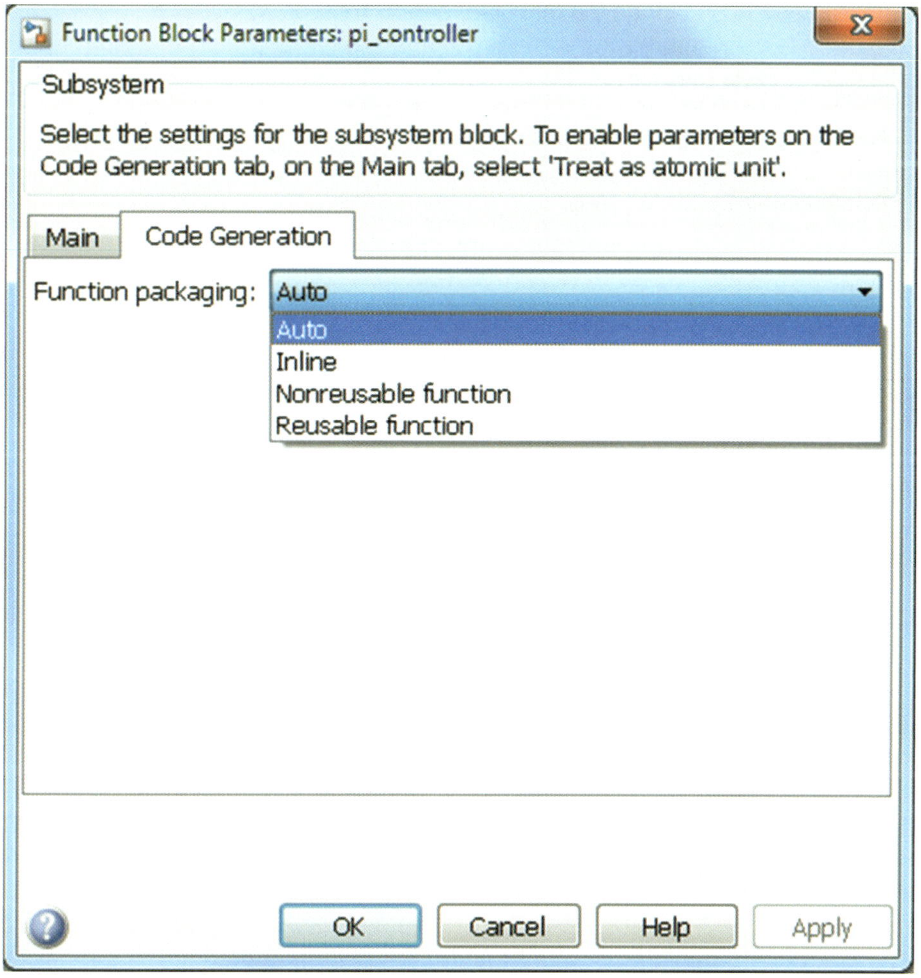

그림 7.8 Subsystem 의 코드 파티셔닝 옵션

그러면 먼저 Nonreusable Function 옵션을 선택하여 보자. Nonreusable Function 옵션을 선택하면, 그림 7.9 와 같이 추가 옵션들이 활성화 된다. Function name options 는 Subsystem 을 분리된 함수로 만드려고 할 때, Function 의 이름을 선택하는 것이다.

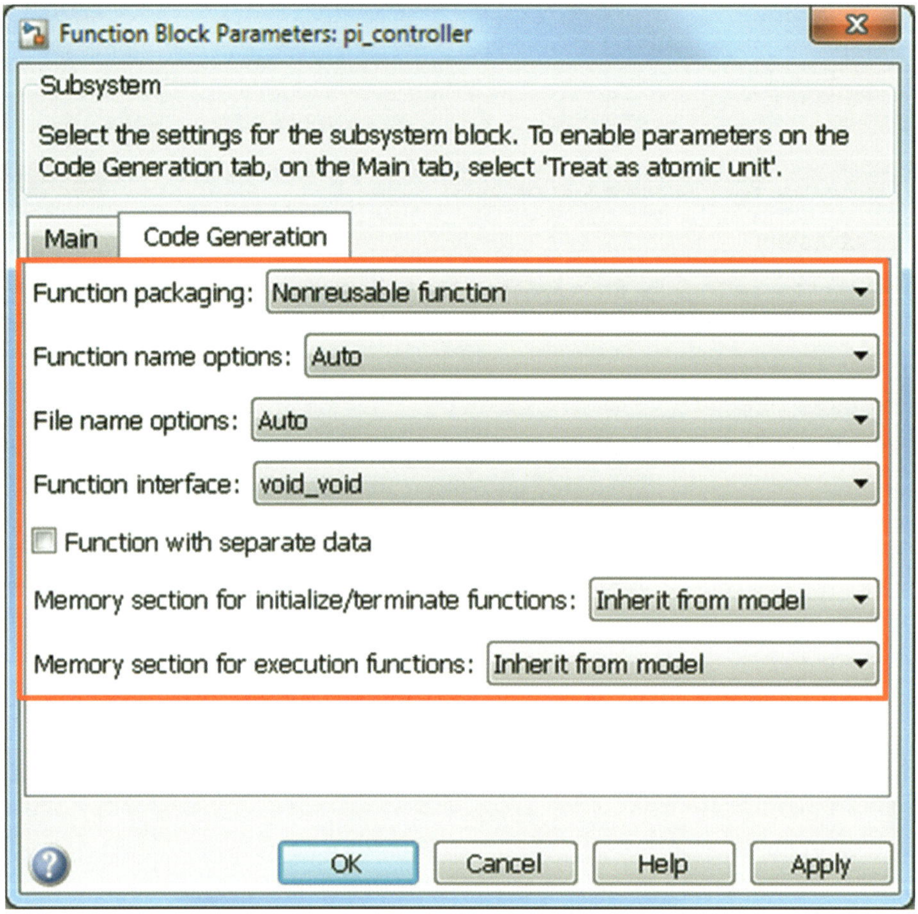

그림 7.9 Subsystem 의 Function packaging 을 Nonreusable Function 으로 선택시 활성화되는 메뉴들

Auto 는 모델이름과 서브시스템의 이름을 활용(*model_subsystem*)하여 함수의 이름을 결정하며, Use subsystem name 은 Subsystem 의 이름을 함수의 이름으로, User specified 는 사용자가 이름을 직접 지정할 수 있게 한다. 여기서는 그림 7.10 과 같이 User specified 를 선택하여 이름을 직접 지정해 보도록 하겠다.

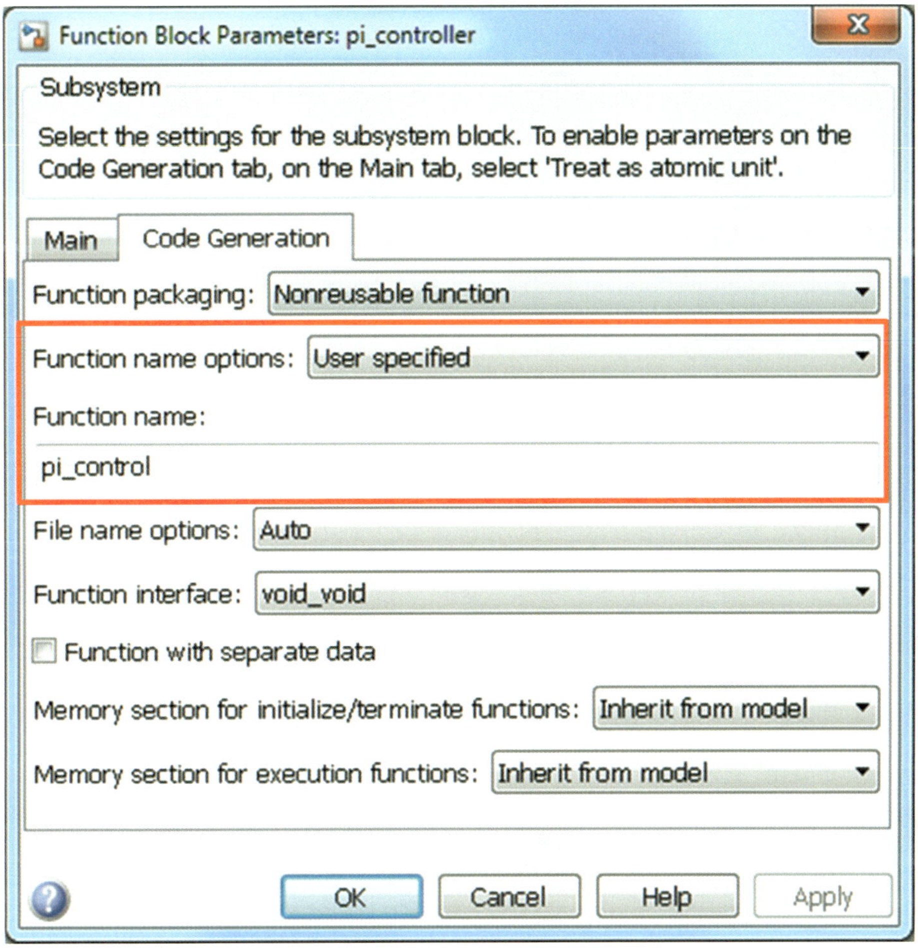

그림 7.10 Nonreusable Function 의 Function Name 선택의 예

File name options 는 함수만 분리하는 것이 아니라 생성되는 함수에 대해 생성되는 파일까지도 분리해 내기 위한 기능이다. Auto 는 Function packaging 을 Reusable function 으로 선택하지 않는 한 생성되는 *model*.c 파일 내에 생성되는 함수를 포함시키는 형태로 코드를 생성한다. 그림 7.11 은 그림 7.10 과 같은 옵션 세팅에 의해 생성된 코드를 보여주고 있다.

pi_ctrl.c

```
35 /* Output and update for atomic system: '<Root>/pi_controller' */
36 void pi_control(void)
37 {
38   real_T rtb_yi;
39
40   /* Sum: '<S1>/Sum1' incorporates:
41    *  Gain: '<S1>/integral_gain'
42    *  Gain: '<S1>/sample_time'
43    *  Inport: '<Root>/error'
44    *  UnitDelay: '<S1>/Unit Delay'
45    */
46   rtb_yi = pi_ctrl_P.Ts * pi_ctrl_U.error * pi_ctrl_P.Ki + pi_ctrl_DW.yi_prev;
47
48   /* Outport: '<Root>/ctrl_output' incorporates:
49    *  Gain: '<S1>/proportional_gain'
50    *  Inport: '<Root>/error'
51    *  Sum: '<S1>/Sum'
52    */
53   pi_ctrl_Y.ctrl_output = pi_ctrl_P.Kp * pi_ctrl_U.error + rtb_yi;
54
55   /* Update for UnitDelay: '<S1>/Unit Delay' */
56   pi_ctrl_DW.yi_prev = rtb_yi;
57 }
58
59 /* Model step function */
60 void pi_ctrl_step(void)
61 {
62   /* Outputs for Atomic SubSystem: '<Root>/pi_controller' */
63   pi_control();
64
65   /* End of Outputs for SubSystem: '<Root>/pi_controller' */
66 }
```

그림 7.11 코드 파티셔닝의 결과 생성 코드

pi_ctrl.c 파일 36 **번째 줄**과 같이 pi_controller Subsystem 에 해당하는 부분에 대해 pi_control 함수가 생성되며, 63 **번째 줄**과 같이 pi_ctrl_step 함수 내부에서 이것을 호출한다.

이번에는 그림 7.12 과 같이 File name options 를 함께 User specified 를 선택하여 이름을 직접 지정해 보도록 하겠다.

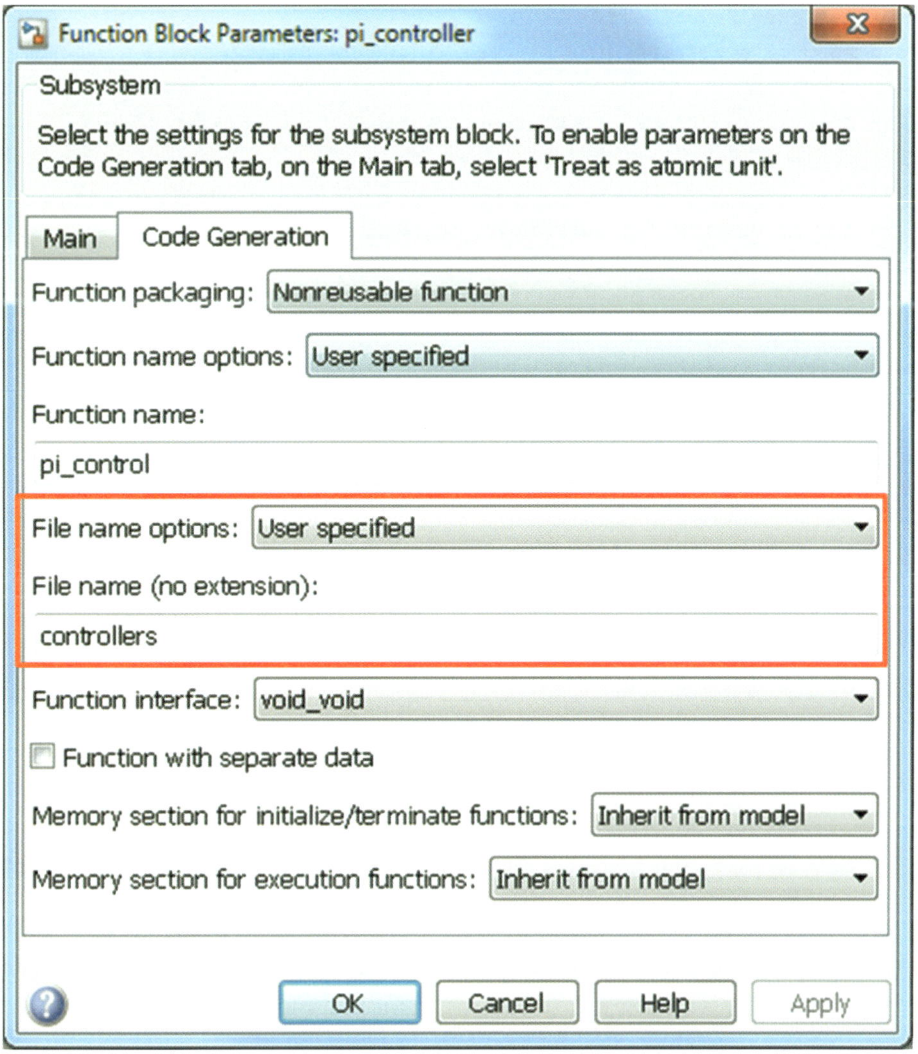

그림 7.12 분리된 파일에 분리된 함수 코드를 포함시키는 옵션

앞의 옵션 선택에 의해 생성된 코드는 그림 7.13 과 같다. controller.c 소스 파일과 controller.h 헤더 파일이 함께 생성되며, controllers.c 소스 파일은 pi_controller Subsystem 에 대한 pi_control 함수와 pi_control_Init 함수를 포함한다. 각 함수는 controllers.h 헤더 파일에서 extern 선언되고, 이 헤더파일을 pi_ctrl.h 헤더 파일에서 include 함으로서 pi_ctrl.c 파일 32 **번째 줄** 및 53 **번째 줄** 에서 각 함수들을 호출한다.

pi_ctrl.c

```
/* Model step function */
void pi_ctrl_step(void)
{
  /* Outputs for Atomic SubSystem: '<Root>/pi_controller' */
  pi_control();

  /* End of Outputs for SubSystem: '<Root>/pi_controller' */
}

/* Model initialize function */
void pi_ctrl_initialize(void)
{
  /* Registration code */

  /* states (dwork) */
  (void) memset((void *)&pi_ctrl_DW, 0,
                sizeof(DW_pi_ctrl));

  /* external inputs */
  pi_ctrl_U.error = 0.0;

  /* external outputs */
  pi_ctrl_Y.ctrl_output = 0.0;

  /* InitializeConditions for Atomic SubSystem: '<Root>/pi_controller' */
  pi_control_Init();

  /* End of InitializeConditions for SubSystem: '<Root>/pi_controller' */
}
```

pi_ctrl.h

```
/* Child system includes */
#include "controllers.h"
```

controllers.c

```
/* Initial conditions for atomic system: '<Root>/pi_controller' */
void pi_control_Init(void)
{
  /* InitializeConditions for UnitDelay: '<S1>/Unit Delay' */
  pi_ctrl_DW.yi_prev = pi_ctrl_P.UnitDelay_InitialCondition;
}

/* Output and update for atomic system: '<Root>/pi_controller' */
```

```
void pi_control(void)
{
  real_T rtb_yi;

  /* Sum: '<S1>/Sum1' incorporates:
   *  Gain: '<S1>/integral_gain'
   *  Gain: '<S1>/sample_time'
   *  Inport: '<Root>/error'
   *  UnitDelay: '<S1>/Unit Delay'
   */
  rtb_yi = pi_ctrl_P.Ts * pi_ctrl_U.error * pi_ctrl_P.Ki + pi_ctrl_DW.yi_prev;

  /* Outport: '<Root>/ctrl_output' incorporates:
   *  Gain: '<S1>/proportional_gain'
   *  Inport: '<Root>/error'
   *  Sum: '<S1>/Sum'
   */
  pi_ctrl_Y.ctrl_output = pi_ctrl_P.Kp * pi_ctrl_U.error + rtb_yi;

  /* Update for UnitDelay: '<S1>/Unit Delay' */
  pi_ctrl_DW.yi_prev = rtb_yi;
}
```

controller.h

```
extern void pi_control_Init(void);
extern void pi_control(void);
```

그림 7.13 분리된 파일로의 코드 파티셔닝의 결과 생성 코드

7-3. Subsystem 에 대해 재사용 가능한 함수 형태의 코드 생성

재사용 가능한 함수라 함은 입출력 데이터를 달리하며 동작이 가능한 함수를 말한다. 즉, 외부로부터 데이터를 상황에 따라 다르게 입력받고 그 결과 출력을 외부로 전달하는 구조의 함수를 말한다. 즉, 하나의 모델 내부에 동일한 내부 구조를 갖는 Subsystem 이 두개 이상 존재할 때, 이러한 Subsystem 들에 대해 동일한 알고리즘에 대한 함수 코드가 각각 생성된다면, 메모리의 낭비를 초래할 것이다. 이를 해결하기 위한 코드 생성 옵션이 Reusable function 이다.

여기서는 그림 7.14 와 같이 pi_ctrl 모델의 내부를 모두 선택하여 아래에 복사해 보겠다. 결국, pi_controller Subsystem 과 pi_controller1 Subsystem 은 그대로 복사를 수행했기 때문에 내부가 동일하다. 그러나 각 Subsystem 이 필요로하는 입력과 출력 signal 들은 다르다. 이 두 Subsystem 에 대하여 동일한 함수 코드를 생성하기 위해서는 그림 7.15 와 같이 두 Subsystem 에 대한 Function packaging 옵션을 Reusable function 으로 선택한다.

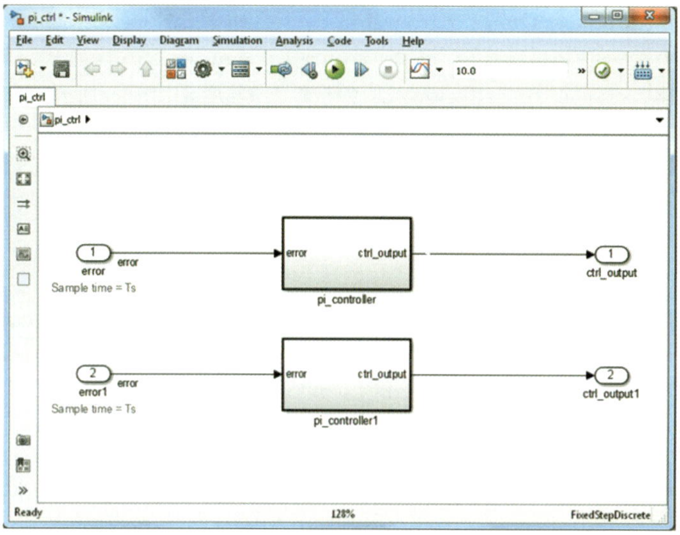

그림 7.14 동일한 내부 구조를 갖는 Subsystem 들이 포함된 모델의 예

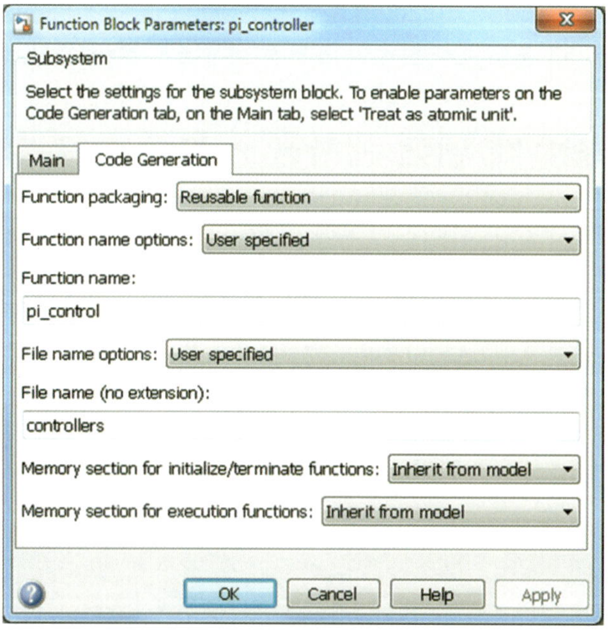

그림 7.15 Function packaging 으로 Reuable function 을 선택

그림 7.16 은 두 Subsystem 의 Function packaging 옵션이 Reuable function 으로 선택된 경우에 생성된 코드이다. 두개의 내부가 동일한 Subsystem 에 대해 controllers.c 파일 내에서 입출력 변수를 갖는 하나의 pi_control 함수를 생성하여, pi_ctrl.c 파일 내부의 pi_ctrl_step 함수에서 각기 다른 데이터를 입력으로 하여 호출(37 **번째 줄**, 48 **번째 줄**)하고 있다.

pi_ctrl.c

```
31 /* Model step function */
32 void pi_ctrl_step(void)
33 {
34   /* Outputs for Atomic SubSystem: '<Root>/pi_controller' */
35
36   /* Inport: '<Root>/error' */
37   pi_control(pi_ctrl_U.error, &pi_ctrl_B.pi_controller,
38              &pi_ctrl_DW.pi_controller);
39
40   /* End of Outputs for SubSystem: '<Root>/pi_controller' */
41
42   /* Outport: '<Root>/ctrl_output' */
43   pi_ctrl_Y.ctrl_output = pi_ctrl_B.pi_controller.ctrl_output;
44
45   /* Outputs for Atomic SubSystem: '<Root>/pi_controller1' */
46
47   /* Inport: '<Root>/error1' */
48   pi_control(pi_ctrl_U.error_c, &pi_ctrl_B.pi_controller1,
49              &pi_ctrl_DW.pi_controller1);
50
51   /* End of Outputs for SubSystem: '<Root>/pi_controller1' */
52
53   /* Outport: '<Root>/ctrl_output1' */
54   pi_ctrl_Y.ctrl_output1 = pi_ctrl_B.pi_controller1.ctrl_output;
55 }
```

controllers.c

```c
void pi_control(real_T rtu_error, B_pi_control *localB, DW_pi_control *localDW)
{
  real_T rtb_yi;

  /* Sum: '<S1>/Sum1' incorporates:
   *  Gain: '<S1>/integral_gain'
   *  Gain: '<S1>/sample_time'
   *  UnitDelay: '<S1>/Unit Delay'
   */
  rtb_yi = pi_ctrl_P.Ts * rtu_error * pi_ctrl_P.Ki + localDW->yi_prev;

  /* Sum: '<S1>/Sum' incorporates:
   *  Gain: '<S1>/proportional_gain'
   */
  localB->ctrl_output = pi_ctrl_P.Kp * rtu_error + rtb_yi;

  /* Update for UnitDelay: '<S1>/Unit Delay' */
  localDW->yi_prev = rtb_yi;
}
```

그림 7.16 Subsystem 에 대해 Reusable function 으로 코드 생성

Subsystem 의 내부가 동일하다면 Reuable function 으로의 코드 생성은 큰 문제가 없다. 앞서 활용한 pi_controller 와 pi_controller1 Subsystem 들은 그대로 복사를 수행했기 때문에 내부가 완벽하게 동일하다. 그렇다면 이러한 경우를 생각해 보자. 동일한 PI 제어기를 사용하려 하지만, 제어 게인을 다르게 세팅할 필요가 있는 상황이다. 결국, 그림 7.17 과 같이 모델의 구조는 동일하지만 활용되는 parameter 값(pi_controller1 Subsystem 의 비례제어 게인 값을 Kp 대신 Kp1 적용: 그림 7.17) 이 다를 경우는 어떨까? 코드 생성을 시도하면, 그림 7.18 과 같은 error 가 발생하게 된다. 결국 pi_controller 와 pi_controller1 이 동일하지 않아 하나의 재사용 가능한 함수로서의 코드 생성이 불가능 함을 뜻한다.

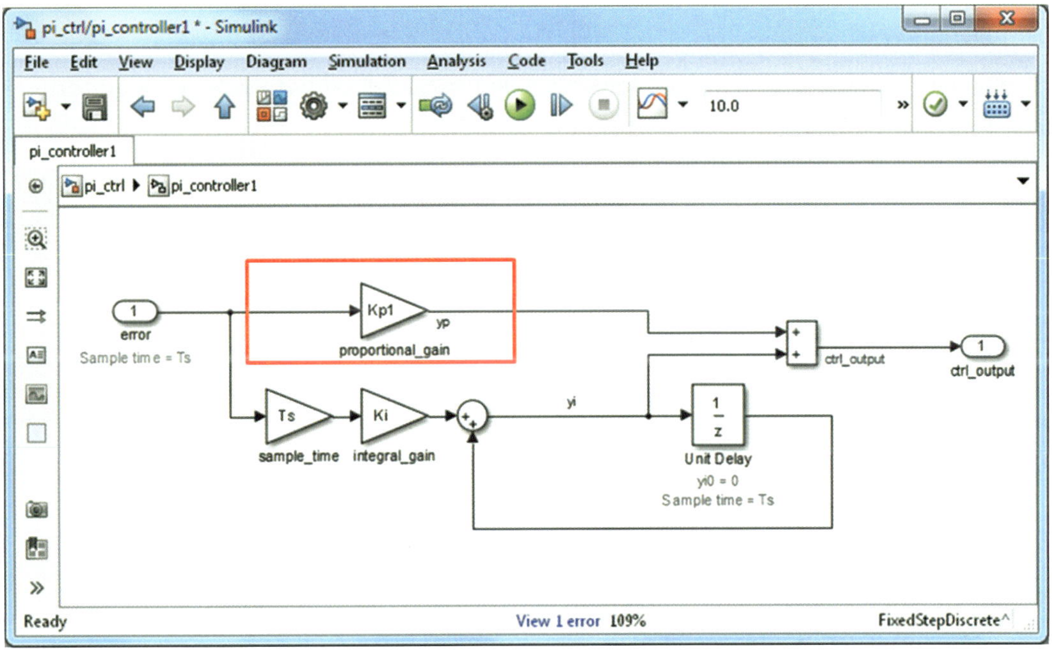

그림 7.17 pi_controller1 Subsystem에 대해 다른 parameter 적용

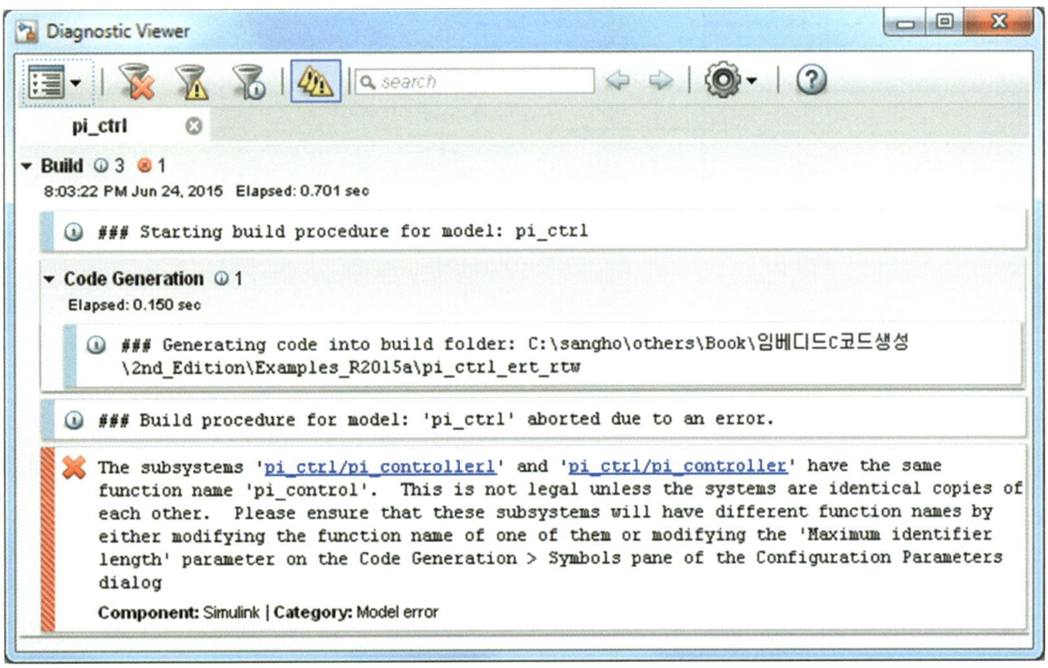

그림 7.18 Reuable function 코드-생성 에러

다른 parameter 의 사용에 의해 재사용 가능한 함수로의 코드 생성이 불가능해 진다면, 이것은 오히려 최적화가 아닐 것이다. 사실, Reusable function 옵션을 활용할 때는 지금부터 설명하는 과정을 선행하기를 항상 추천한다.

Simulink 모델에서 Subsystem 을 만들고 그 Subsystem 을 복사하여 다른 곳에서 활용하려 할 때, 특히 그 내부 구조는 동일하지만 다른 parameter 값으로 동작시키고자 할 때는 subsystem 의 Mask 란 기법을 활용한다. Subsystem 에 Mask 를 만들기 위해서는 그림 7.19 와 같이 Subsystem 을 마우스 오른쪽 버튼으로 선택하면 나타나는 Mask 메뉴의 Create Mask 를 선택한다. 이 때 나타나는 그림 7.20 과 같은 Mask Editor 창을 이용하여 Mask 를 만든다. 본 책은 Simulink 에 대한 상세한 설명을 목적으로 하고 있지 않기 때문에 Reusable function 코드 생성을 위한 부분의 세팅만을 설명하겠다. 좀더 자세한 사항은 Mask Editor 하단의 Help 버튼을 클리하여 나타나는 설명을 참조하길 바란다.

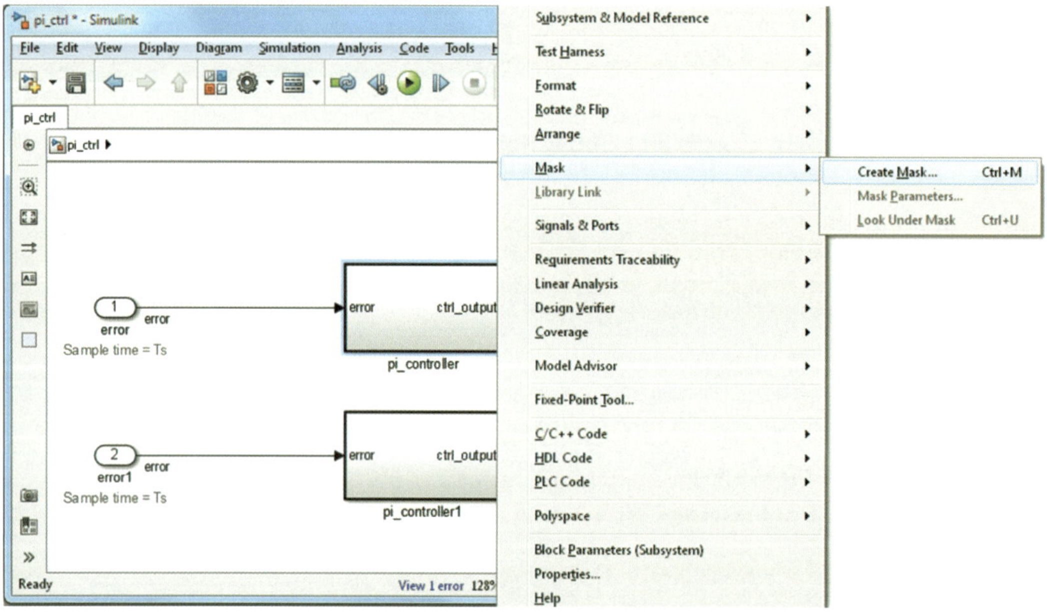

그림 7.19 Subsystem 의 Mask

우선 동일한 Subsystem 을 다른 parameter 값으로 동작시키게 하기 위해서는 그림 7.20 과 같이 Mask Editor 창 내부의 Parameters & Dialog 탭을 선택한다. 그리고 그림 7.20 의 ②번에 해당 하는 Edit 메뉴을 클릭하면 가운데의 Dialog box 에 항목이 하나 만들어진다. 만들어진 항목의 Name 에는 그 Subsystem 내부에서 활용하는 parameter 들 중 하나를 선택하여 그 parameter 의 이름을 입력한다. 이번 예제에서는 비례 제어 게인 값에 해당하는 Kp 를 선택하였다. 그림고 Prompt 에는 그 parameter 가 의미하는 문장을 입력한다. (현 예에서는 Kp parameter 의 의미인

Proportional Gain 을 입력하였다.) 이제 OK 버튼을 누르고 창을 빠져나와 그 Subsystem 내부에 들어가기 위해 Subsystem 을 더블클릭하면 그림 7.21 과 같은 창이 열리게 된다. Mask Editor 에서 Subsystem 내부 변수인 Kp 를 Variable 로 지정함에 따라 이 창에서 작성하는 값이 그 Subsystem 내부에 전달되어 Kp 값으로 활용되게 된다.[14] 결국 Mask 는 우리가 얼굴에 쓰는 가면과 개념적으로 동일하다. 얼굴에 가면을 쓰면 외부에서 내부를 볼 수 없다. 하지만, 눈이 있는 부분에 구멍을 뚫는다면 외부에서 눈을 볼 수 있다. 우리가 한 작업은 Subsystem 에 Mask 를 씌우고 Parameter 라는 구멍을 뚫어 내부에 값을 전달한다. 결국 Mask 는 동일한 Subsystem 을 여러군데 복사하여 활용할 때 각각 다른 parameter 값을 가지고 동작할 수 있도록 해주기 때문에 Simulink 를 보다 효율적으로 활용하기 위해 자주 사용하는 방법이다. 또한, 실제로 사용자들이 자기들만의 커스텀 블록을 만들고자 할 때도 활용하는 방법이다.

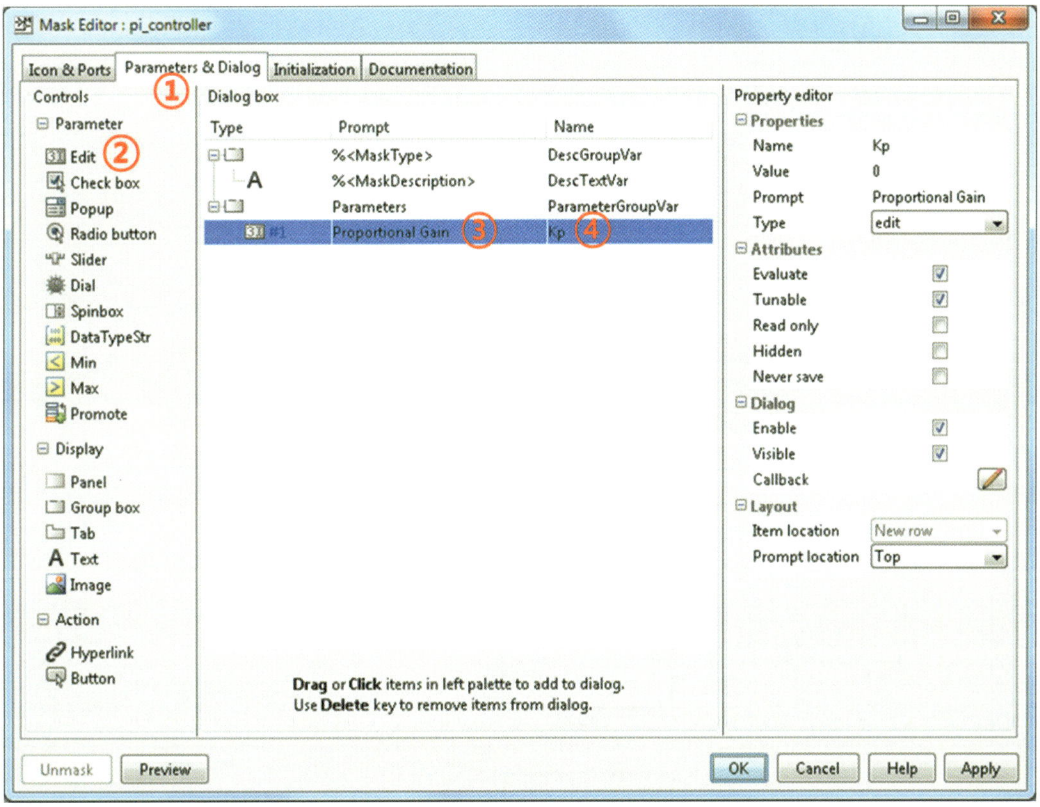

그림 7.20 Subsystem 에 대한 Mask Editor

[14] 만들어진 Mask 를 다시 제거하고 싶을 때는 Mask 를 만들 때와 동일하게 Mask Editor 창을 열어 왼쪽 하단의 Unmask 버튼을 클릭한다.

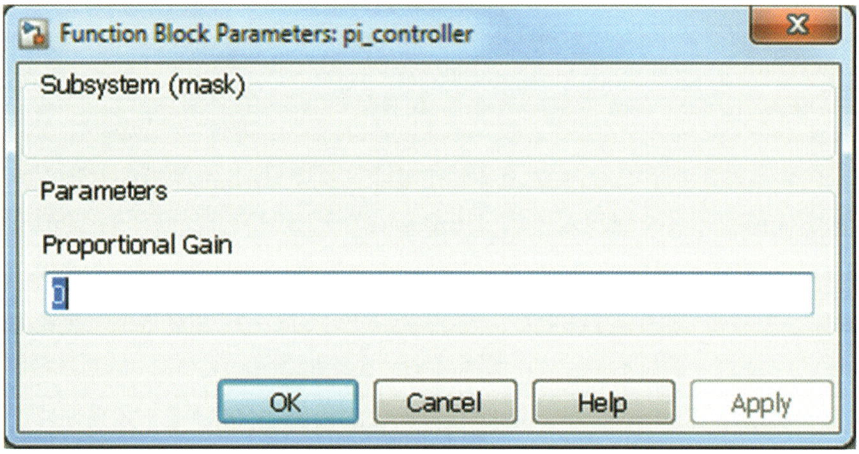

그림 7.21 Subsystem Mask 에 만들어진 Block Parameters 대화상자

현재 예제 모델에서는 그림 7.22 와 같이 기존의 pi_controller1 Subsystem 을 삭제하고 Mask 가 만들어진 pi_controller Subsystem 블록을 그대로 다시 복사하여 기존의 pi_controller1 을 대체하였다. 그리고 pi_controller 의 Proportional Gain(내부의 Kp parameter)은 Kp 로 pi_controller1 의 Proportional Gain 은 Kp1 으로 지정한다.

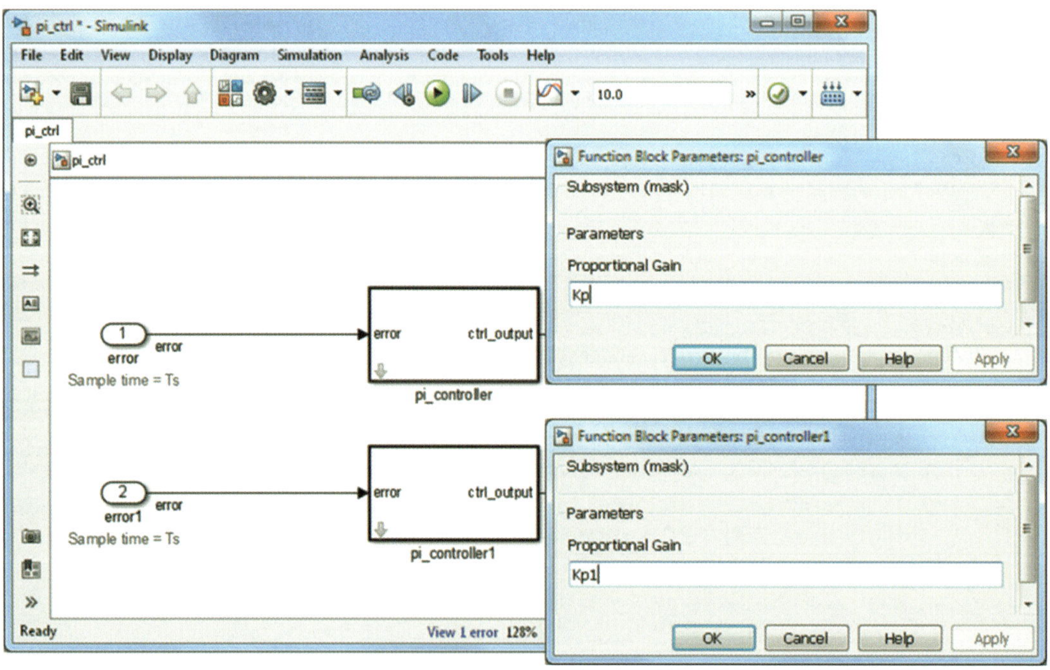

그림 7.22 각기 다른 Parameter 를 적용한 Mask 된 Subsystem

이제 다시 원점으로 돌아와 이 모델에서부터 코드 생성을 해보자. 이젠 Reusable function 코드 생성에 대한 에러가 발생하지 않는다. 그림 7.23 은 Subsystem 에 대한 Reusable function 옵션 세팅에 의해 생성된 코드이다. controllers.c 파일의 **39 번째 줄** 및 **53 번째 줄** 에 보이는 바와 같이 pi_control 함수는 Kp 라는 Mask Parameter 값을 rtp_Kp 라는 함수의 입력 인수로 받아서 동작하는 형태로 코드가 생성된다. 반면 pi_ctrl.c 파일의 pi_ctrl_step 함수에서는 **37 번째 줄** 및 **48 번째 줄** 보이는 바와 같이 pi_ctrl 함수를 호출할 때 함수의 입력으로 각각 다른 Kp 와 Kp1 을 넣어 주고 있다.

pi_ctrl.c

```
31 /* Model step function */
32 void pi_ctrl_step(void)
33 {
34   /* Outputs for Atomic SubSystem: '<Root>/pi_controller' */
35
36   /* Inport: '<Root>/error' */
37   pi_control(pi_ctrl_U.error, &pi_ctrl_B.pi_controller,
38              &pi_ctrl_DW.pi_controller, pi_ctrl_P.Kp);
39
40   /* End of Outputs for SubSystem: '<Root>/pi_controller' */
41
42   /* Outport: '<Root>/ctrl_output' */
43   pi_ctrl_Y.ctrl_output = pi_ctrl_B.pi_controller.ctrl_output;
44
45   /* Outputs for Atomic SubSystem: '<Root>/pi_controller1' */
46
47   /* Inport: '<Root>/error1' */
48   pi_control(pi_ctrl_U.error_c, &pi_ctrl_B.pi_controller1,
49              &pi_ctrl_DW.pi_controller1, pi_ctrl_P.Kp1);
50
51   /* End of Outputs for SubSystem: '<Root>/pi_controller1' */
52
53   /* Outport: '<Root>/ctrl_output1' */
54   pi_ctrl_Y.ctrl_output1 = pi_ctrl_B.pi_controller1.ctrl_output;
55 }
```

controllers.c

```
void pi_control(real_T rtu_error, B_pi_control *localB, DW_pi_control *localDW,
                real_T rtp_Kp)
{
  real_T rtb_yi;

  /* Sum: '<S1>/Sum1' incorporates:
   *  Gain: '<S1>/integral_gain'
   *  Gain: '<S1>/sample_time'
   *  UnitDelay: '<S1>/Unit Delay'
   */
  rtb_yi = pi_ctrl_P.Ts * rtu_error * pi_ctrl_P.Ki + localDW->yi_prev;

  /* Sum: '<S1>/Sum' incorporates:
   *  Gain: '<S1>/proportional_gain'
   */
  localB->ctrl_output = rtp_Kp * rtu_error + rtb_yi;

  /* Update for UnitDelay: '<S1>/Unit Delay' */
  localDW->yi_prev = rtb_yi;
}
```

그림 7.23 Mask 된 Subsystem 의 Reuable function 코드

직접 한번 해봅시다

앞서 우리는 모델 내의 Subsystem 으로부터 재사용 가능한 함수 형태의 코드를 생성하기 위해 Subsystem 의 Block Parameters 창에서 Subsystem 을 복사하여 동일한 Subsystem 을 만들고 Function packaging 옵션을 Reusable function 으로 세팅하여 코드를 생성하였다. 경우에 따라 완전히 내부가 동일한 Atomic Subsystem 이 다수 존재할 경우, 코드 생성 도구는 자동으로 이를 인식하고 하나의 재사용 가능한 함수 형태의 코드를 생성시켜 낼 수 있다. 이것이 Function packaging 옵션의 Auto 메뉴이다. 앞의 7-3 절에서 다루어진 모델의 각 Subsystem 의 Function packaging 옵션을 Auto 로 세팅하여 코드를 생성해 보자.

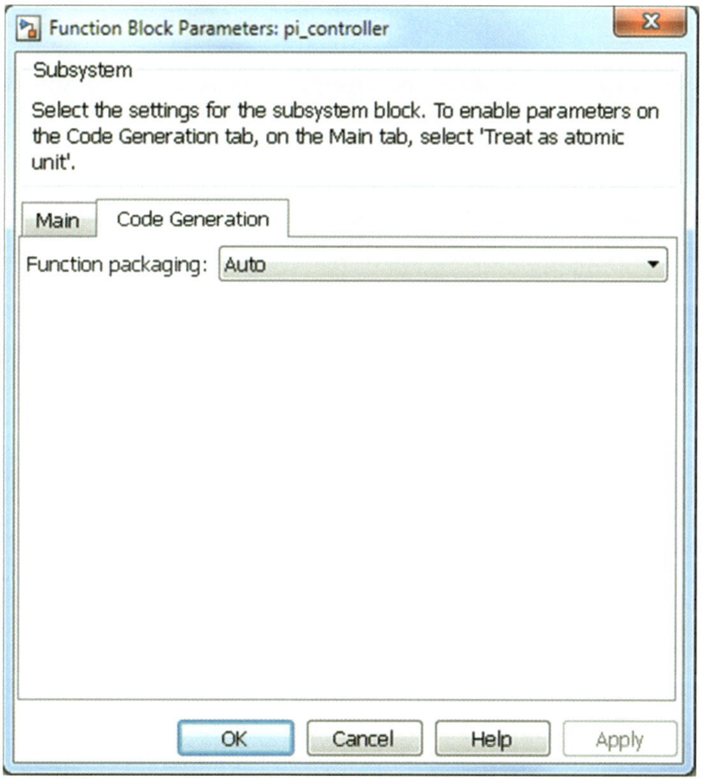

Chapter 8

코드 생성을 위한 데이터의 관리

8-1. Model Explorer 를 활용한 Simulink 데이터 관리

우리는 앞의 Chapter 4, 특히 4-3 절에서 코드 생성시 고려되는 Simulink 내에 존재하는 데이터에 대해 다루었다. Simulink 내에 존재하는 데이터는 Chapter 4-3-1 에서 다룬 바와 같이 크게 signal 과 parameter, 그리고 state 로 구분된다. Signal 은 결국 Simulink 모델에 존재하는 화살표 모양의 선을 의미하는 것이고, state 는 입력 signal 데이터를 저장하여 다음 스텝에서 활용하는 것들로 볼 수 있으며, parameter 는 각 블록에 직접 입력하여 넣는 데이터를 뜻한다.

Chapter 4 의 나머지 절에서는 시뮬레이션이나 코드 생성시 고려하게 되는 이러한 데이터의 속성들, 즉 데이터 타입이나 Storage class 를 세팅하는 방법에 대해 다루었다. 이 때, 우리는 주로 기본적인 Simulink 의 UI(User Interface)를 활용하여 각 signal 과 parameter 들의 속성들을 세팅하여 왔다. 이러한 방법은 모델링 과정 중에 속성들을 하나씩 지정할 수 있으며, 시뮬레이션을 통해 그 속성 세팅에 대해 검증이 가능하기 때문에 매우 직관적이고 유용하다. 하지만, 때로는 모델링과 시뮬레이션을 통한 검증을 다 마친 상태에서 코드를 생성하려 할 때, 각 데이터의 속성들을 변경하기 위해 모델 내부의 각 블록과 signal 들을 일일이 찾아가며 그 속성들을 변경하는 것은 번거로울 수 있다. 이 때 활용할 수 있는 UI 환경이 바로 Model Explorer 이다.

Model Explorer 는 그림 8.1 과 같이 Simulink 모델 내부에 있는 버튼을 활용하거나 View 메뉴의 Model Explorer 를 선택하여 열 수 있다. Model Explorer 를 열면 그림 8.2 와 같은 창이 열린다. 창의 왼쪽은 현재 열려있는 모델과 그 내부 계층 구조를 리스트로 보여주며, 가운데에서는 선택된 항목의 하부 항목들을 보여준다. 예를 들어, 창의 왼쪽의 pi_ctrl 모델을 선택하면, 가운데에서 Model workspace 와 모델로부터 생성된 코드, Configuration, "error" 라는 이름을 가진 Inport 블록, pi_controller 라는 Subsystem, ctrl_output 이라는 이름을 가진 Outport 블록, "error" 라는 이름을 가진 signal 을 갖는다는 것을 볼 수 있다. 가운데에 있는 각 항목을 선택하면 오른 쪽에 그 항목에 해당하는 창이 열린다. 그림 8.2 에서 볼 수 있는 것처럼, "error" 라는 이름의 Inport 블록을 선택하면, 그 오른쪽에 실제 그 블록을 더블 클릭할 때 열리는 블록에 대한 대화상자가 보이게 된다. 또한 그림 8.3 과 같이 "error" 라는 이름을 가진 signal 을 선택하면, signal 의 속성 창이 오른쪽에 보인다. 제일 왼쪽에 있는 모델 계층 구조에서 Configuration과 pi_controller Subsystem도 한번씩 선택해 보라. 모델의 Configuration Parameters 창에 보이는 모든 옵션들이 Model Explorer에서도 보이게 된다. 결국 모델의 모든 정보를 바로 이 Model Explorer에서 다룰 수 있음을 의미한다.

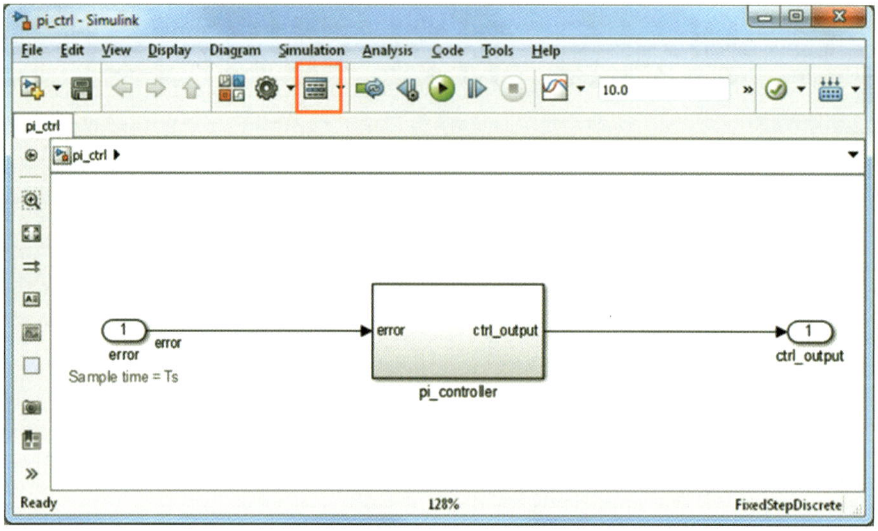

그림 8.1 Model Explorer 창 열기

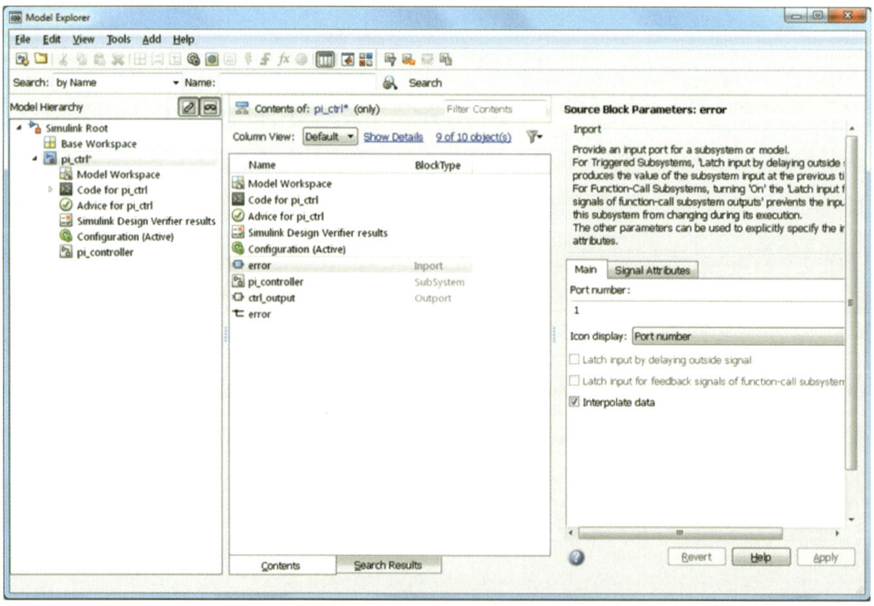

그림 8.2 Model Explorer 창

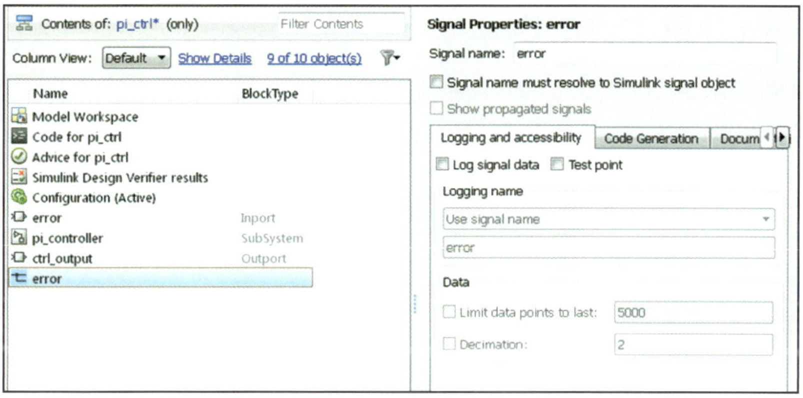

그림 8.3 "error"signal 선택시 오른쪽에 보이는 Signal Properties 창

이러한 Model Explorer 의 장점은 여기서 끝나지 않는다. 여러 데이터의 속성들을 한번에 동일하게 적용하고자 할 때 매우 유용하다. 예를 들어, pi_controller Subsystem 내의 yp, yi, ctrl_output signal 들의 Storage class 를 모두 한번에 ExportedGlobal 로 변경하려면 그림 8.4 와 같은 순서대로 작업하면 된다. 이때 ③ 단계에서 세개의 signal 이 모두 선택되어 있는 경우 한개의 signal 의 Storage class 속성만 바꾸면 모두 함께 바뀌게 된다. 여러 블록의 데이터 타입을 동시에 동일한 타입으로 변경코자 할 때도 Colume View 를 Block Data Types 로 바꾸어 유사하게 작업할 수 있다.

① Colume View 를 signals 로 선택
② Signal 들을 Shift 나 Ctrl 버튼을 이용하여 모두 선택
③ StorageClass Colume 에 찾아가 하나의 Storage class 를 ExportedGlobal 로 변경

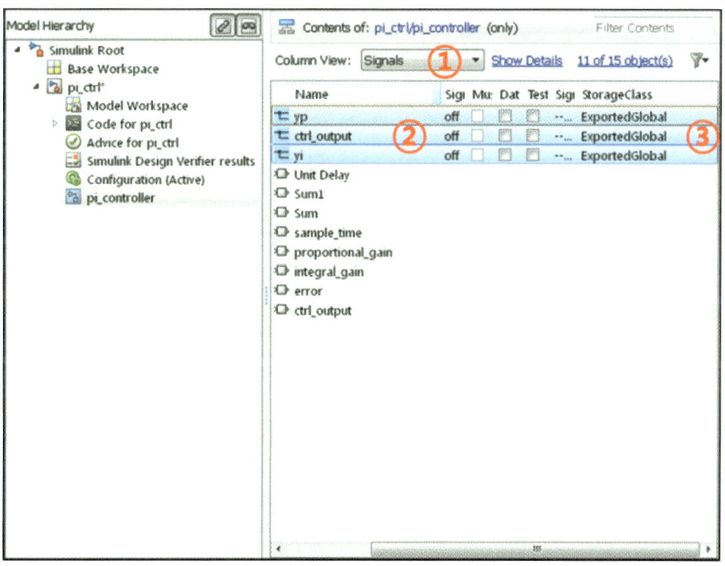

그림 8.4 여러 Signal 의 Storage class 속성 한번에 적용하기

8-2. Simulink Data Object

Simulink 의 데이터를 관리할 때 MATLAB 환경을 또한 활용할 수 있다. 즉 Simulink 데이터들의 속성들을 MATLAB 변수를 다루듯 *.mat 파일로 저장하여 필요에 따라 로드하면서 작업하거나, MATLAB Script 로 작성하여 쉽게 속성들을 변경하며 작업할 수 있다. 이를 위해 활용하는 것이 Simulink Data Object 이다.

Simulink Data Object 는 Simulink 의 주 데이터인 signal 과 parameter 의 각 속성들을 MATLAB 의 Workspace 에 저장하여 시뮬레이션과 코드 생성에서 활용할 수 있도록 해준다. 이는 마치 튜닝을 쉽게 하기 위해 Simulink 의 parameter 들을 MATLAB 변수로 만들어 사용하는 것과 유사하다. 단지 parameter 값뿐만 signal 과 parameter 의 내부 속성들까지 모두 MATLAB 에서 세팅할 수 있다는 추가적인 장점을 포함한다.

그러면 이해를 돕기 위해 parameter 에 대한 **Simulink Data Object** 를 먼저 다루어 보도록 하겠다.

그림 8.5 와 같이 우리는 Simulink 의 parameter 를 다룰때 주로 MATLAB Workspace[15] 에 각 parameter 데이터들을 저장하고 그 변수를 Simulink 블록 내부 parameter 값으로 활용한다. 특히 parameter 의 갯수가 많아질 경우, 그림 8.6 과 같은 MATLAB script 를 작성하여 script 내에서 필요한 값들을 변경 및 실행하면서 작업하면 매우 편리하다.

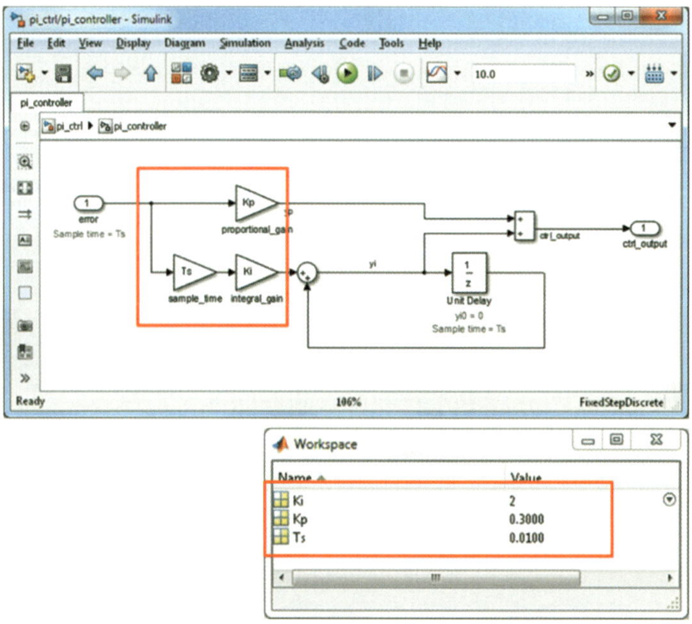

그림 8.5 모델에서 활용되는 parameter 데이터

15 MATLAB Workspace: MATLAB 의 변수를 저장하는 메모리 공간

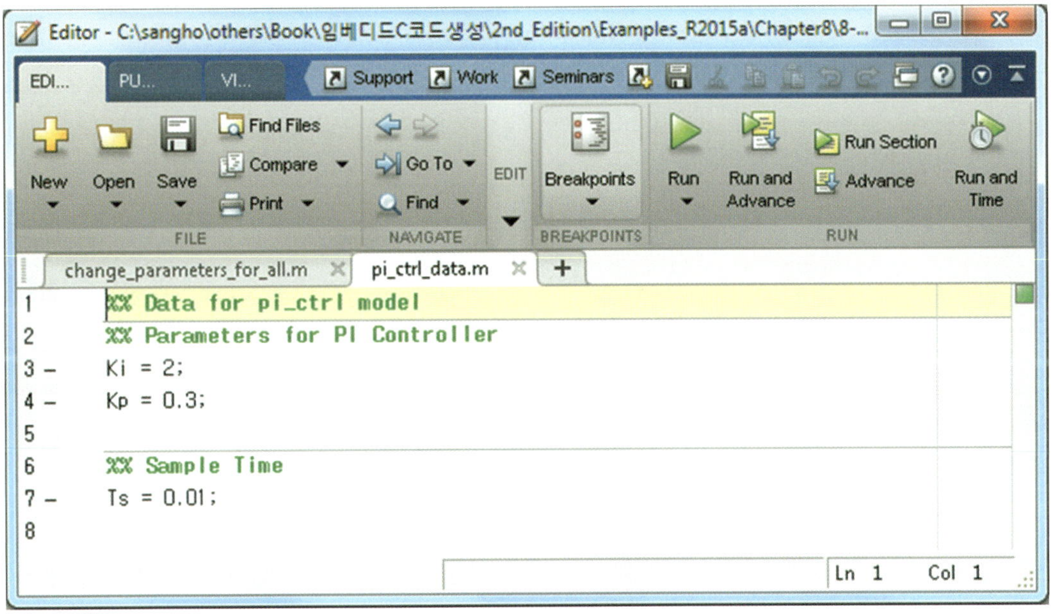

그림 8.6 Simulink parameter 데이터를 위한 MATLAB script 파일

그러나 이러한 MATLAB 변수는 단순히 그 변수의 값만을 저장할 수 있다는 한계가 있으며, Simulink parameter 가 가져야 하는 다양한 속성, 즉 parameter 데이터의 데이터 타입, 코드 생성 시 고려되는 Storage class 등의 속성을 지정할 수는 없다. 이를 위해 활용하는 것이 parameter 에 대한 Simulink Data Object 이다. 이것은 간단히 MATLAB Command Window 에서 아래와 같은 명령을 통해 만들 수 있다.

```
>> Kp = Simulink.Parameter;
```

이렇게 만들어지는 Kp 라는 변수는 다른 MATLAB 변수와 다르며, MATLAB Workspace 창에 보여지는 형식도 그림 8.7 과 같이 다르게 표현된다.

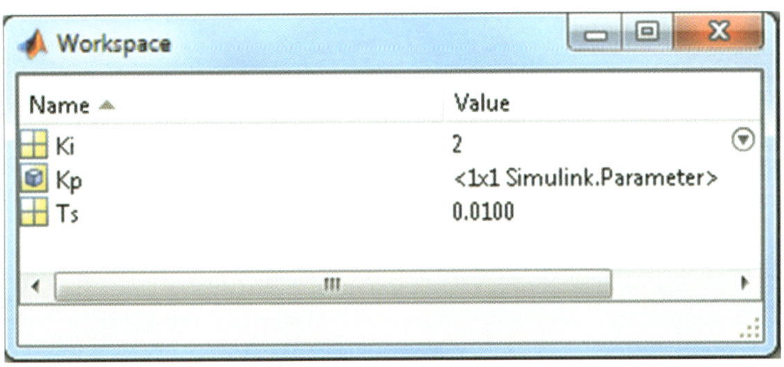

그림 8.7 Kp Parameter 에 대해 Simulink Data Object 를 만든 경우의 MATLAB Workspace 창

이렇게 만들어진 Kp 는 Simulink 의 parameter 를 표현 하는 하나의 객체로서 그림 8.8 과 같이 그 parameter 의 값(Value) 뿐만 아니라 그 parameter 의 데이터 타입, Min/Max 값, Storage class 세팅에 관련된 속성들을 함께 포함하고 있다. 그림 8.8 의 Kp 라는 Simulink.Parameter 객체의 속성을 세팅하는 화면은 그림 8.7 과 같은 Workspace 창의 Kp 변수를 더블클릭하면 열린다. 속성값을 변경할 때에는 그림 8.8 과 같은 창을 열어 직접 원하는 값을 입력하거나, MATLAB Command 창에서 명령을 실행하여 입력 할 수 있다. 예를 들어 Kp 변수의 Value 와 Strorage class 를 변경하기 위해서는 MATLAB Command 창에 아래와 같이 입력하여 실행한다. (그림 8.9)

```
>> Kp.Value = 0.3;
>> Kp.CoderInfo.StorageClass = 'ExportedGlobal'
```

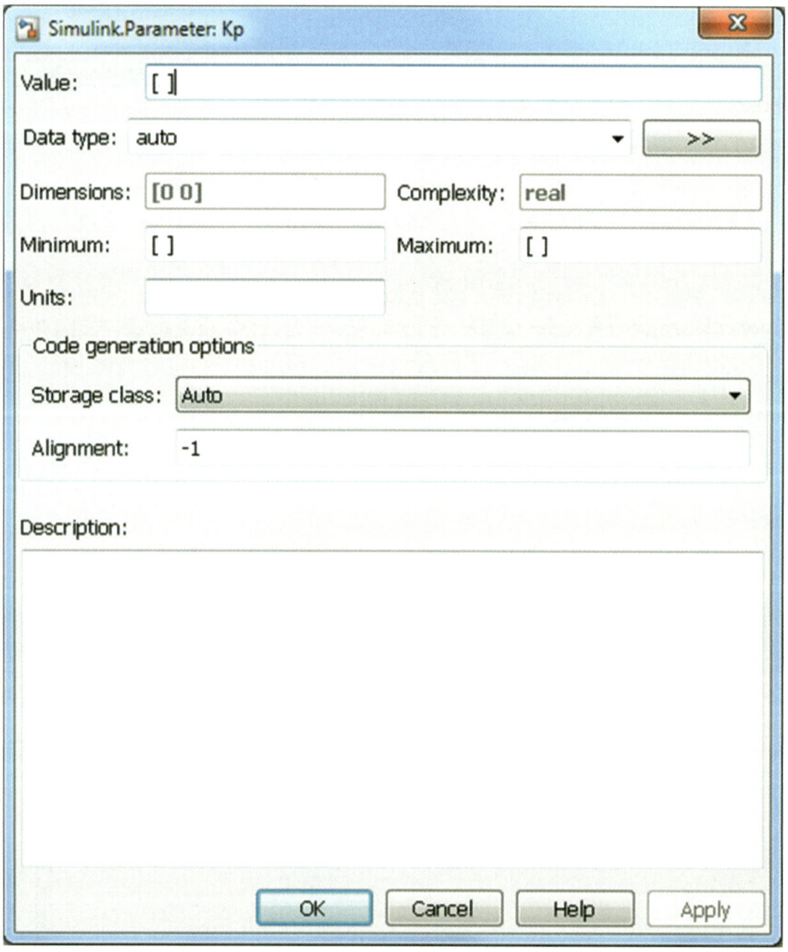

그림 8.8 Simulink.Parameter Data Object 의 속성들

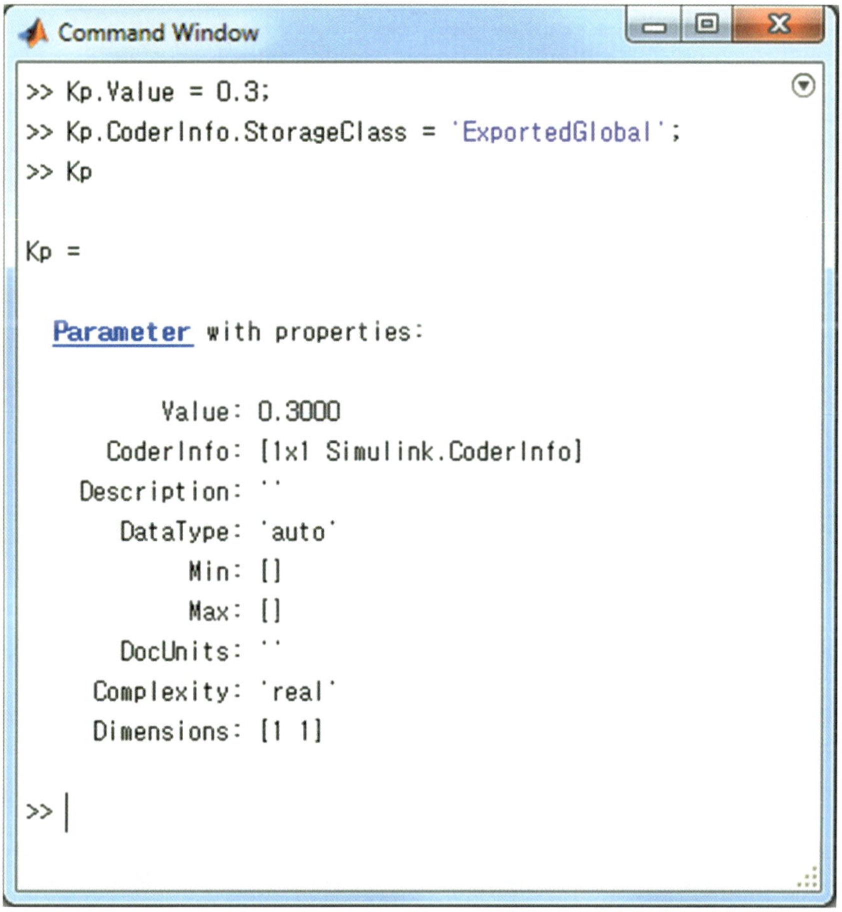

그림 8.9 Simulink.Parameter Data Object 의 속성들

이 상태에서 코드를 생성하면, Kp parameter 의 Storage class 가 Exported Global 형태로 코드가 생성된다. 단, 앞의 4-4-2 절에서 다룬바와 같이 parameter 의 Storage class 를 변경하기 위해서는 먼저 그림 8.10 과 같이 모델 Configuration Parameters 의 Optimization 카테고리 내의 Inline parameters 옵션을 선택해야 한다.

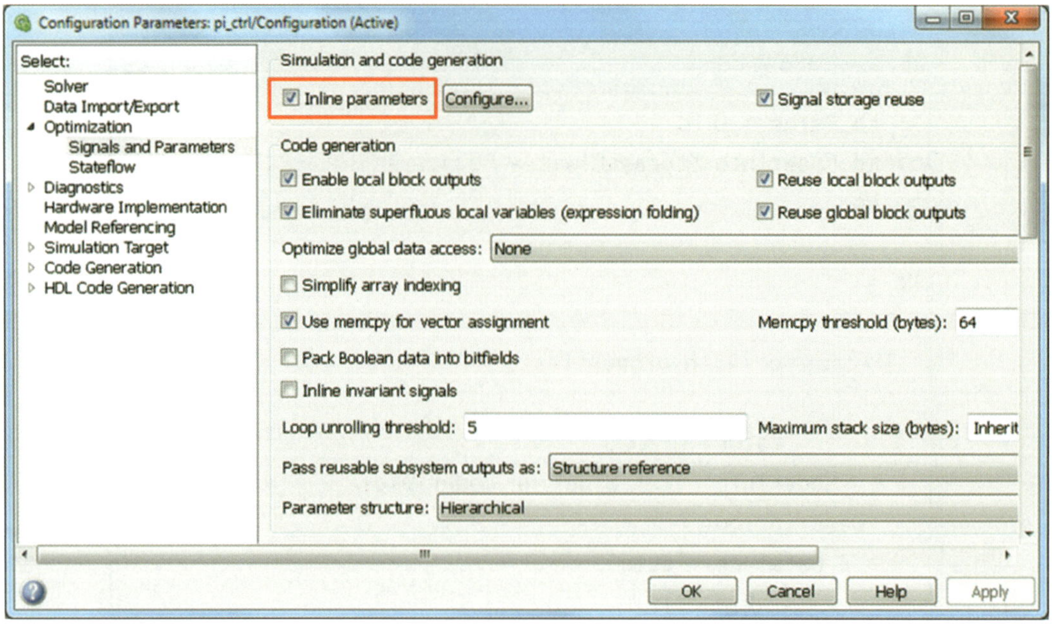

그림 8.10 Simulink.Parameter Storage class 변경을 위한 Inline paramters 옵션 세팅

Inline parameters 옵션을 선택 후 생성된 코드는 그림 8.11 과 같다. Ki, Ts 와 같은 다른 parameter 들은 Inline parameters 옵션에 의해 코드 상에 직접 숫자로 쓰여진 반면(pi_ctrl.c 파일의 44 **번째 줄**), Kp 는 ExportedGlobal Storage class 선택에 의해 pi_ctrl.c 소스 파일 상단에 직접 선언되어 있으며(pi_ctrl.c 파일의 20 **번째 줄**), pi_ctrl.h 헤더 파일에서 extern 선언되어 있다.

pi_ctrl.c

```
16 #include "pi_ctrl.h"
17 #include "pi_ctrl_private.h"
18
19 /* Exported block parameters */
20 real_T Kp = 0.3;                    /* Variable: Kp
21                                      * Referenced by: '<S1>/proportional_gain'
22                                      */
23
24 /* Block states (auto storage) */
25 DW_pi_ctrl pi_ctrl_DW;
26
27 /* External inputs (root inport signals with auto storage) */
28 ExtU_pi_ctrl pi_ctrl_U;
29
```

```
/* External outputs (root outports fed by signals with auto storage) */
ExtY_pi_ctrl pi_ctrl_Y;

/* Model step function */
void pi_ctrl_step(void)
{
  real_T rtb_yi;

  /* Sum: '<S1>/Sum1' incorporates:
   *  Gain: '<S1>/integral_gain'
   *  Gain: '<S1>/sample_time'
   *  Inport: '<Root>/error'
   *  UnitDelay: '<S1>/Unit Delay'
   */
  rtb_yi = 0.01 * pi_ctrl_U.error * 2.0 + pi_ctrl_DW.yi_prev;

  /* Outport: '<Root>/ctrl_output' incorporates:
   *  Gain: '<S1>/proportional_gain'
   *  Inport: '<Root>/error'
   *  Sum: '<S1>/Sum'
   */
  pi_ctrl_Y.ctrl_output = Kp * pi_ctrl_U.error + rtb_yi;

  /* Update for UnitDelay: '<S1>/Unit Delay' */
  pi_ctrl_DW.yi_prev = rtb_yi;
}
```

pi_ctrl.h

```
/*
 * Exported Global Parameters
 *
 * Note: Exported global parameters are tunable parameters with an exported
 * global storage class designation.  Code generation will declare the memory for
 * these parameters and exports their symbols.
 *
 */
extern real_T Kp;                       /* Variable: Kp
                                         * Referenced by: '<S1>/proportional_gain'
                                         */

```

그림 8.11 Simulink.Parameter Data Object에 의한 Kp의 Storage class 변경

Simulink Data Object 는 parameter 뿐 아니라 signal 에도 적용이 가능하다. 예를 들어 "error" 라는 이름의 signal 이 있다면, MATLAB Command Window 에서 아래와 같이 입력하여 그 signal 이름과 동일한 Simulink Data Object 를 만든다.

```
>> error = Simulink.Signal;
```

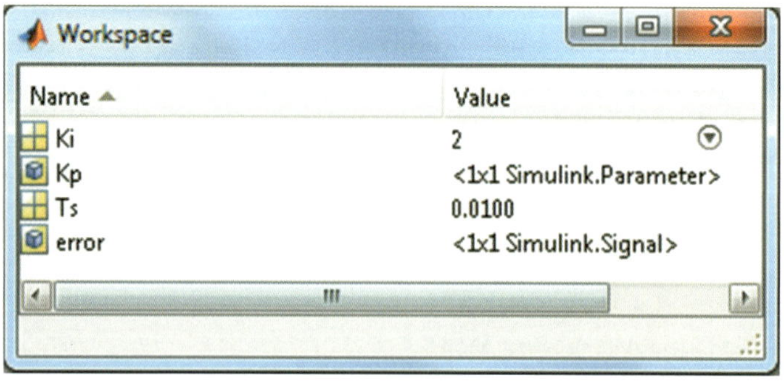

만들어진 Simulink.Signal Data Object 의 속성을 Simulink 에서 활용하기 위해 그림 8.12 와 같이 그 signal 의 속성창(signal 을 선택한 상태에서 마우스 오른쪽 버튼을 클릭하고 Properties 항목을 선택하여 연다.)에서 Signal name must resolve to Simulink signal object 옵션을 선택한다. Simulink 의 signal 에는 표시가 나타나며, Code Generation 탭의 Storage class 선택 옵션은 비활성화된다. 결국 signal 의 속성을 Simulink Data Object 로 부터 가져 오겠다는 의미이다.

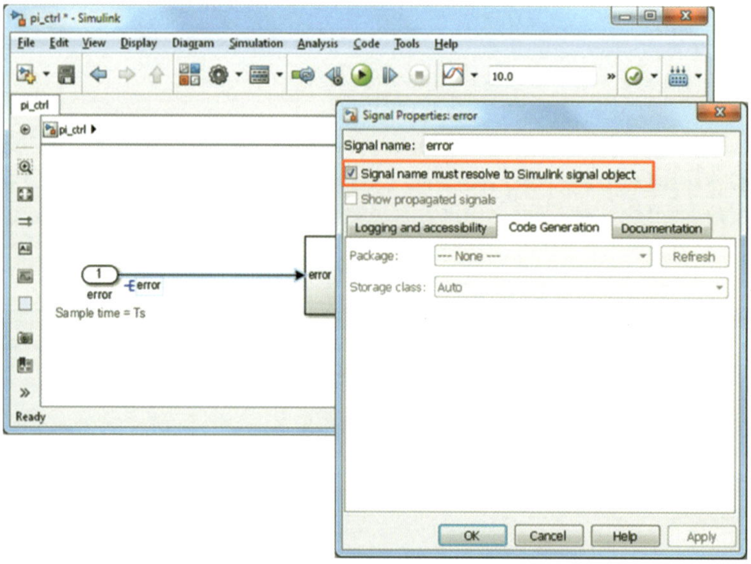

그림 8.12 Signal 에 대한 속성을 Simulink Data Object 로 부터 가져오기 위한 세팅

"error" signal 에 대한 Storage class 를 변경하기 위해 MATLAB Command Window 에서 아래와 같이 입력하여 실행한다.

```
>> error.CoderInfo.StorageClass = 'ImportedExtern';
```

변경된 옵션의 적용을 확인하기 위해 현재 모델에서 코드를 재생성해 보자. ImportedExtern Storage class 선택에 의해 그림 8.13 과 같이 입력에 해당하는 pi_ctrl_U 변수의 선언이 사라지고, pi_ctrl_step 함수 내부에서 error 라는 변수가 직접 사용된다. (pi_ctrl.c 파일의 41 **번째 줄**) 그리고 pi_ctrl_private.h 헤더 파일에서 error 데이터를 extern 선언하고 있다.

pi_ctrl.c

```
16 #include "pi_ctrl.h"
17 #include "pi_ctrl_private.h"
18
19 /* Exported block parameters */
20 real_T Kp = 0.3;                              /* Variable: Kp
21                                                 * Referenced by: '<S1>/proportional_gain'
22                                                 */
23
24 /* Block states (auto storage) */
25 DW_pi_ctrl pi_ctrl_DW;
26
27 /* External outputs (root outports fed by signals with auto storage) */
28 ExtY_pi_ctrl pi_ctrl_Y;
29
30 /* Model step function */
31 void pi_ctrl_step(void)
32 {
33   real_T rtb_yi;
34
35   /* Sum: '<S1>/Sum1' incorporates:
36    *  Gain: '<S1>/integral_gain'
37    *  Gain: '<S1>/sample_time'
38    *  Inport: '<Root>/error'
39    *  UnitDelay: '<S1>/Unit Delay'
40    */
41   rtb_yi = 0.01 * error * 2.0 + pi_ctrl_DW.yi_prev;
```

```
  /* Outport: '<Root>/ctrl_output' incorporates:
   *  Gain: '<S1>/proportional_gain'
   *  Inport: '<Root>/error'
   *  Sum: '<S1>/Sum'
   */
  pi_ctrl_Y.ctrl_output = Kp * error + rtb_yi;

  /* Update for UnitDelay: '<S1>/Unit Delay' */
  pi_ctrl_DW.yi_prev = rtb_yi;
}
```

pi_ctrl_private.h

```
/* Imported (extern) block signals */
extern real_T error;                        /* '<Root>/error' */

```

그림 8.13 Simulink.Signal Data Object 에 의한 "error" Signal 의 Storage class 변경

지금까지는 사실 Simulink Data Object 가 무엇인지 감을 잡기 위한 기본적 설명이었다. 감만 잡았다면 그것으로 족하다. 만약 실제적으로 MATLAB 에서 항상 하나씩 명령어를 쳐가며 Simulink Data Object 를 만들어야 한다면, 아마 많은 사용자들은 Simulink Data Object 를 활용하는 것을 애초에 포기할지도 모른다. 일반적으로 Simulink Data Object 를 만들거나 그 속성을 바꾸기 위해 항상 이렇게 MATLAB 명령어를 사용하지는 않는다. 바로 Model Explorer 라는 훌륭한 UI 가 있기 때문이다. 다음 절에서는 Model Explorer 를 활용하여 Simulink Data Object 들을 다루는 방법을 소개한다.

8-3. Model Explorer 를 활용한 Simulink Data Object 다루기

Model Explorer 는 Simulink 모델의 정보뿐 아니라 MATLAB Workspace 정보도 함께 보여준다. 그림 8.14 와 같이 Model Explorer 왼쪽 창에서 Base Workspace 를 선택하게 되면 가운데 창에서 현재 MATLAB 의 Workspace 에 저장된 데이터들을 나열하여 보여준다. 특히 앞의 8-2 절을 통해 만들어진 Kp 라는 Simulink.Parameter 를 선택해 보자. 그러면, 오른쪽 창에서 그 Simulink Data Object 의 속성을 UI 환경으로 보여주게 된다. 바로 Model Explorer 의 장점은 여기에서 다시 나타난다. 앞의 8-2 절에서 MATLAB 명령어로 처리했던 바로 그 Simulink Data Object 들의 속성들을 사실 바로 이 Model Explorer 를 통해 GUI 환경으로 다루는 것이 가능하다. 더우기 Simulink Data Object 들을 만들 때도 그림 8.15 와 같은 Model Explorer 상단의 버튼을 이용하거나 Add 메뉴를 통해 쉽게 만들 수 있다.

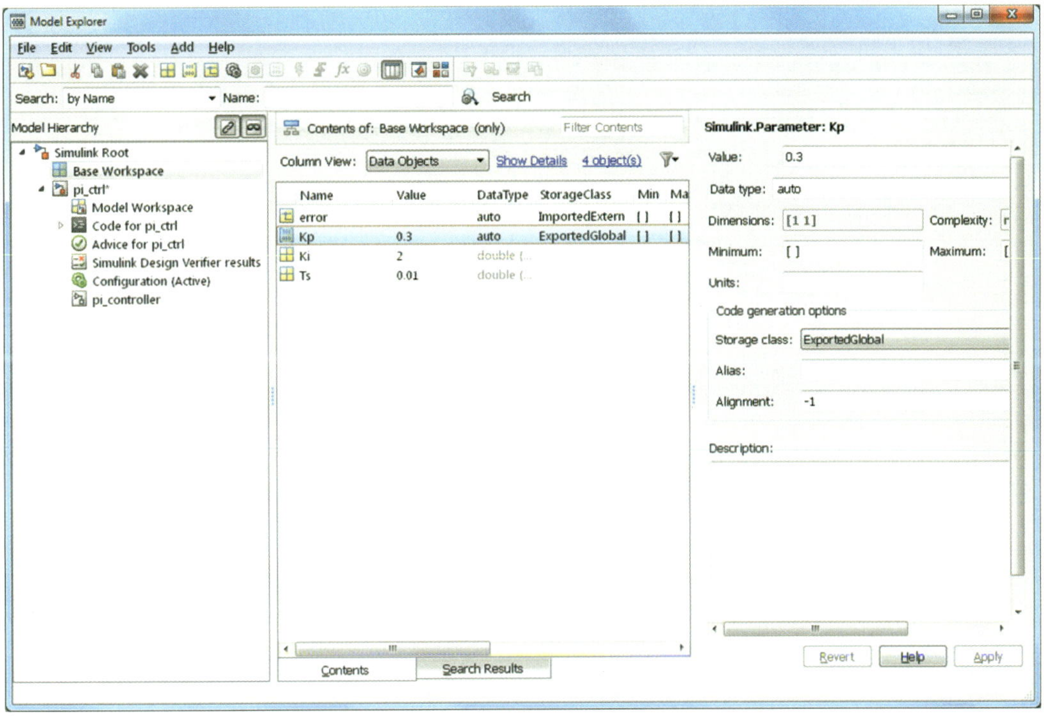

그림 8.14 Model Explorer 에서 MATLAB Workspace 보기

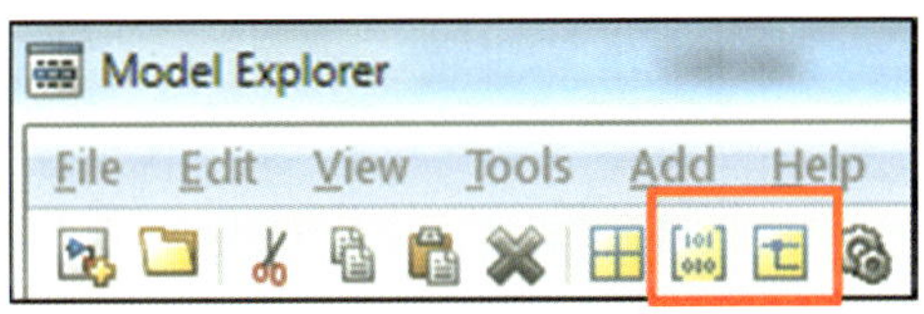

그림 8.15 Simulink Data Object 만들기 버튼

그러면 실제로 한번 직접 해보자. (그림 8.16 참조)

① Add Simulink Signal 버튼 클릭

② 만들어진 Simulink.Signal Data Object 의 이름을 적용코자 하는 모델의 signal 이름(그림 8.16 의 예는 모델의 출력 signal 인 ctrl_output 으로 지정)으로 변경

③ 원하는 Storage class 선택

④ pi_controller Subsystem 내 ctrl_output signal 의 속성을 Data Object 로 부터 받아오기 위해 MustResolveToSignalObject 항목 선택

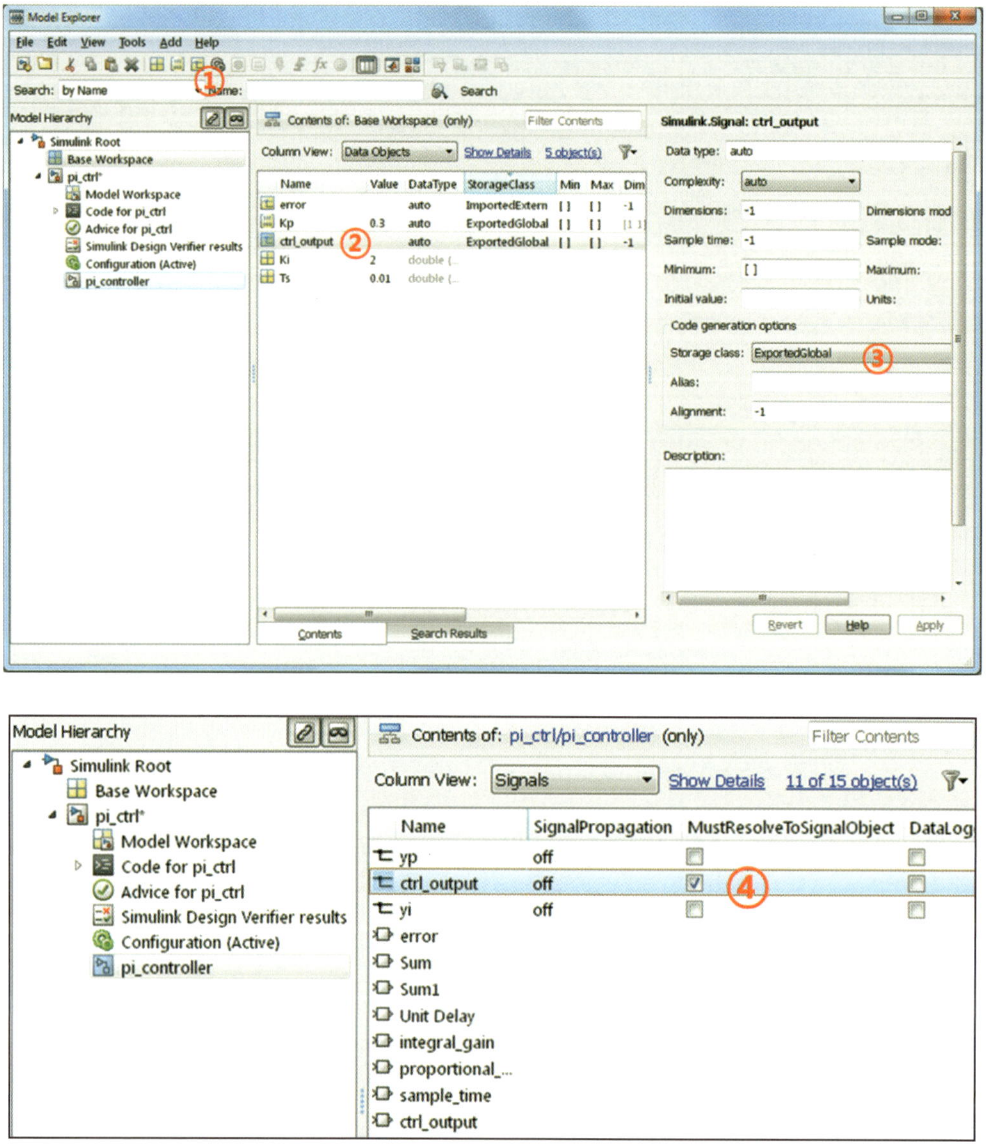

그림 8.16 Model Explorer 를 활용한 Simulink Data Object 만들기 및 Storage class 변경

위의 ④번 항목은 signal 에 대한 속성을 Simulink Data Object 를 이용하여 세팅하려고 한다면 반드시 수행해야 하는 절차이다. 여러 개의 signal 에 대해서 Simulink Data Object 를 만들었다면, 8-1 절에서 다룬 바와 같이 Model Explorer 에서 해당하는 signal 들을 키보드의 Ctrl 이나 Shift 버튼을 활용하여 모두 선택해 한번에 체크하는 것이 가능하다. Model Explorer 의 이 편리한 기능은 반드시 잊지 않고 활용하기를 추천한다.

8-4. Data Object Wizard 를 활용하여 Simulink Data Object 만들기

Simulink 는 모델 내에 존재하는 모든 데이터들에 대해 자동으로 Data Object 를 만들 수 있는 기능을 제공한다. 그것이 바로 Data Object Wizard 이다. 이 기능을 활용해 보기 위해 예제 모델은 모두 초기 상태(Simulink Data Object 가 만들어져 있지 않은 상태)로 돌려 놓고 진행해 보도록 하겠다.

Data Object Wizard 는 그림 8.17 과 같이 모델 내 Code 메뉴에서 찾을 수 있다.

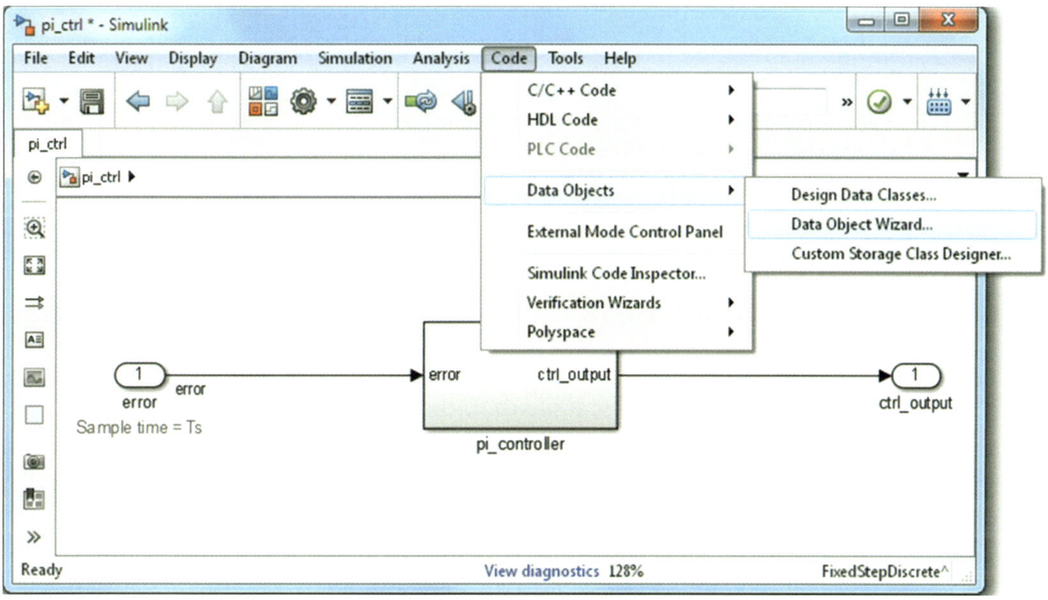

그림 8.17 Data Object Wizard 열기

Data Object Wizard 메뉴를 선택하면 그림 8.18 과 같은 창이 열린다. 그 때 아래와 같은 순서로 작업한다.

① 창 하단의 Find 버튼을 클릭한다. 이를 통해 모델 내에 존재하는 모든 데이터의 리스트가 창 내부에 나타나게 된다.[16] 또한, 아래의 Find options 를 통해 찾고자 하는 데이터의 종류를 선택할 수도 있다.

② 찾아진 리스트에서 Data Object 로 만들고자 하는 데이터를 선택한다. 만약 모두 Data Object 로 만들고자 한다면, Select All 버튼을 클릭한다.

[16] 이름을 지정하지 않은 signal 데이터는 Data Object 를 만들어 모델에 적용할 수 없기 때문에 리스트에 나타나지 않는다.

③ 마지막으로 Create 버튼을 클릭하면 선택된 데이터들에 대해 자동으로 Data Object 가 만들어 진다.

Data Object Wizard 는 Simulink Data Object 를 만드는 초기 과정에서는 매우 유용한 도구가 될 것이다. 기존에 이미 만들어진 Simulink Data Object 들이 있다면, Data Object Wizard 는 그 데이터를 찾기 리스트에 포함시키지 않는다. 따라서 기존에 만들어진 Data Object 가 Data Object Wizard 에 의해 덮어쓰여질 염려는 없다.

또한, parameter 데이터들에 대해서도 기존의 MATLAB 변수를 Simulink.Parameter Data Object 로 변경시켜 준다. 만약, 기존 MATLAB 변수를 유지하고 싶다면 주의하여 사용할 필요가 있다.

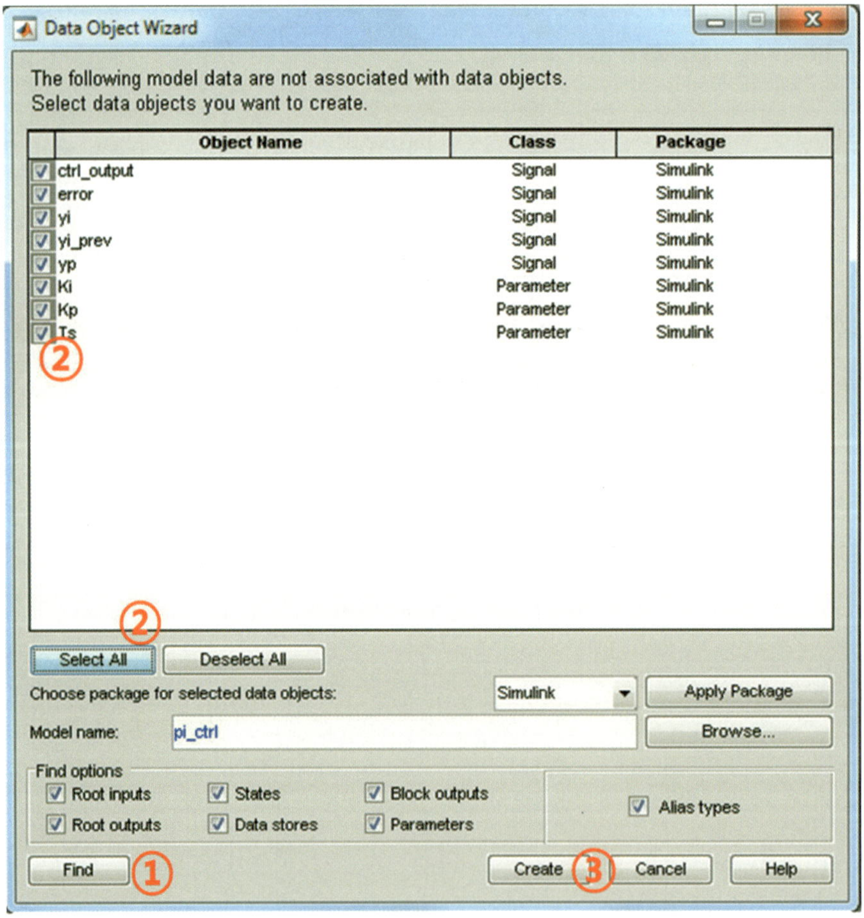

그림 8.18 Data Object Wizard 창

Chapter 8 직접 한번 해봅시다

Simulink 의 signal 및 parameter 데이터들은 모두 Simulink Data Object 를 이용하여 코드 생성을 위한 Storage class 를 변경할 수 있다. 앞서 다뤄온 pi_ctrl 모델의 모든 signal 및 parameter 데이터들에 대해 Data Object Wizard 를 이용하여 Simulink Data Object 를 만들고 Model Explorer 를 활용하여 모든 Storage class 를 한번에 ExportedGlobal 로 변경 후 코드를 생성해 보자. 이 때, signal 과 parameter 의 데이터 속성을 Simulink Data Object 로부터 가져오기 위해서는 모든 signal 에 대해 MustResolveToSignalObject 항목이 선택되어야 하고, parameter 를 위해서는 Optimization 카테고리의 Inline parameters 라는 옵션이 선택되어야 한다는 것을 잊지 말자.

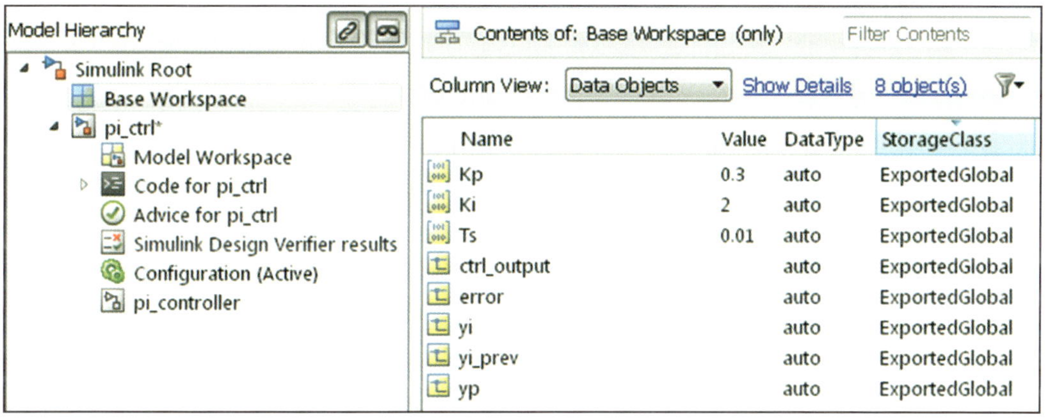

Chapter **9**

Simulink 에서의 데이터 구조와 코드 생성

9-1. Simulink 에서의 배열과 구조체 데이터

Simulink 를 이용하여 모델링하고자 하는 알고리즘이 복잡할 경우, 모델의 크기가 커지고 각 블록간의 데이터의 흐름을 표현하는 signal 선들이 많아지게 된다. 이것은 모델을 한눈에 파악하기 어렵게 할 뿐 아니라, 모델을 수정하려 할 때에도 번거로운 작업들을 요구한다. 사실 많은 양의 데이터를 활용하여 C 코드를 작성할 때에도 유사한 번거로운 작업은 있기 마련이다. 예를 들어, C 프로그램에서 함수간의 데이터 교환시 많은 양의 데이터를 함수의 입력 변수로 표현하려 하면 함수의 프로토타입이 길어져 함수의 사용이 불편해 질 수 있다. 이 경우, 대개 선택하는 방법은 관련된 데이터들을 묶어 배열이나 구조체 변수로 표현하는 것이다. Simulink 의 경우에도 이러한 데이터의 구조화가 가능하다.

Simulink 의 데이터는 MATLAB 에 기반을 두고 있어 모든 signal 데이터는 배열로 생각할 수 있다. 모델의 입력인 Inport 블록의 Signal Attributes 항목에는 그림 9.1 에서 보이는 바와 같이 Port dimensions 라는 옵션이 존재하며, 기본값으로 -1 이 지정되어 있다. -1 은 Simulink 가 자동으로 배열의 크기를 결정한다는 것을 의미하며, 특별한 배열 크기를 지정하지 않거나 그 signal 을 받아 동작하는 블록에서 벡터나 행렬 연산을 하지 않는다면, 일반적으로 배열의 크기가 1 인 scalar 변수를 취하게 된다. 만약, 유저가 직접 그 배열의 크기를 지정한다면, Simulink 는 그 signal 과 연결되는 모든 블록으로 그 배열의 크기를 전달하여 각 배열의 요소들을 모두 연산에 활용하게 된다. 그림 9.2 는 pi_ctrl 모델에서 Inport 블록의 Port dimension 을 3 으로 세팅한 후 생성된 코드이다.

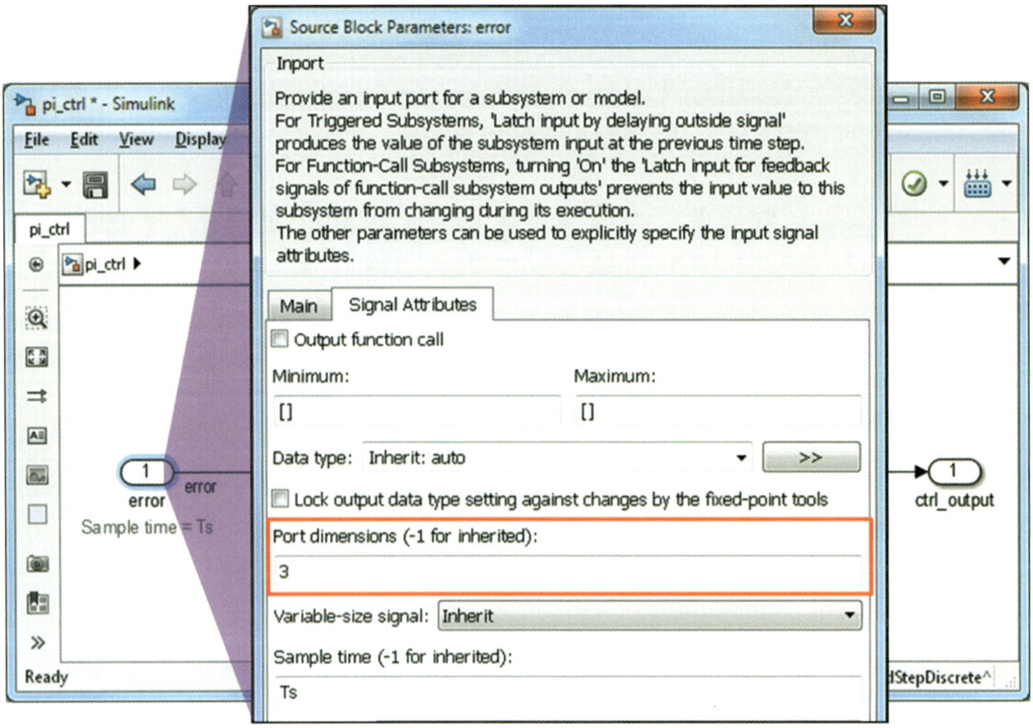

그림 9.1 Simulink Inport 블록의 Port dimensions

```
/* Model step function */
void pi_ctrl_step(void)
{
  real_T rtb_yi_idx_0;
  real_T rtb_yi_idx_1;
  real_T rtb_yi_idx_2;

  /* Sum: '<S1>/Sum1' incorporates:
   *  Gain: '<S1>/integral_gain'
   *  Gain: '<S1>/sample_time'
   *  Inport: '<Root>/error'
   *  UnitDelay: '<S1>/Unit Delay'
   */
  rtb_yi_idx_0 = 0.01 * pi_ctrl_U.error[0] * 2.0 + pi_ctrl_DW.yi_prev[0];
  rtb_yi_idx_1 = 0.01 * pi_ctrl_U.error[1] * 2.0 + pi_ctrl_DW.yi_prev[1];
  rtb_yi_idx_2 = 0.01 * pi_ctrl_U.error[2] * 2.0 + pi_ctrl_DW.yi_prev[2];
```

```

    /* Outport: '<Root>/ctrl_output' incorporates:
     * Gain: '<S1>/proportional_gain'
     * Inport: '<Root>/error'
     * Sum: '<S1>/Sum'
     */
    pi_ctrl_Y.ctrl_output[0] = 0.3 * pi_ctrl_U.error[0] + rtb_yi_idx_0;
    pi_ctrl_Y.ctrl_output[1] = 0.3 * pi_ctrl_U.error[1] + rtb_yi_idx_1;
    pi_ctrl_Y.ctrl_output[2] = 0.3 * pi_ctrl_U.error[2] + rtb_yi_idx_2;

    /* Update for UnitDelay: '<S1>/Unit Delay' */
    pi_ctrl_DW.yi_prev[0] = rtb_yi_idx_0;
    pi_ctrl_DW.yi_prev[1] = rtb_yi_idx_1;
    pi_ctrl_DW.yi_prev[2] = rtb_yi_idx_2;
}
```

그림 9.2 배열 데이터로 부터 생성된 코드

만약 각각의 scalar 데이터를 합하여 배열을 만들고자 한다면 그림 9.3 과 같이 Signal Routing 라이브러리에 있는 Mux 블록을 활용한다. 반대로 배열의 각 요소를 인덱싱하려 한다면 Demux 블록을 사용하여 각 요소들을 분리하거나 Selector 블록을 활용하여 필요한 요소들을 뽑아 활용한다.

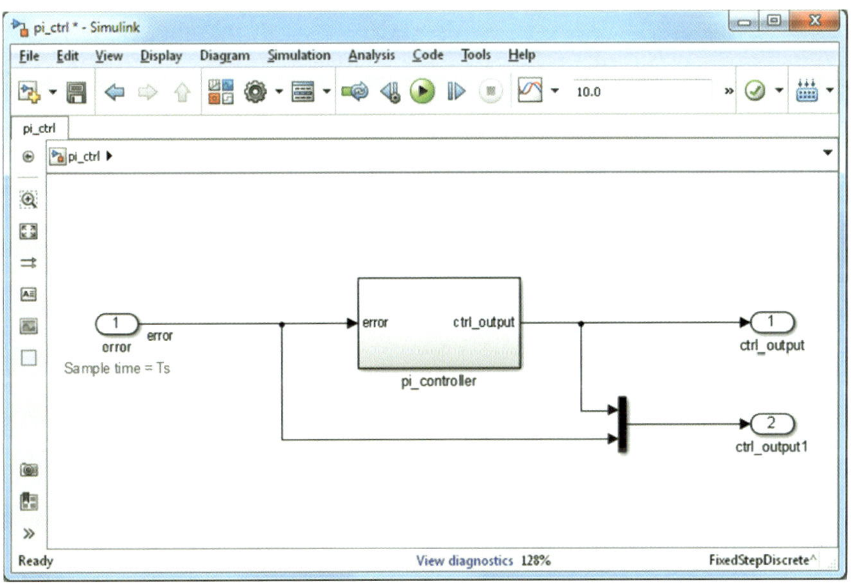

그림 9.3 Mux 블록의 사용 예

그러나 이렇게 각 데이터를 합하여 배열을 만든다는 것은 각 데이터의 데이터 타입이 동일할 때만 가능한 사항이다. 이것은 C 코드에서 각 배열 데이터는 초기에 하나의 변수로 선언하는 것을 생각해 보면 쉽게 이해할 수 있다. 그림 9.4 는 앞의 배열 데이터로부터 생성된 코드의 데이터 선언부이다.

```
/* Block states (auto storage) for system '<Root>' */
typedef struct {
  real_T yi_prev[3];                  /* '<S1>/Unit Delay' */
} DW_pi_ctrl;

/* External inputs (root inport signals with auto storage) */
typedef struct {
  real_T error[3];                    /* '<Root>/error' */
} ExtU_pi_ctrl;

/* External outputs (root outports fed by signals with auto storage) */
typedef struct {
  real_T ctrl_output[3];              /* '<Root>/ctrl_output' */
} ExtY_pi_ctrl;
```

그림 9.4 배열 데이터의 데이터 선언

그러면 C 언어에서 데이터 타입이 다른 두개의 데이터를 하나의 변수로 표현할 수 있는 방법은 뭐가 있을까? 바로 구조체 변수이다. C 언어에서의 구조체 변수는 각기 데이터 타입이 다른 멤버변수들을 포함할 수 있으며, 유저가 직접 정의하는 데이터 타입을 갖는다. 그러나 Simulink 의 측면은 조금 다르다. 각기 다른 데이터 타입을 갖는 signal 들을 합쳐 하나의 signal 로 표현한 것을 Simulink 에서는 Bus 라고 하며 유저가 구조체라는 데이터형을 정의하지 않아도 Bus 라는 signal 을 만들 수 있다. 그림 9.5 는 이러한 Bus 의 사용 예를 보여주고 있다. Bus signal 은 Simulink 의 기본 라이브러리인 Signal Routing 라이브러리에 있는 Bus Creator 블록에 의해 만들어 지며, Bus Selector 블록을 이용하여 합쳐진 Bus signal 을 분리하거나 원하는 signal 만을 뽑아낼 수 있다.

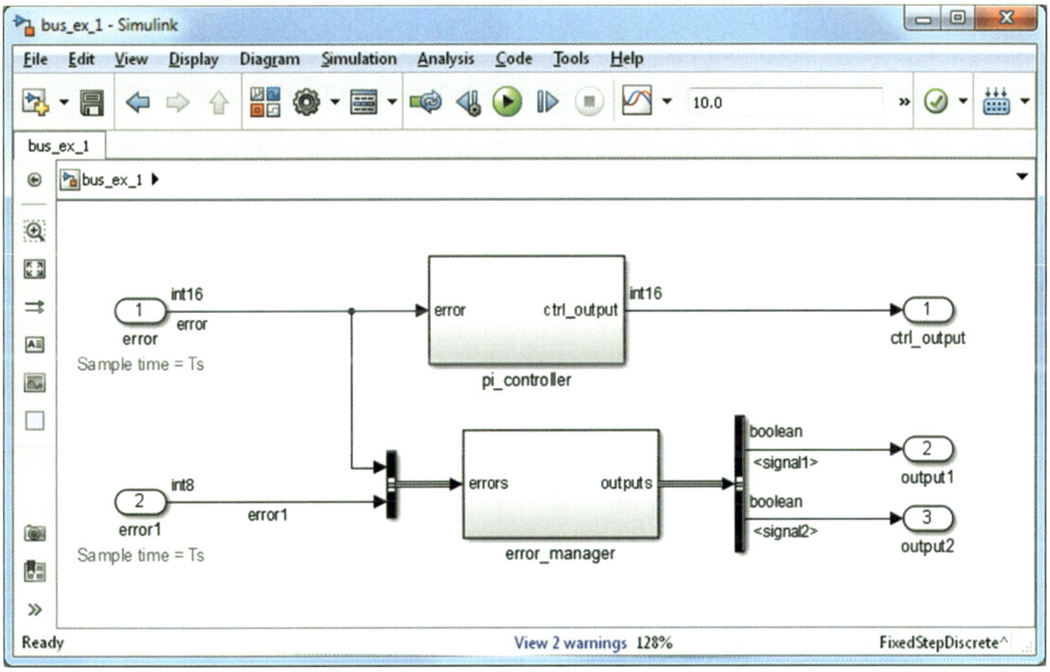

그림 9.5 Simulink Bus 의 사용 예

그림 9.5 와 같이 각 모듈을 Subsystem 으로 구분하여 모델을 구성할 경우, Subsystem 들의 입출력 signal 로서 Bus 를 활용하면 인터페이스에 관련된 signal 선들이 간결해져 모델에 대한 가독성이 크게 향상될 수 있다. 하지만, 이러한 Bus 를 사용할 때에는 주의할 사항이 있다.

그림 9.6 은 Bus Creator 로 만들어진 Bus signal 을 모델의 출력인 Outport 블록에 직접 연결한 모델의 예이다. 그림 9.7 은 이 모델로부터 simulation 을 수행했을 때 발생한 에러 메시지이다. 발생한 에러는 모델의 출력 signal 데이터 타입과 관련된다. Outport 블록에 의해 만들어지는 모델의 출력은 Simulink 모델 자체에서 뿐만아니라 코드 생성 시에도 하나의 변수로 표현되게 되며, Bus signal 에 대해 이러한 출력 데이터의 데이터 타입을 자동으로 지정할 수가 없다. 이를 해결하기 위해서는 유저가 정의하는 구조체형 데이터 타입을 블록의 데이터 타입으로 지정해야 한다. 이는 C 언어에서 구조체 데이터를 선언하기 위해 구조체 정의를 선행해야 하는 것과 유사하다고 볼 수 있다.

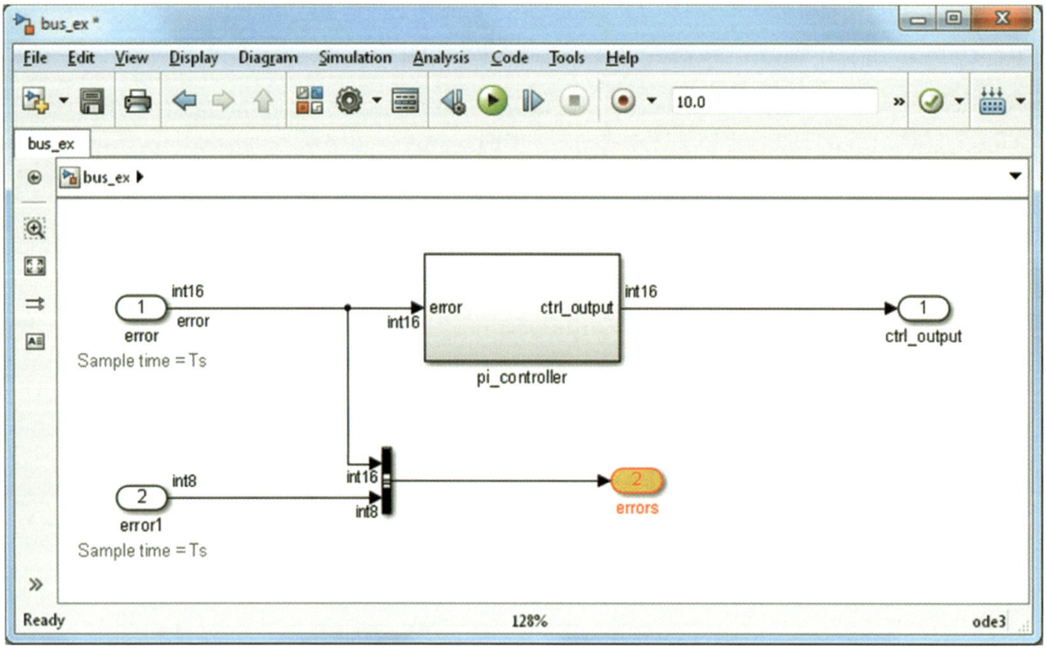

그림 9.6 Bus 의 잘못된 사용 예

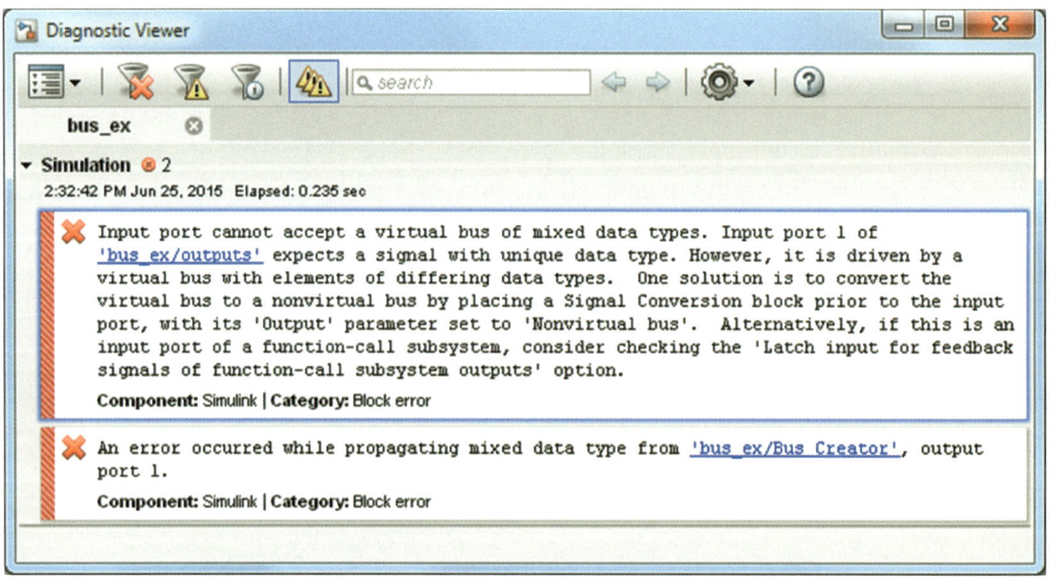

그림 9.7 Bus 의 잘못된 사용으로 부터 발생하는 에러 메시지

Simulink 의 Bus signal 은 결국 Virtual Bus 와 Non-virtual Bus 두가지 형태가 있다. Virtual Bus 는 단지 시각적로만 하나의 signal 로 보이는 가상적인 signal 들의 모음을 말한다. 이에 반해

Non-virtual Bus 는시각적으로 signal 들을 묶어줄 뿐만 아니라 Bus signal 자체를 구조체형 데이터 타입으로 세팅하여 실제 구조체형 데이터를 블록간에 주고 받을 수 있는 형태이다.

표 9.1 Bus 의 정의 및 종류

Bus	계층적 구조를 갖는 signal 들의 모음
Virtual Bus	시각적 편리성을 위한 가상적인 Bus signal
Non-virtual Bus	그 자체의 저장 공간을 갖는 구조체형 Bus signal

Non-virtual Bus signal 을 만들기 위해서는 C 언어의 구조체 선언과 유사하게 Bus signal 에 대한 타입 정의가 선행되어야 하며, 이것을 가능하게 해주는 것이 바로 Bus Object 이다. 다음 절에서는 이러한 Bus Object 에 대해 상세히 알아보도록 하겠다.

9-2. Simulink Bus Object

Bus Object 는 Chapter 8 에서 다룬 Simulink Data Object 와 유사하게 Model Explorer 를 이용하여 만들 수 있다. 그림 9.8 과 같이 Model Explorer 왼쪽의 Model Hierachy 에서 Base Workspace 를 선택하고 Add 메뉴를 클릭한 후 Simulink Bus 를 선택하면 MATLAB 의 Workspace 에 Bus Object 가 만들어진다.

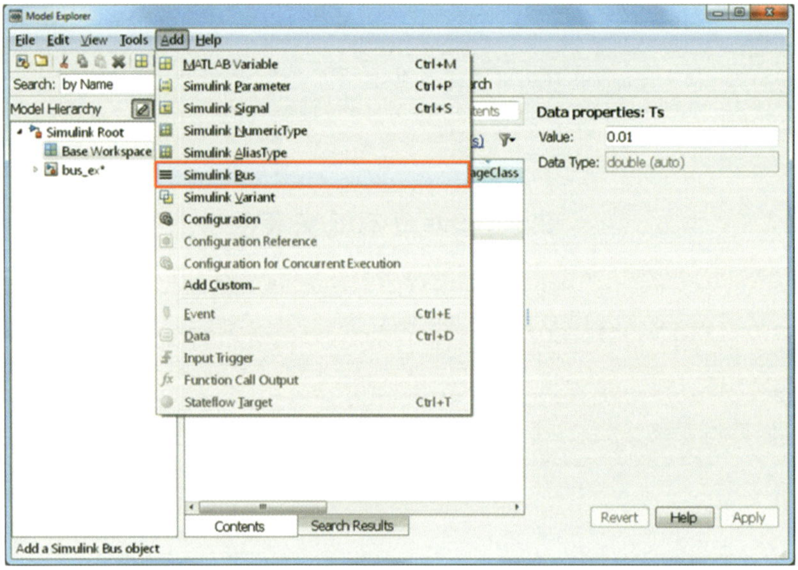

그림 9.8 Model Explorer 를 이용한 Bus Object 만들기

만들어진 Bus Object 를 선택하고 그림 9.9 와 같이 Model Explorer 의 오른쪽 하단의 [Launch Bus Editor] 버튼을 클릭하면 그림 9.10 과 같은 Bus Editor 라는 새로운 창이 열린다. 바로 이곳에서 구조체의 멤버들을 정의할 수 있다.

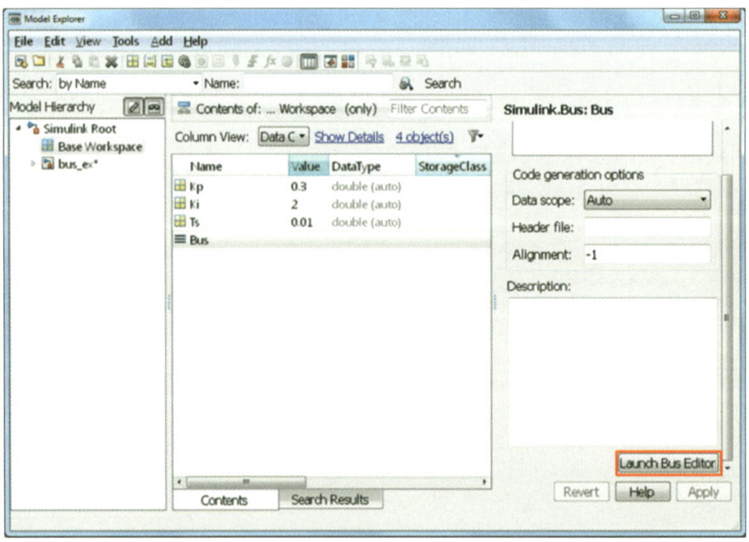

그림 9.9 Model Explorer 로 부터 Bus Editor 창 열기

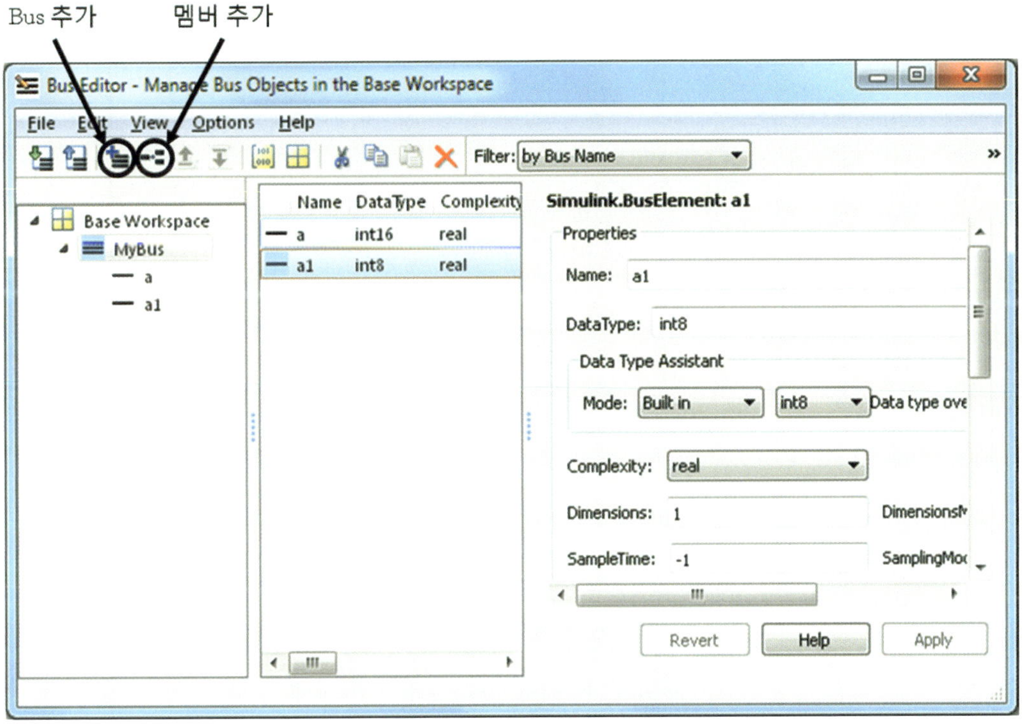

그림 9.10 Bus Editor 창

그림 9.10 과 같이 Bus Editor 창의 상단에는 새로운 Bus Object 를 추가할 수 있는 버튼과 Bus Object 내부의 멤버들을 추가할 수 있는 버튼이 있다. 여기서는 Bus Object 의 이름을 MyBus 라는 이름으로 변경하고 데이터 타입이 int16 인 멤버 a 와 int8 인 멤버 a1 을 추가해 보았다. 각 멤버들의 데이터 타입은 먼저 멤버를 추가하고 선택하면 Bus Editor 오른쪽에서 각 요소들의 데이터 타입 및 그 속성들을 설정할 수 있다.

그러면 이제 이러한 Bus Object 를 모델의 Bus signal 에 적용해 보자. 정의된 Bus Object 를 Bus signal 에 적용하기 위해서는 Bus signal 을 만드는 Bus Creator 블록에서 설정한다. Bus Creator 블록을 더블클릭하여 열리는 창에 보면 그림 9.11 과 같이 Bus signal 의 Output data type 을 설정하는 항목이 있다.

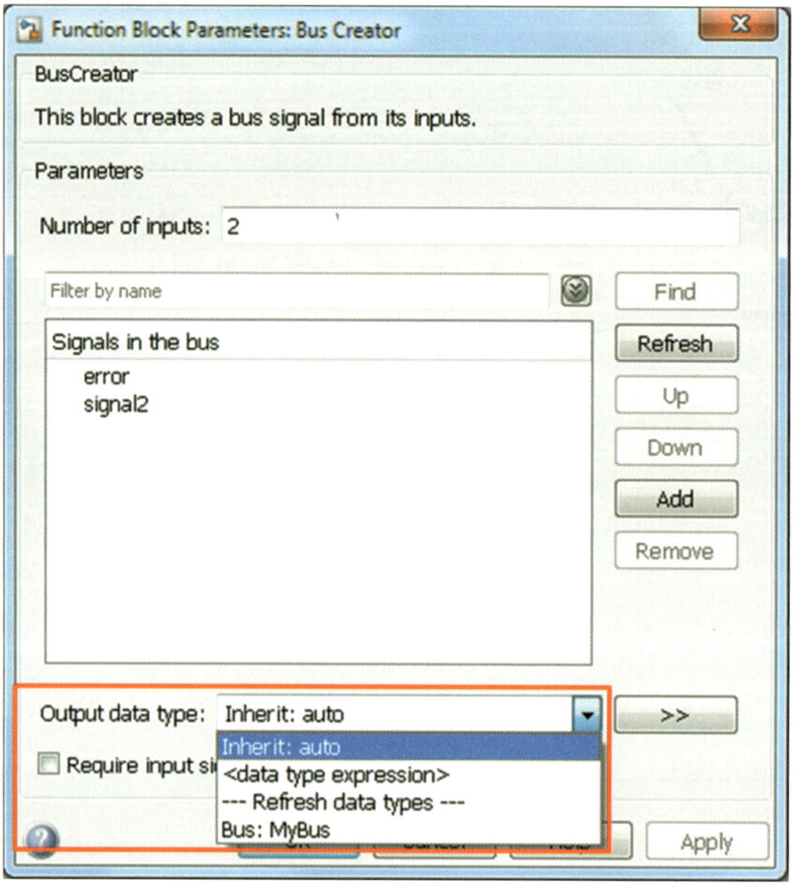

그림 9.11 Bus Creator 의 데이터 타입 세팅

Output data type 항목 내에는 이미 존재하는 Bus Object 들의 리스트가 나타나게 된다. 여기서 앞서 만든 MyBus 라는 Bus Object 를 선택하면, 이제 Bus Creator 로 만들어진 signal 은 MyBus 라는 구조체 정의를 활용하는 구조체 변수가 된다. 모델의 출력 signal 인 Outport 블록은 이러한 구조체를 그대로 전달받기 때문에 이 데이터 또한 동일한 구조체 데이터 타입이 되어야한다. 하지만, 구조체 데이터 타입은 유저가 정의한 데이터 타입이기 때문에 Simulink 는 자동으로 그 데이터 타입을 상속하지 못하며 직접 데이터 타입을 정의할 필요가 있다. 그림 9.12 는 Outport 블록의 데이터 타입을 동일한 Bus Object 로 세팅하는 예를 보여 준다.[17]

[17]실제로 만들어진 Bus Object 가 있다면, 반드시 Bus Creator 를 통해 데이터타입이 정의될 필요는 없으며, 모델의 입력인 Inport 블록에서도 이와 같이 Bus Object 를 데이터 타입으로 가질 수 있다.

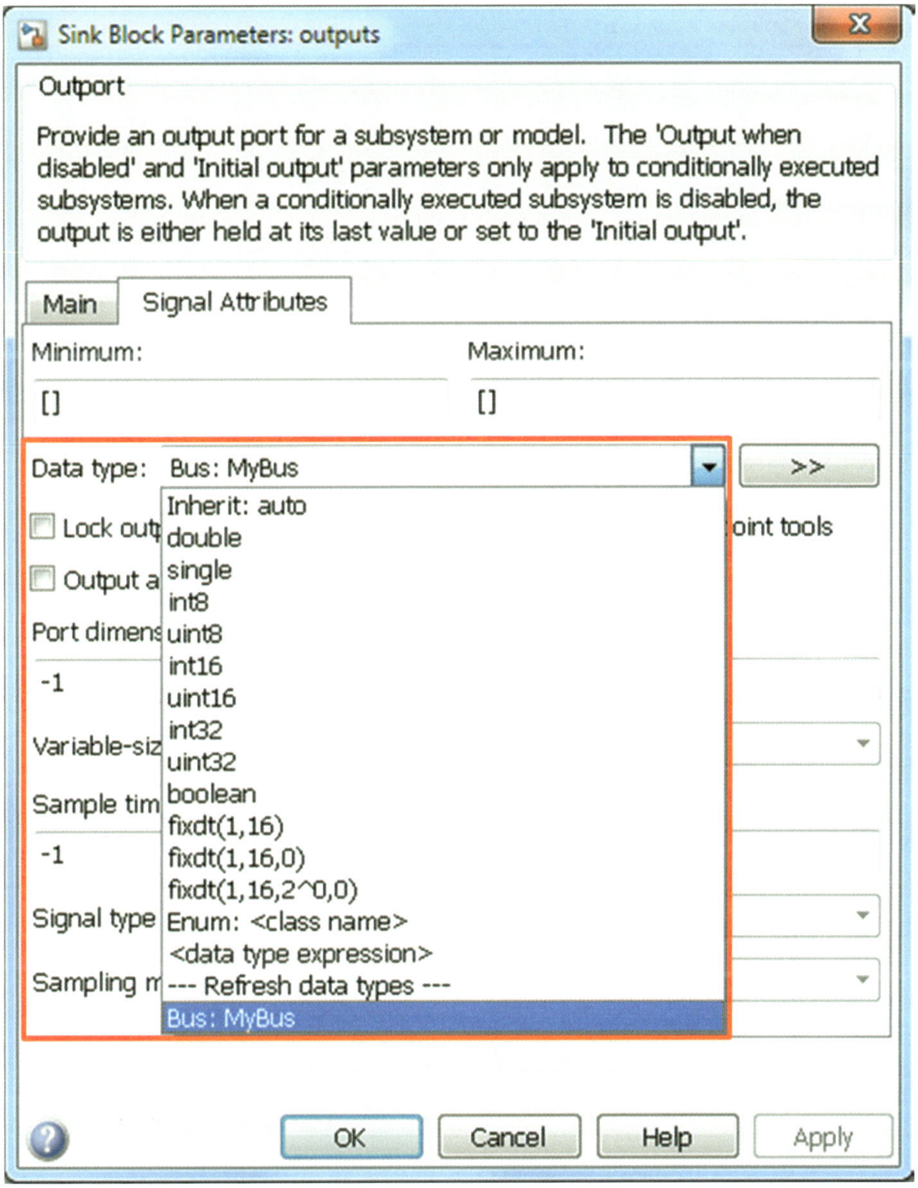

그림 9.12 모델의 출력 데이터 타입으로 Bus Object 의 사용

그림 9.13 은 Bus Object 로 데이터 타입을 세팅한 후 생성한 코드이다.

bus_ex_types.h

```
typedef struct {
  int16_T a;
  int8_T a1;
} MyBus;
```

bus_ex.h

```c
#include "bus_ex_types.h"

/* Macros for accessing real-time model data structure */

/* Block states (auto storage) for system '<Root>' */
typedef struct {
  int16_T yi_prev;                    /* '<S1>/Unit Delay' */
} DW_bus_ex;

/* External inputs (root inport signals with auto storage) */
typedef struct {
  int16_T error;                      /* '<Root>/error' */
  int8_T error1;                      /* '<Root>/error1' */
} ExtU_bus_ex;

/* External outputs (root outports fed by signals with auto storage) */
typedef struct {
  int16_T ctrl_output;                /* '<Root>/ctrl_output' */
  MyBus outputs;                      /* '<Root>/outputs' */
} ExtY_bus_ex;
```

bus_ex.c

```c
/* External outputs (root outports fed by signals with auto storage) */
ExtY_bus_ex bus_ex_Y;

...
   *  Inport: '<Root>/error'
   *  Inport: '<Root>/error1'
   */
  bus_ex_Y.outputs.a = bus_ex_U.error;
  bus_ex_Y.outputs.a1 = bus_ex_U.error1;
```

그림 9.13 Bus Object 를 활용한 구조체 데이터로의 코드 생성

유저가 정의한 데이터 타입이기 때문에 MyBus 구조체의 type definition 은 *model*_types.h (bus_ex_types.h) 헤더 파일에서 이루어진다. 이 모델에서는 모델의 출력 데이터가 바로 이 구조체 타입으로 선언되어야 하기 때문에, *model*.h (bus_ex.h) 헤더 파일에서 출력 데이터의 타입선언시 이러한 구조체의 type definition 이 활용되고 있다. *model*.c (bus_ex.c) 소스 파일에서는 이 구조체 타입으로 선언된 구조체 변수가 활용된다.

9-3. Simulink parameter 의 Bus Object 활용

앞서 우리는 Simulink signal 에 **Bus Object** 를 활용하는 방법에 대해 알아보았다. Simulink 의 데이터는 signal 외에 parameter 데이터가 존재하며, 모델의 parameter 가 많아 질 경우 원하는 parameter 들을 구조체로 묶어 코드를 생성하기를 원할 수 있을 것이다. Simulink parameter 데이터에도 **Bus Object** 를 활용하여 독립된 구조체 변수의 선언이 가능하다.

본 예제에서는 pi_ctrl 모델의 Kp, Ki 제어 게인들을 하나의 구조체로 표현해 보고자 한다. 이 작업을 위해서는 모든 Simulink parameter 데이터들을 하나의 MATLAB 구조체 변수로 먼저 지정할 필요가 있다. MATLAB 의 구조체 변수는 아래와 같은 간단한 MATLAB 명령어로 처리가 가능하다.

```
>> ControlParamStruct.Kp = Kp;
>> ControlParamStruct.Ki = Ki;
```

이번에는 Simulink 모델의 parameter 들을 Simulink.Parameter Data Object 로 만들어 보자.

```
>> ControlParams = Simulink.Parameter;
```

물론, **Model Explorer** 를 사용하여 만들어도 상관없다. 이제 ControlParams 라는 이름의 **Simulink.Parameter Data Object** 의 **Value** 속성에 MATLAB 의 구조체 변수를 대입한다.

```
>> ControlParams.Value = ControlParamStruct
```

이제 ControlParams **Data Object** 의 **DataType** 속성을 **Bus Object** 로 지정하는 일만 남아있다. 먼저 **Bus Object** 를 만들기 위해 **Bus Editor** 창을 열어 작업해 보자. 앞 절에서 다룬 것과 같이 **Model Explorer** 를 통해 **Bus Object** 를 만들고 그것에서부터 **Bus Editor** 창을 열어 작업할 수도 있지만, 이번에는 MATLAB 명령으로 바로 **Bus Editor** 창을 열어 보겠다. **Bus Editor** 는 MATLAB 명령 창에서 아래와 같은 buseditor 라는 명령으로 한번에 열려질 수 있으며, Bus Editor 내부의 버튼들을 활용하여 Bus 와 그 멤버들을 쉽게 추가할 수 있다..

```
>> buseditor
```

이번 예제에서는 그림 9.14 와 같이 MyParamBus 라는 Bus 를 추가하고 그 멤버로서 Kp 와 Ki 를 추가하였다.

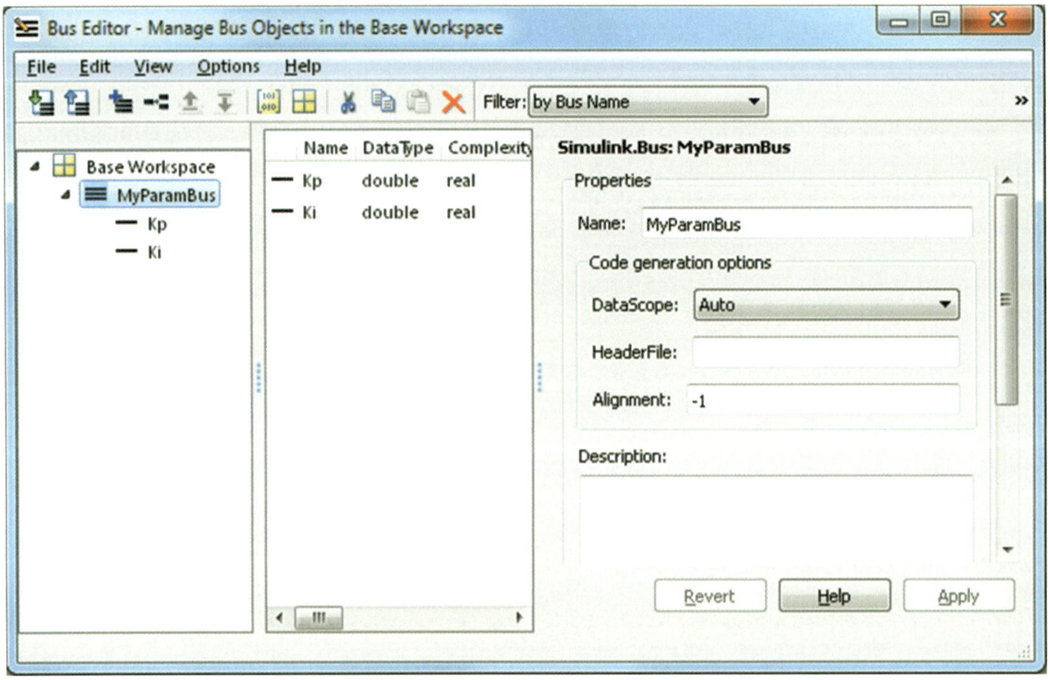

그림 9.14 예제에서 활용한 Bus Object

만들어진 Bus Object 를 ControlParam 이라는 Simulink.Parameter Data Object 의 DataType 속성으로 지정하기 위해 Model Explorer 를 활용해 보자. 그림 9.15 와 같이 ControlParams Data Object 의 Data type 항목에는 만들어진 Bus Object 가 리스트에 포함되며 이 데이터 타입을 선택함으로서 이제 ControlParams 라는 구조체 타입의 변수를 모델에서 활용할 수 있게 된다. 코드 생성 시 이러한 변화를 반영하게 위해 그림 9.16 과 같이 ControlParams 의 Storage class 는 ExportedGlobal 로 세팅해 보겠다. Simulink parameter 에 Storage class 옵션을 반영하기 위해 Configuration Parameters 의 Optimization 카테고리에 있는 Inline parameters 옵션이 켜져있어야 함을 잊지 말자.

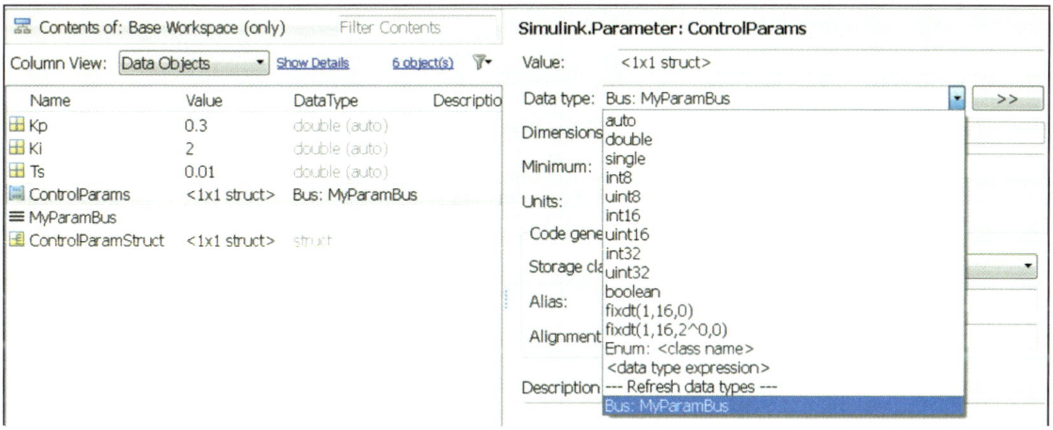

그림 9.15 구조체 Parameter 데이터의 데이터 타입으로서 Bus Object 를 적용

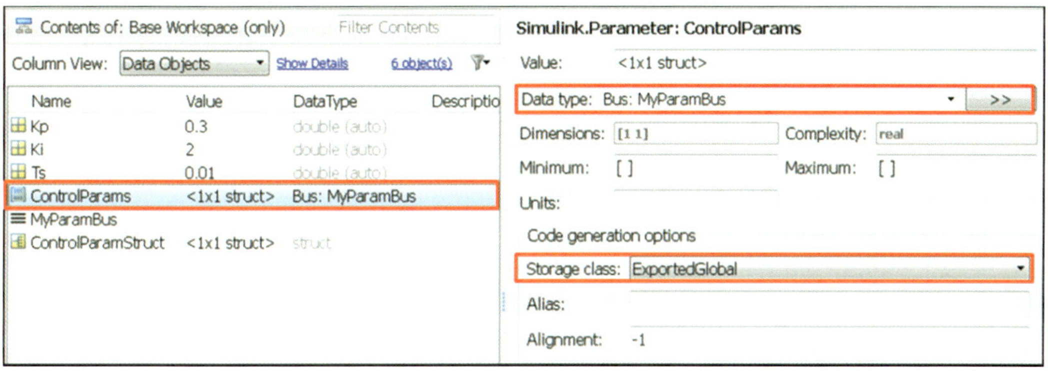

그림 9.16 구조체 Parameter 데이터의 Storage class 변경

이제 이렇게 만들어진 ControlParams Data Object 를 실제 모델의 parameter 에 반영하는 작업이 남았다. 구조체 parameter 데이터를 모델에 반영하기 위해서는 그림 9.17 과 같이 MATLAB 의 구조체 인덱싱 방법을 그대로 활용한다.

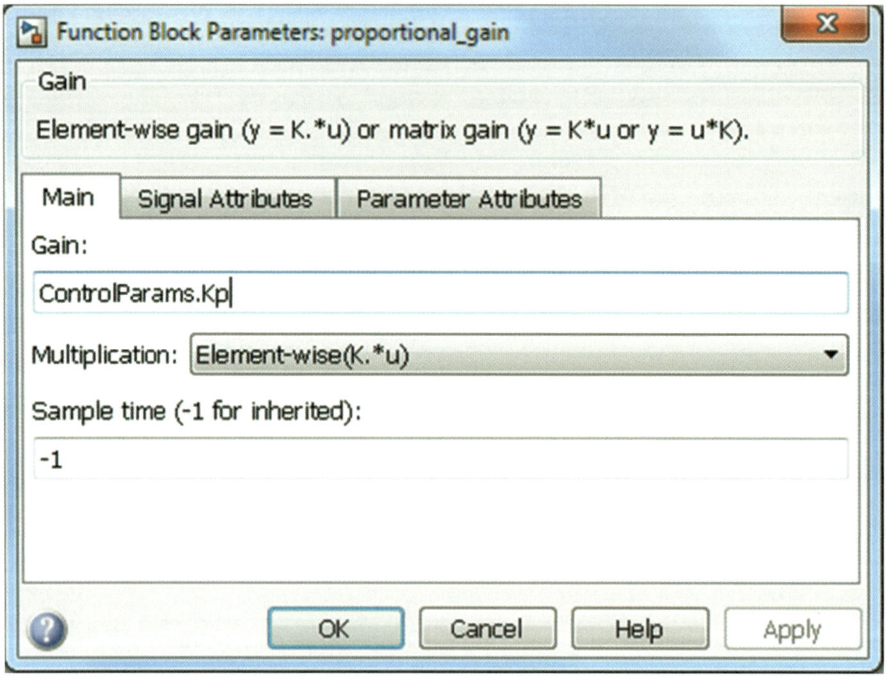

그림 9.17 모델의 parameter 로서구조체 parameter 데이터의 적용

구조체 parameter 를 pi_ctrl 모델의 Kp 와 Ki 제어 게인에 적용한 결과 모델은 그림 9.18 과 같다.

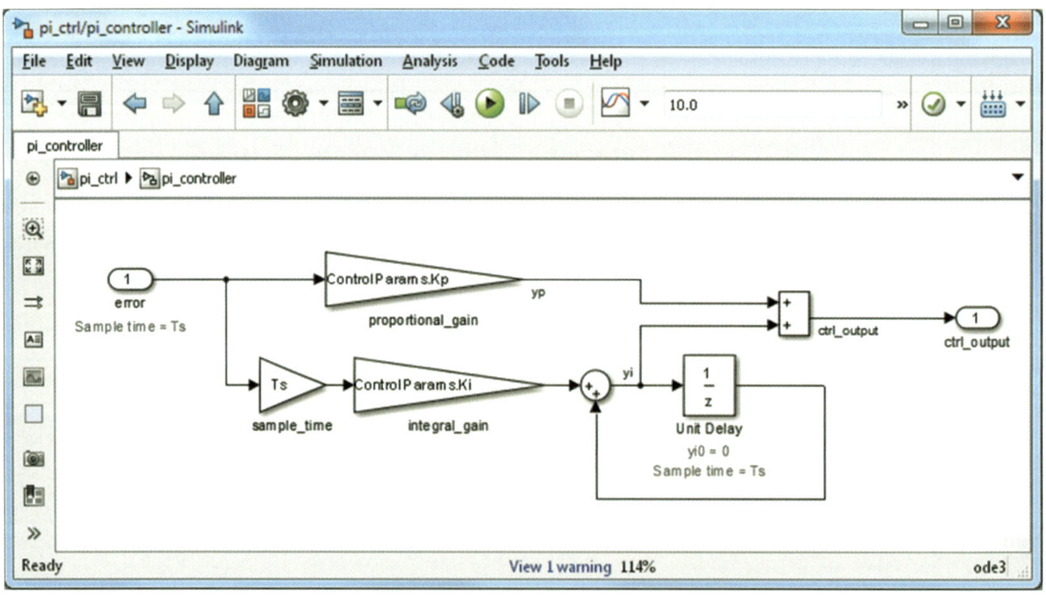

그림 9.18 구조체 parameter 데이터가 적용된 모델

그림 9.19 는 Simulink 모델 parameter 데이터의 일부를 구조체로 지정하고, Bus Object 를 데이터 타입으로 지정한 후 모델로부터 생성된 코드이다. pi_ctrl_types 헤더 파일에서 MyParamBus 라는 Bus Object 의 이름이 구조체의 type definition 으로 활용되었으며, ControlParams 가 pi_ctrl.c 소스 파일에서 MyParamBus 라는 데이터 타입으로 선언되어 활용된다. 또한, ControlParams paramter 데이터는 ExportedGlobal Storage class 에 의해 pi_ctrl.h 헤더 파일에서 extern 선언된다.

pi_ctrl_types.h

```
typedef struct {
  real_T Kp;
  real_T Ki;
} MyParamBus;
```

pi_ctrl.c

```
#include "pi_ctrl.h"
#include "pi_ctrl_private.h"

/* Exported block parameters */
MyParamBus ControlParams = {
  0.3,
  2.0
} ;                                         /* Variable: ControlParams
                                             * Referenced by:
                                             *   '<S1>/integral_gain'
                                             *   '<S1>/proportional_gain'
                                             */

/* Block states (auto storage) */
DW_pi_ctrl pi_ctrl_DW;

/* External inputs (root inport signals with auto storage) */
ExtU_pi_ctrl pi_ctrl_U;

/* External outputs (root outports fed by signals with auto storage) */
ExtY_pi_ctrl pi_ctrl_Y;

/* Model step function */
void pi_ctrl_step(void)
{
  real_T rtb_yi;

```

```
  /* Sum: '<S1>/Sum1' incorporates:
   *  Gain: '<S1>/integral_gain'
   *  Gain: '<S1>/sample_time'
   *  Inport: '<Root>/error'
   *  UnitDelay: '<S1>/Unit Delay'
   */
  rtb_yi = 0.01 * pi_ctrl_U.error * ControlParams.Ki + pi_ctrl_DW.yi_prev;

  /* Outport: '<Root>/ctrl_output' incorporates:
   *  Gain: '<S1>/proportional_gain'
   *  Inport: '<Root>/error'
   *  Sum: '<S1>/Sum'
   */
  pi_ctrl_Y.ctrl_output = ControlParams.Kp * pi_ctrl_U.error + rtb_yi;

  /* Update for UnitDelay: '<S1>/Unit Delay' */
  pi_ctrl_DW.yi_prev = rtb_yi;
}
```

pi_ctrl.h

```
/*
 * Exported Global Parameters
 *
 * Note: Exported global parameters are tunable parameters with an exported
 * global storage class designation.  Code generation will declare the memory for
 * these parameters and exports their symbols.
 *
 */
extern MyParamBus ControlParams;       /* Variable: ControlParams
                                        * Referenced by:
                                        *   '<S1>/integral_gain'
                                        *   '<S1>/proportional_gain'
                                        */

```

그림 9.19 구조체 parameter 데이터가 적용된 모델로 부터 생성된 코드

Chapter 9 직접 한번 해봅시다

Simulink Bus Object 를 만드는 방법은 Model Explorer 를 활용하는 방법에서부터 Bus Editor 를 활용하는 방법 및 MATLAB 명령을 활용하는 방법 등 매우 다양하다. 여러가지 UI 환경을 활용하여 Bus Object 를 만드는 방법은 Bus Object 를 처음 사용하는 유저들에게는 큰 도움이 된다. 하지만 모델이 커지고 Bus Object 의 활용이 많아지면 질수록 여러번의 버튼 클릭과 다양한 창의 활용은 번거로운 작업이 될 수도 있다.

Bus Object 의 활용이 잦아지면 질수록 대부분의 Bus Object 들이 유사한 작업 패턴으로 만들어지게 됨을 깨닫곤 한다. 이 때, 보다 빠르고 일관된 작업 방식을 찾게 될 것이며 이것이 바로 MATLAB Script 의 활용이다. 여기서는 본문에서 다룬 MyParamBus 라는 이름의 Bus Object 를 MATLAB Script 로 만들어 작업하는 예를 한번 수행해 본다.

예제 MATLAB 프로그램

```
MyParamBus = Simulink.Bus;
member(1) = Simulink.BusElement;
member(1).Name = 'Kp';
member(2) = Simulink.BusElement;
member(2).Name = 'Ki';
MyParamBus.Elements = member;
clearmember;
```

Chapter **10**

Stateflow 차트의 코드 생성

10-1 Stateflow 차트

Stateflo 는 유한 상태 기계(Finite State Machine)를 모델링하는 도구로서, 주로 동적 시스템의 즉각적인 변화가 요구되는 시스템 모델링에 활용된다. 즉, Simulink 가 동적 시스템의 연속적인 변화를 모델링하기에 유용하다면, 실제 supervisory control 이나 scheduling 알고리즘, 모드 로직 등에 해당하는 실시간 제어 시스템의 나머지 부분을 모델링하기 위해 Stateflow 를 함께 사용하면 훨씬 편리하다. Stateflow 는 Simulink 내에서 하나의 Subsystem 으로서 동작하며, Simulink 의 signal 을 Stateflow 차트의 입출력 데이터로 활용한다.

결국 대부분의 제어 시스템 알고리즘은 Stateflow 차트를 포함하는 Simulink 모델로 구성이 되고 코드 생성시 Stateflow 차트에 대한 코드 생성에 대해서 살펴볼 필요가 있다. 하지만, Stateflow 내부에서 활용되는 action 언어는 MATLAB 언어나 C 기반의 언어가 활용되기 때문에 Stateflow 모델링 시 사용한 action 언어 대부분이 그대로 코드상에 표현되며, Simulink 모델에서 코드를 생성할 때와는 달리 최적화를 위한 옵션들이 많지는 않다. 그러나 복잡한 Stateflow 차트로부터의 코드 생성 시 생성된 코드 내부의 함수 파티셔닝 등은 자주 요구되는 사항이고 이번 chapter 에서는 주로 이러한 내용에 대해 다루어 보도록 하겠다.

코드 생성의 기본 방법과 기능을 설명하기 위해 앞서 PI 제어기 모델을 예로 들은 것과 같이 본 chapter 에서는 간단한 Stateflow 차트를 포함하는 또다른 Simulink 모델을 예로 들어 설명을 진행해 본다. 독자들의 보다 쉬운 이해를 위해 그림 10.1 과 같은 Stateflow 의 선형석인 활용 예 중의 하나인 제어기의 On/Off 를 관리하는 간단한 supervisory logic 의 예를 활용해 보겠다. Stateflow 차트의 입력은 failFlag 와 switch 로 구성되며, 그 입력을 받아 제어기의 동작 여부를 판단하여 출력한다.

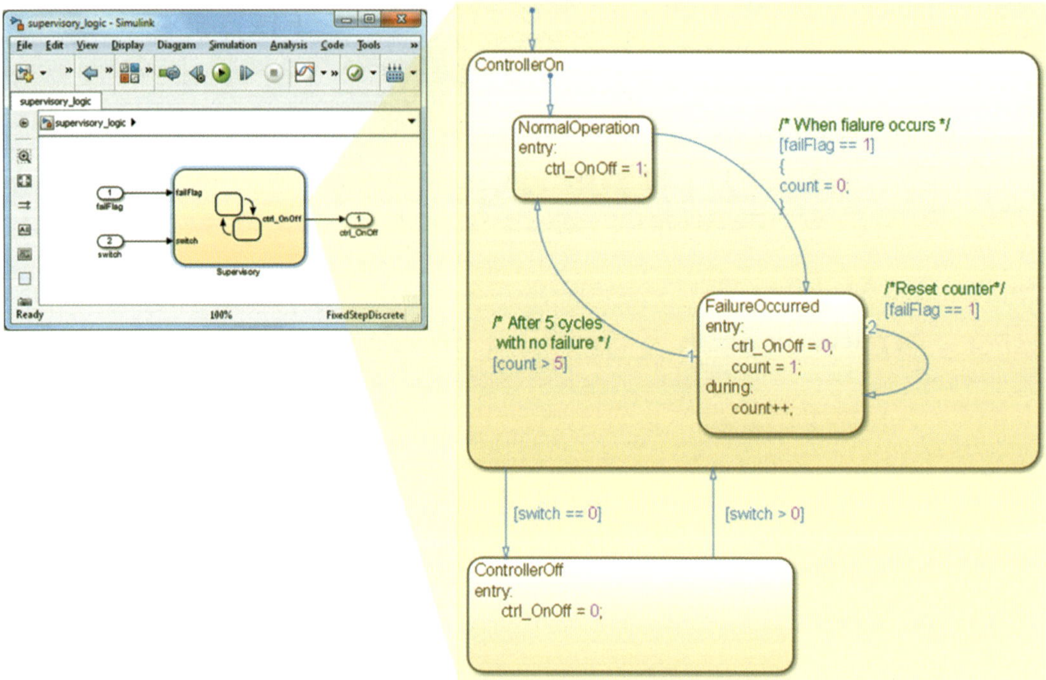

그림 10.1 Stateflow 모델의 예

10-2 Stateflow 차트의 코드 생성

Stateflow 차트는 기본적으로 Simulink 의 **Subsystem** 과 동일하게 동작한다. 따라서 Stateflow 차트를 포함하는 supervisory_logic 이라는 이름의 Simulink 모델부터 코드를 생성하면, 그림 10.2 와 같이 *model*_step 함수와 *model*_initialize 함수, *model*_terminate 함수가 생성되고 그 안에 Stateflow 차트로부터의 코드가 포함된다. Stateflow 차트에 대하여 분리된 함수 코드가 생성되길 원한다면, 앞의 Chapter 7 에서 다룬 방법과 동일한 코드 파티셔닝 방법을 적용하면 된다. 즉, 그림 10.3 와 같이 차트 위에 커서를 놓은 상태에서 마우스 오른쪽 버튼을 클릭하여 열리는 메뉴에서 **Subsystem** 에서 동일한 Block Properties (Subsystem)을 선택하면 Simulink 의 **Subsystem** 에서와 동일한 창이 열리게 된다(그림 10.4).

*model*_step 함수

```
/* Model step function */
void supervisory_logic_step(void)
{
  int32_T tmp;

  /* Chart: '<Root>/Supervisory' incorporates:
   *  Inport: '<Root>/failFlag'
   *  Inport: '<Root>/switch'
   */
  /* Gateway: Supervisory */
  /* During: Supervisory */
  if (supervisory_logic_DW.is_active_c1_supervisory_logic == 0U) {
    /* Entry: Supervisory */
    supervisory_logic_DW.is_active_c1_supervisory_logic = 1U;

    /* Entry Internal: Supervisory */
    /* Transition: '<S1>:10' */
    supervisory_logic_DW.is_c1_supervisory_logic =
      supervisory_log_IN_ControllerOn;

    /* Entry Internal 'ControllerOn': '<S1>
    /* Transition: '<S1>:14' */
    ...visory_logic_DW...
```

*model*_initialize 함수

```
/* Model initialize function */
void supervisory_logic_initialize(void)
{
  /* Registration code */

  /* initialize error status */
  rtmSetErrorStatus(supervisory_logic_M, (NULL));

  /* states (dwork) */
  (void) memset((void *)&supervisory_logic_DW, 0,
                sizeof(DW_supervisory_logic));

  /* external inputs */
  (void) memset((void *)&supervisory_logic_U, 0,
                sizeof(ExtU_supervisory_logic));

  /* external outputs */
  supervisory_logic_Y.ctrl_OnOff = false;

  ...itializeConditio...
```

*model*_terminate 함수

```
/* Model terminate function */
void supervisory_logic_terminate(void)
{
  /* (no terminate code required) */
}
```

그림 10.2 Statechart 를 포함하는 supervisory_logic 이름의 Simulink 모델로 부터 생성된 코드의 일부

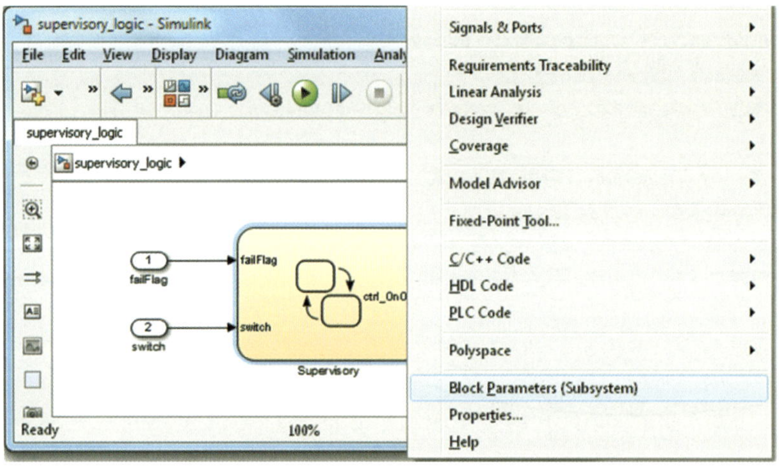

그림 10.3 Stateflow 차트의 코드 파티셔닝

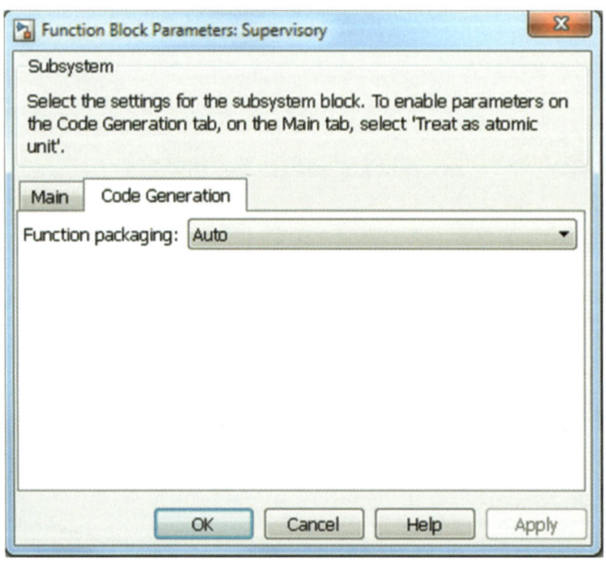

그림 10.4 Simulink Subsystem 과 동일한 Stateflow 차트의 Block Parameters 창

Function Packaging 옵션을 바꾸어 코드를 생성하는 것은 Simulink 의 Subsystem 을 다루는 것과 동일하다. Simulink 의 Subsystem 과 같이 재사용 가능 함수로의 코드 생성을 위해 Mask 를 적용하는 것도 가능하다. Chapter 7 을 참조하며 직접 코드를 생성해 보라.

10-3 Stateflow 차트 내부의 각 state 의 코드 파니셔닝

Stateflow 차트 내부에도 State machine 의 계층 구조가 존재한다. 이러한 State machine 을 Hierachical State Machine 이라고 한다.

현재 예제에서 다루는 Stateflow 차트의 내부도 그림 10.5 와 같은 계층 구조로 구성되어 있다. 즉, 크게는 ControllerOn state 와 ControllerOff state 로 구성되며, ControllerOn state 내부에 NormalOperation state 와 FailureOccured 라는 두개의 Substate 가 존재한다. 이러한 Substate 들을 포함하는 외부의 state 를 Superstate 라고 부른다.

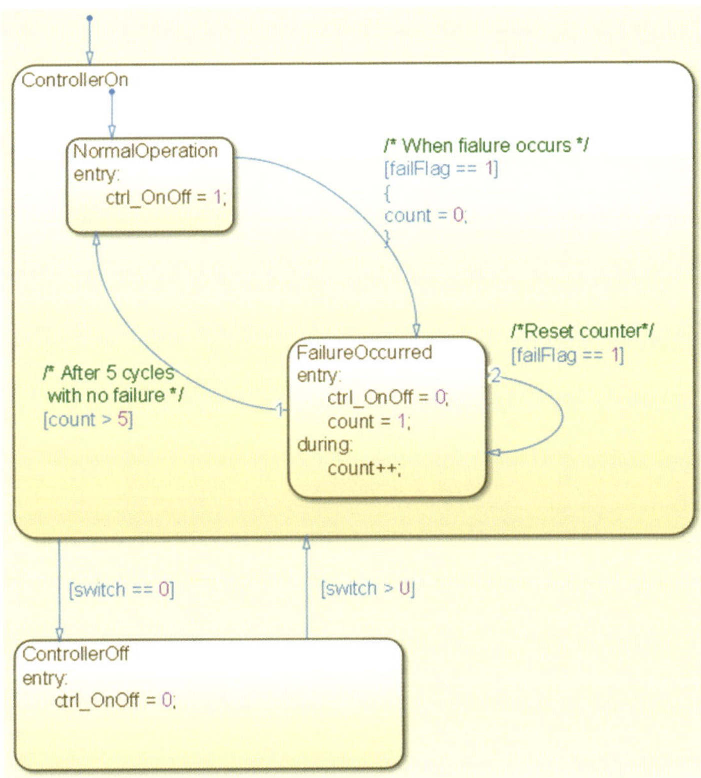

그림 10.5 Hierarchical State Machine 의 예

Simulink 와 마찬가지로 State machine 모델의 내부가 복잡해 지면 질수록 한 화면에 이러한 계층 구조 모델을 다 표현하기가 어려워질 것이고, 이 경우 Simulink 의 Subsystem 과 같이 Superstate 들만을 한 화면에 표현하는 형태로 모델을 변경할 수 있다. 그 작업을 위해서는 그림 10.6 과 같이 Superstate 를 마우스 오른쪽 버튼으로 클릭하여 나타나는 메뉴에서 Group & Subchart 의 Subchart 를 선택하면 모델은 그림 10.7 과 같이 간결해 질 수 있다. 이 경우, ControllerOn state 의 내부는 ControllerOn state 를 더블클릭하면 그 안으로 들어가 볼 수 있다.

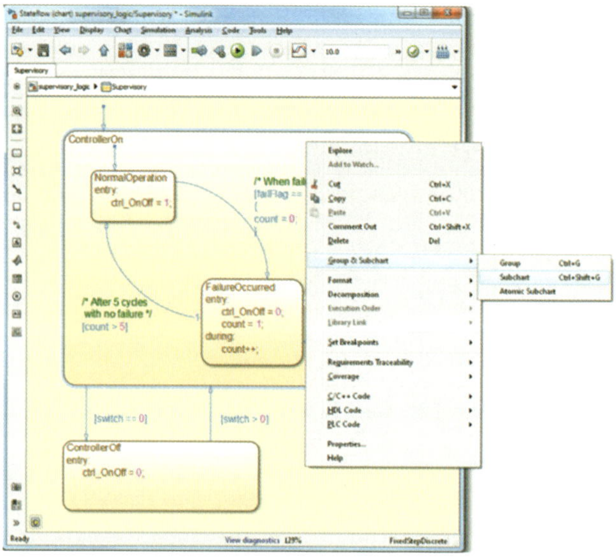

그림 10.6 Subchart 만들기

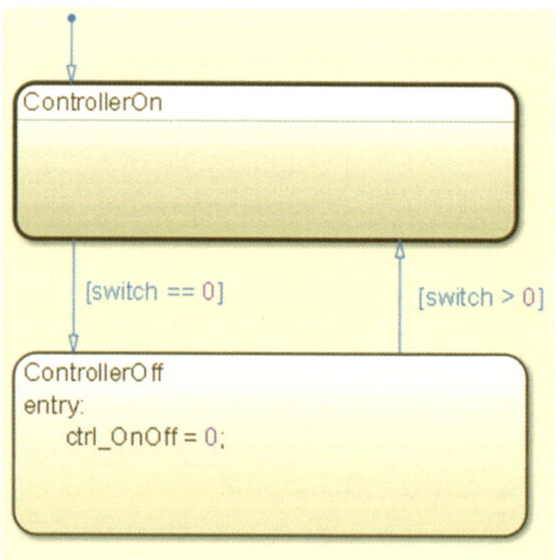

그림 10.7 Subchart 로 그룹지어진 ControllerOn State

이러한 Hierarchical State machine 모델에서부터 코드를 생성할 때는 각 state마다 분리된 함수로 코드가 생성되도록 하는 것이 또한 가능하다.[18] 어떤 state이든지 그림 10.8과 같이 마우스 오른쪽 버튼을 클릭하여 나타나는 메뉴에서 Properties 항목을 선택하면, 그림 10.9와 같은 state의 속성을 변경할 수 있는 창이 나타난다. 창 내의 Function Inline Option을 Function으로 변경하면 각 state에 대해 분리된 함수로 코드를 생성하게 된다.

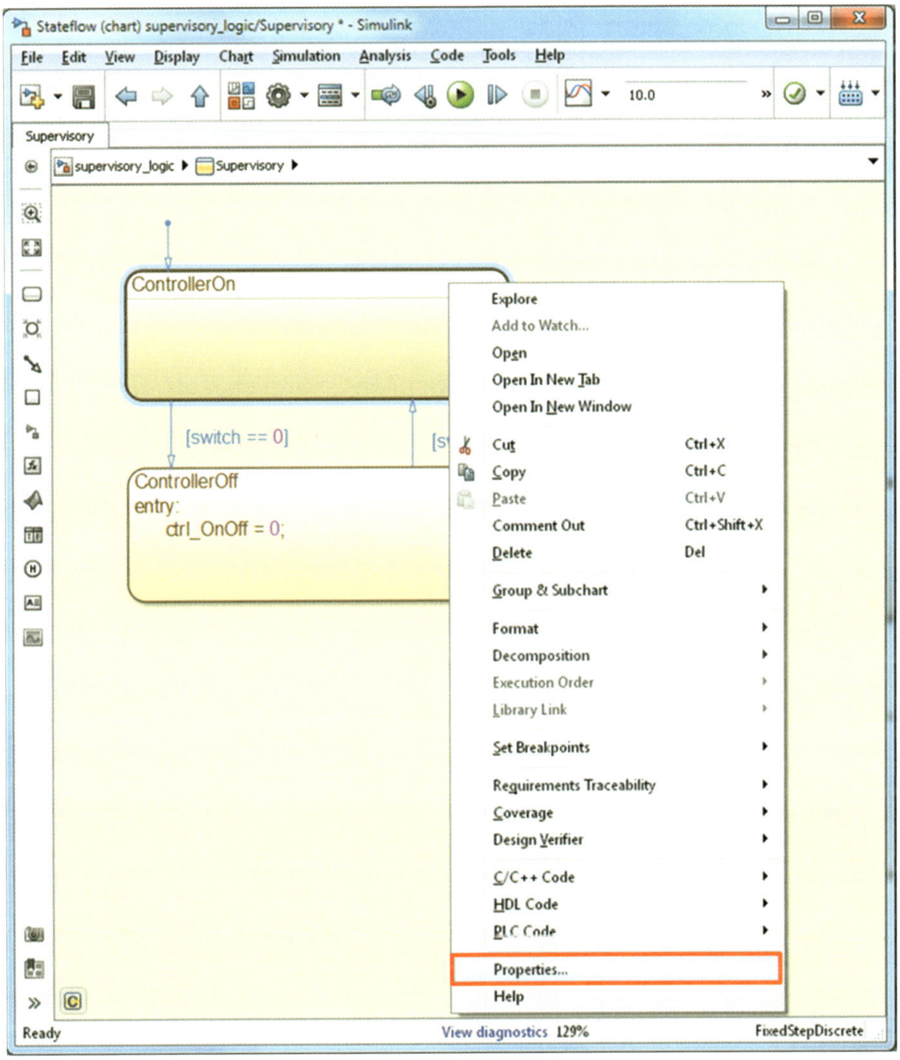

그림 10.8 State의 Properties 메뉴

[18] 분리된 함수 코드를 위해 Subchart로 만들 필요는 없다.

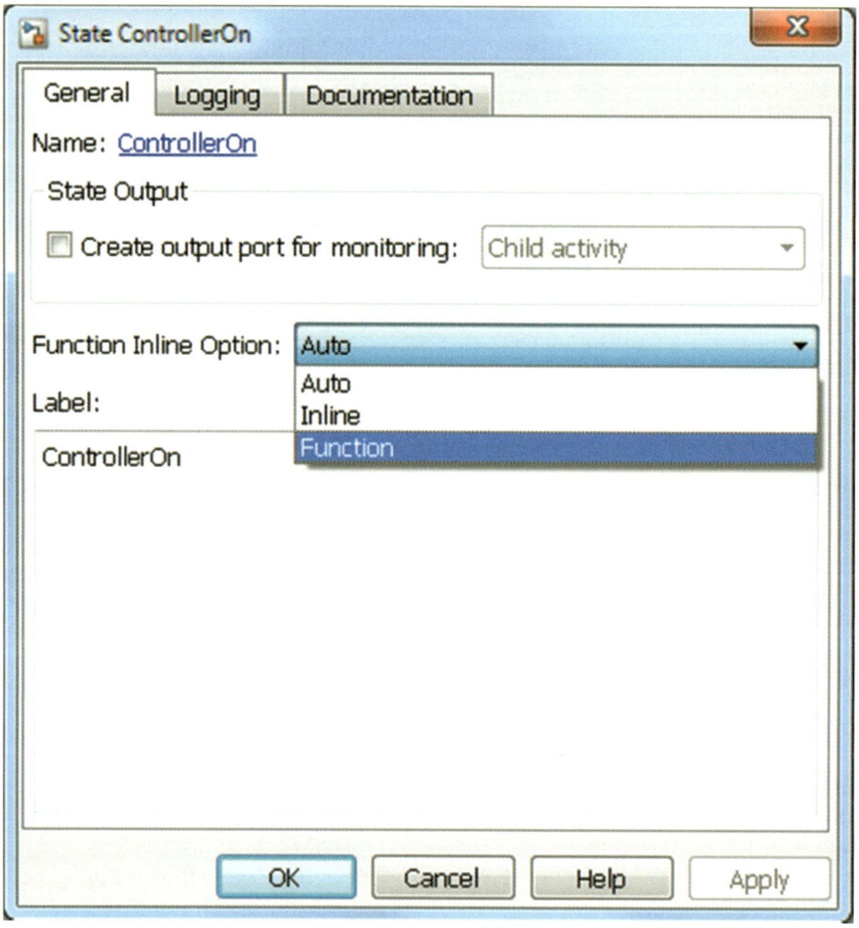

그림 10.9 State 의 속성창

그림 10.10 은 ControllerOn state 의 Function Inline Option 을 Function 으로 지정하여 생성된 코드 중 supervisory_logic_step 함수를 보여준다. supervisory_logic_step 함수 내의 140, 148 및 151 번째 줄에서 ControllerOn state 에 관련된 함수들을 호출하고 있다.

ControllerOn state 를 분리된 함수로 코드를 생성하면, state 의 entry, during, exit 상황을 표현하기 위해 각기 다른 세개의 분리된 함수가 생성되며, 현재의 예에서는 그림 10.11 과 같이 sup_enter_internal_ControllerOn, supervisory_logic_ControllerOn 및 supe_exit_internal_ControllerOn 이라는 세개의 함수가 supervisory_logic.c 소스 파일 내에 생성되었다.

```
124  /* Model step function */
125  void supervisory_logic_step(void)
126  {
127    /* Chart: '<Root>/Supervisory' incorporates:
128     * Inport: '<Root>/switch'
```

```
    */
  /* Gateway: Supervisory */
  /* During: Supervisory */
  if (supervisory_logic_DW.is_active_c1_supervisory_logic == 0U) {
    /* Entry: Supervisory */
    supervisory_logic_DW.is_active_c1_supervisory_logic = 1U;

    /* Entry Internal: Supervisory */
    /* Transition: '<S1>:10' */
    supervisory_logic_DW.is_c1_supervisory_logic =
      supervisory_log_IN_ControllerOn;
    sup_enter_internal_ControllerOn();
  } else if (supervisory_logic_DW.is_c1_supervisory_logic ==
             supervisory_lo_IN_ControllerOff) {
    /* During 'ControllerOff': '<S1>:7' */
    if ((int32_T)supervisory_logic_U.switch_m > 0) {
      /* Transition: '<S1>:9' */
      supervisory_logic_DW.is_c1_supervisory_logic =
        supervisory_log_IN_ControllerOn;
      sup_enter_internal_ControllerOn();
    }
  } else {
    supervisory_logic_ControllerOn();
  }

  /* End of Chart: '<Root>/Supervisory' */
}
```

그림 10.10 ControllerOn state 에 대해 분리된 함수로 코드 생성할 때의 supervisory_logic_step 함수

```
/* Forward declaration for local functions */
static void supe_exit_internal_ControllerOn(void);
static void supervisory_logic_ControllerOn(void);
static void sup_enter_internal_ControllerOn(void);
```

그림 10.11 ControllerOn state 에 대해 생성된 함수의 프로토타입

Chapter 10 직접 한번 해봅시다

Stateflow 차트는 Simulink 내부에서는 다른 Subsystem 과 유사하게 인식된다. 따라서 하나의 모델 내에 동일한 Stateflow 차트가 다수 존재할 때 재사용 가능한 함수 형태의 코드 생성이 가능하다. Stateflow 차트에 대한 **Function packaging** 옵션을 **Reusable function** 으로 세팅하여 코드를 생성하여 보자. 추가로 Stateflow 차트 내 parameter 변수를 추가하고 **Mask** 를 만들어 다른 parameter 값에 대해서도 재사용 가능한 함수가 생성될 수 있도록 해보자.

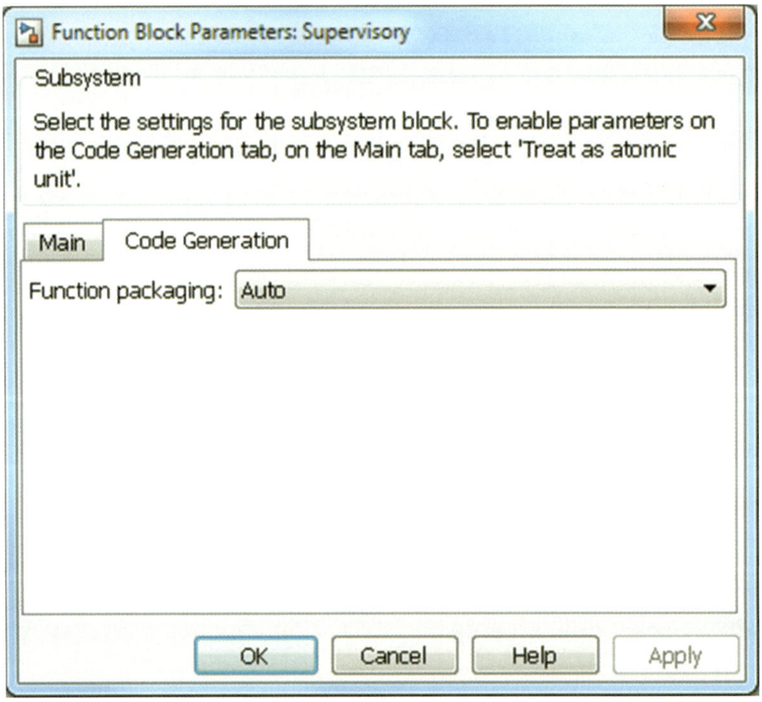

Code Generation Advisor

앞서 우리가 다룬 바와 같이 Simulink 모델에서 C 코드를 생성할 때는 Embedded Coder 라는 코드 생성 도구가 제공하는 다양한 기능들을 활용하여 생성되는 코드의 구조를 변경하거나, 목표에 맞는 코드의 최적화를 이루어 낼 수 있음을 알았다. 이 과정에서 특히 중요한 사항은 코드 생성의 목표에 맞도록 Simulink 모델의 Configuration 을 세팅하는 작업이다. 예를 들어, Hardware Implementation 세팅 등은 양산용 임베디드 시스템으로의 구현을 위해 빠뜨려서는 안되는 중요한 작업 중의 하나이다. 실제 구현된 하드웨어에 맞지 않는 Hardware Implementation 세팅은 생성된 코드의 오동작을 유발할 수 있어 매우 위험하다. 코드 생성 도구인 Embedded Coder 는 Simulink 의 Model Advisor 기능을 확장시켜 코드를 생성하기 전 이러한 코드 생성의 고려사항들이 모델 내부에 올바르게 세팅되어 있는지 마지막으로 확인할 수 있는 기능을 제공한다. 이번 Chapter 에서는 이러한 Model Advisor 의 코드 생성 관련 항목에 대해 알아보자.

11-1. Model Advisor

Simulink 의 Model Advisor 를 열기 위해서는 그림 11.1 과 같이 모델 상단의 Analysis 메뉴 에서 Model Advisor 를 선택한다. 메뉴의 선택 시 그림 11.2 와 같은 모델의 계층 구조 선택 창이 열린다. 이는 모델 내에 존재하는 블록들의 세팅을 점검할 때, 점검하는 범위를 지정하는 부분이며 모델의 최상위를 선택하면 모델 내의 전체 블록들에 대한 세팅의 확인이 가능하다.

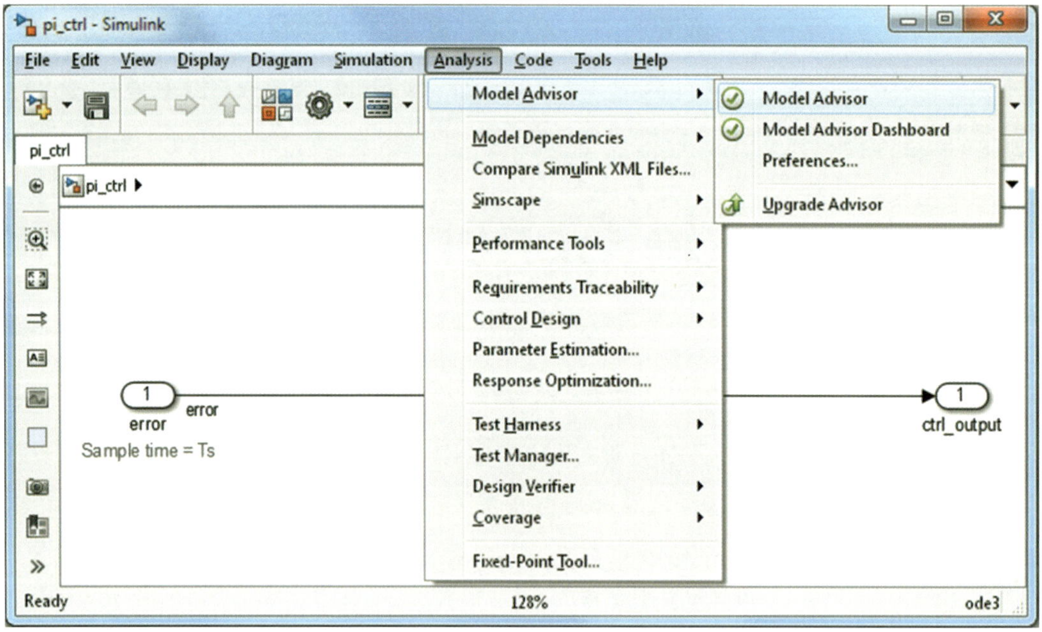

그림 11.1 Model Advisor 열기

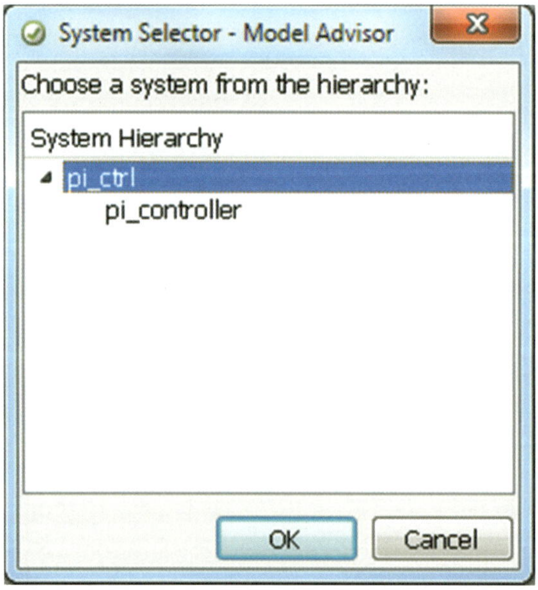

그림 11.2 Model Advisor를 위한 모델 계층의 선택

원하는 모델의 계층을 선택하고 OK 버튼을 클릭하면, 그림 11.3 과 같은 Model Advisor 창이 열린다. Model Advisor 창의 왼쪽 선택 항목들은 추가적인 Simulink Add-on 도구들의 설치 여부에 따라 다르게 나타날 수 있으며, Simulink 와 함께 자동 코드 생성 도구인 Embedded Coder 가 설치되어 있을 경우, 코드 생성에 관련된 항목이 보이게 된다. 또한, 모델 레벨 검증 도구인 Simulink Verification and Validation 도구 등, Simulink 기반의 추가 도구들이 설치되어 있는 경우, 관련된 항목들이 Model Advisor 창의 왼쪽에 나열되게 된다.[19]

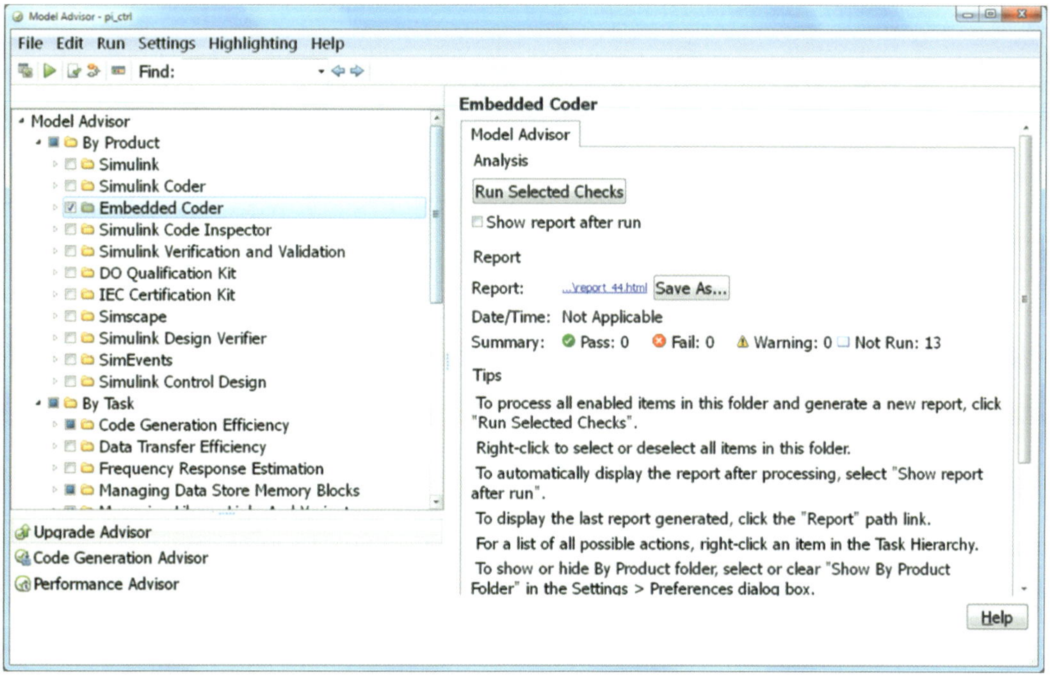

그림 11.3 Model Advisor 창

여기에서는 본 책의 취지에 맞춰 Embedded Coder 항목을 선택하여 보자. 그림 11.4 와 같이 Embedded Coder 항목을 선택하고 오른쪽에 보이는 Run Selected Checks 버튼을 클릭하면 Model Advisor 가 양산용 실시간 임베디드 시스템에 맞는 코드가 생성될 수 있도록 적절한 모델의 세팅들이 이루어졌는지 체크를 수행하고 결과를 리포트한다. 크게 Pass, Fail, Warning 의 세가지 형태로 결과가 나타나며, Pass 는 옵션의 선택이 적합하다는 것을 뜻하고 Fail 은 주로 모델 자체가 잘못 만들어졌을 경우 나타난다. 적절치 않은 세팅에 대해서는 주로 Warning 이 나타나며 상황에 맞는 옵션의 세팅을 함께 추천한다.

[19] 다양한 산업 표준 인증을 위하여 모델 기반 설계 프로세스 방법론을 따라 개발을 하는 경우, 다양한 표준을 따르기 위해 모델이 가져야할 사항에 대한 체크 항목들도 Simulink Verification and Validataion 도구에 의해 함께 추가된다.

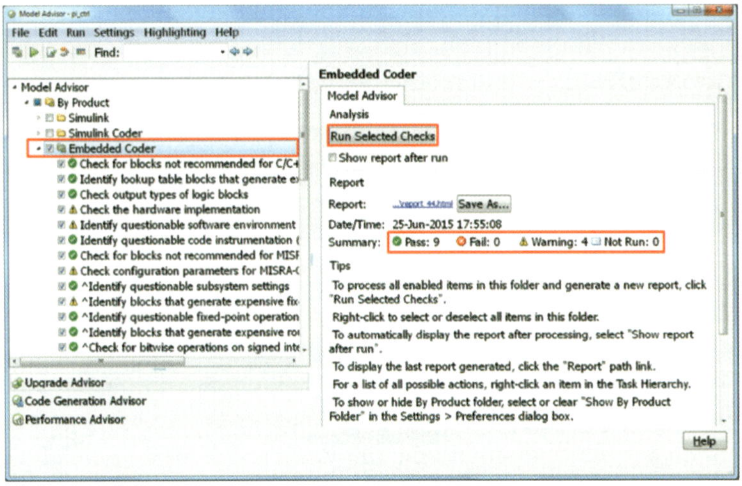

그림 11.4 Embedded Coder 항목에 대한 Model Advisor 동작

그림 11.5 와 같이 Warning 으로 나타난 Check the hardware implementation 항목을 선택하여 살펴보면, 현재 모델에 하드웨어 디바이스에 대한 선택이 이루어지지 않았음을 리포트하고 있다는 것을 알 수 있다. 또한, Model Advisor 는 현재의 잘못된 세팅에 대한 Warning 과 함께 추천하는 모델의 세팅을 보여줌으로서 사용자로 하여금 빠뜨리거나 실수한 사항을 쉽게 수정 및 반영할 수 있도록 도와준다. 예를 들어, 그림 11.5 의 오른쪽의 결과 리포트 내부에 있는 Device type 이라는 부분은 실제 모델로의 하이퍼 링크로 구성되어 있으며, 이 링크를 클릭하면 자동으로 모델 내부의 그 옵션을 찾아가게 된다.

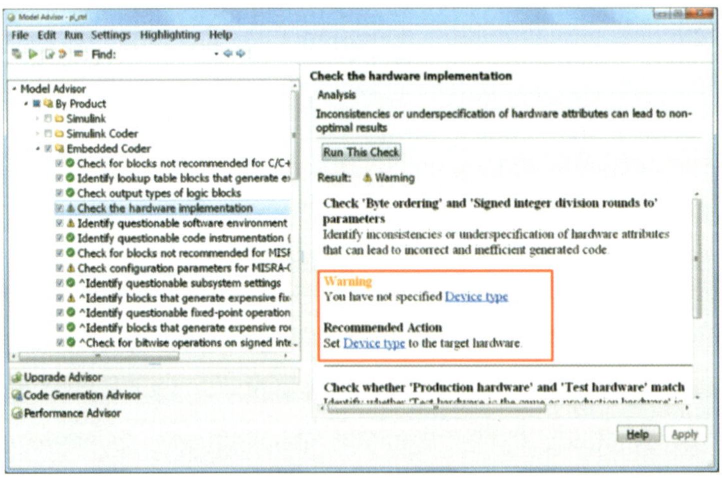

그림 11.5 Model Advisor 의 추천 사항

자동으로 코드를 생성하는 것의 큰 장점 중의 하나는 수동으로 코드를 작성할 때 발생할 수 있는 사람의 실수를 줄일 수 있다는 것이다. 하지만 자동 코드 생성에 있어서도 모델의 세팅은 여전히 사람이 하는 것이고, 중요한 사항에 대한 세팅을 놓치는 실수가 발생할 수 있다. 저자는 생성 코드의 안전성을 위해서 코드 생성을 수행하기 전, 반드시 Model Advisor 를 통한 확인 과정을 거칠 것을 추천한다.

Chapter 11 직접 한번 해봅시다

Model Advisor 의 체크 기능들은 실시간 임베디드 시스템의 다양한 고려 사항들에 대해 다소 조심스러운 접근을 한다. 예를 들어, 하드웨어가 고정 소수점 연산만이 가능한 것은 아닌지 등을 고려하여 사용자로 하여금 코드 생성 옵션 세팅의 재확인할 것을 추천하기도 한다. 이 경우, 부동 소수점 연산이 가능한 하드웨어를 적용하고자 한다면 Model Advisor 의 추천사항은 무시할 수 있다. 하지만 확인 후 무시하는 것과 확인하지 않고 넘어가는 것은 큰 차이이다.

앞서 다뤄온 모델(pi_ct 기)에 대해 Model Advisor 에서 Warning 으로 나타난 모든 항목들을 살펴보고 추천하는 모델의 세팅으로 변경한 후 다시 Model Advisor 를 동작시켜 Warning 이 모두 사라짐을 확인해 보자. 이 후 다시 모델로부터 코드를 생성해 보자.

Chapter 12

AUTOSAR 코드 생성

본 책은 특정 산업 분야과 관련없이 임베디드 소프트웨어를 설계하고 구현하는 일에 Simulink 를 활용한 모델링 및 코드 생성 기법을 이해하고 실무에 도움을 주기 위해 작성되었다. 하지만 최근 자동차 분야 소프트웨어 아키텍처 표준인 AUTOSAR 의 적용 범위가 점차 확대되고 이를 위한 Simulink 모델 설계와 코드생성에 관한 요구 사항이 많아 본 Chapter 를 통해 자동차 분야 소프트웨어 개발 엔지니어들에게 도움을 주고자 한다.

먼저 Simulink 에서 지원하는 AUTOSAR 기능을 활용하기 위해서는 코드 생성 도구인 Embedded Coder 와 함께 추가적인 **AUTOSAR Target Support Package** 의 설치가 필요하다. Embedded Coder 가 설치된 PC 에서 인터넷 연결이 가능하다면, 아래 그림 12.1 과 같이 MATLAB 상단의 메뉴를 통해 쉽게 AUTOSAR Target Support Package 의 설치가 가능하다.

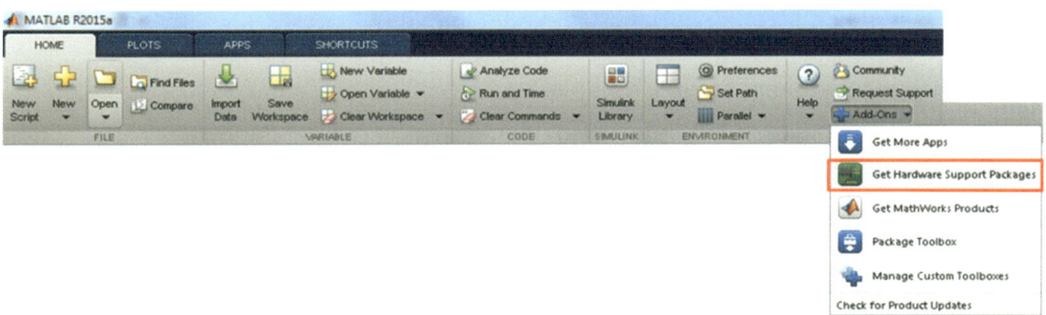

그림 12.1 Target Support Package 를 얻기 위한 MATLAB 메뉴

그림 12.1 과 같은 MATLAB Add-Ons 메뉴의 Get Hardware Support Packages 메뉴를 선택하면, 그림 12.2 와 같은 프로그램을 설치하는 방법에 대한 옵션이 나타난다. 기존에 AUTOSAR Target Support Package 를 다운로드 받은 적이 없으면, 인터넷을 통해 프로그램을 다운로드 받고 설치하기 위해 Install from Internet 이 선택된 상태에서 Next 버튼을 클릭한다.

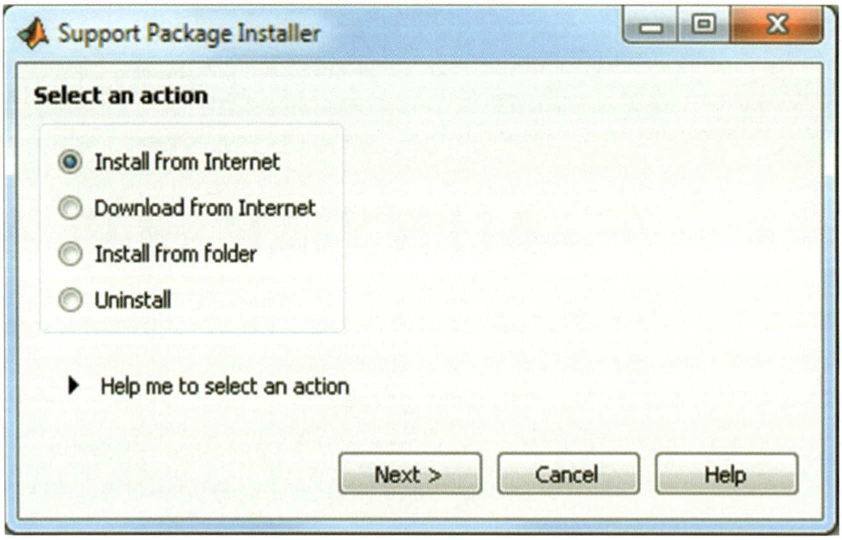

그림 12.2 AUTOSAR Target Support Package 다운로드 및 설치

그림 12.3 과 같이 다양한 추가적인 하드웨어 지원 Package 들의 리스트가 보이며, 현재 PC 에 Embedded Coder 가 설치되어 있다면 AUTOSAR Standard 라고 적혀 있는 AUTOSAR Target Support Package 를 찾을 수 있다. 이것을 선택하고 Next 버튼을 클릭한 후, MathWorks 계정 로그인과 동의 절차를 거치면 설치가 완료된다. 설치가 완료되면 이제 Simulink 에서 AUTOSAR 지원 기능을 활용할 수 있다. 그러면, Simulink 의 AUTOSAR 지원 기능에 대해 하나씩 알아 보자.

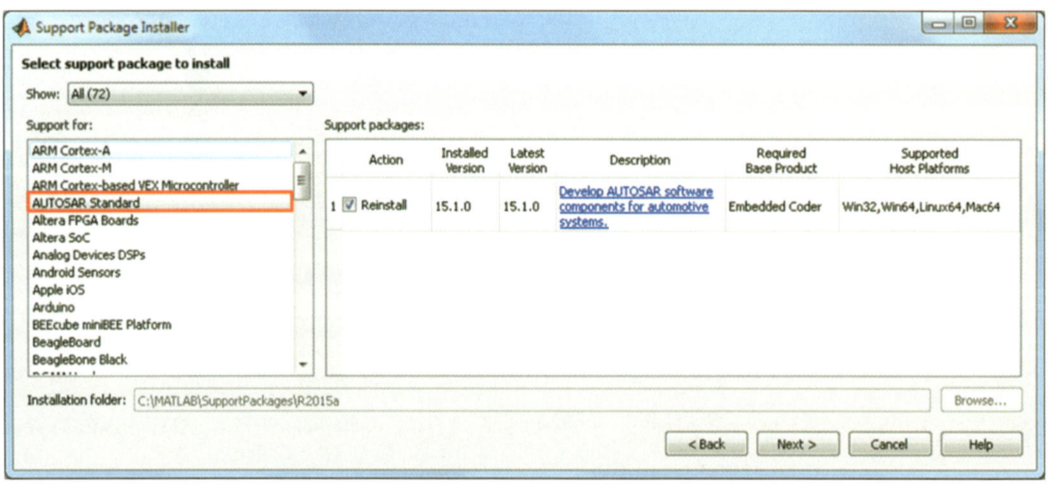

그림 12.3 Support Package 선택 리스트

12-1. AUTOSAR 와 Simulink

Simulink 의 AUTOSAR 지원 기능을 알아보기에 앞서 먼저 AUTOSAR 표준에 대해 간단히 살펴보자. AUTOSAR 의 Architecture 는 표 12.1 과 같이 크게 Application Layer, Runtime Environment 및 Basic Software 로 구성되는 세 개의 layer 를 갖는다.

표 12.1 AUTOSAR Layers

Application Layer	전자 제어 유닛 네트워크에서의 기능 application 들을 포함하며, 표준에서는 이러한 application 들을 AUTOSAR Software Component 라고 한다.
AUTOSAR Run-Time Environment(RTE)	구체적인 infrastructure 소프트웨어로부터 어플리케이션 소프트웨어를 분리하는 역할을 한다
AUTOSAR Basic Software (BSW)	Micro-controller 와 RTE 사이에서 비기능적 서비스 역할을 하는 infrastructure 소프트웨어이다. Hardware driver 들과 같은 hardware 에 종속적인 소프트웨어들도 이에 포함된다.

그림 12.4 는 이러한 AUTOSAR Layer 를 도식화하여 표현한 것이다. Application Layer 는 AUTOSAR Software Component 들로 구성되는 반면, Basic Software 는 크게 Services Layer, ECU Abstraction Layer, Microcontroller Abstraction Layer 및 Complex Drivers 들이 포함되며 이러한 Layer 들은 또다시 세부적인 서브 모듈들을 포함하고 있다. Simulink 는 Chapter 1-2 에서 다루어진 바와 같이 소프트웨어 알고리즘과 로직에 대한 모델링이 가능한 도구이기 때문에 Simulink 의 AUTOSAR 적용 대상은 AUTOSAR Application Layer 의 Sofware Component 로 국한된다. 따라서 보다 상세한 Basic Software 의 서브 모듈에 대해서는 앞으로 다루어질 AUTOSAR Software Component 의 개발과 직접적인 관련성이 없어 본 책에서는 더 깊이 다루지 않겠다.

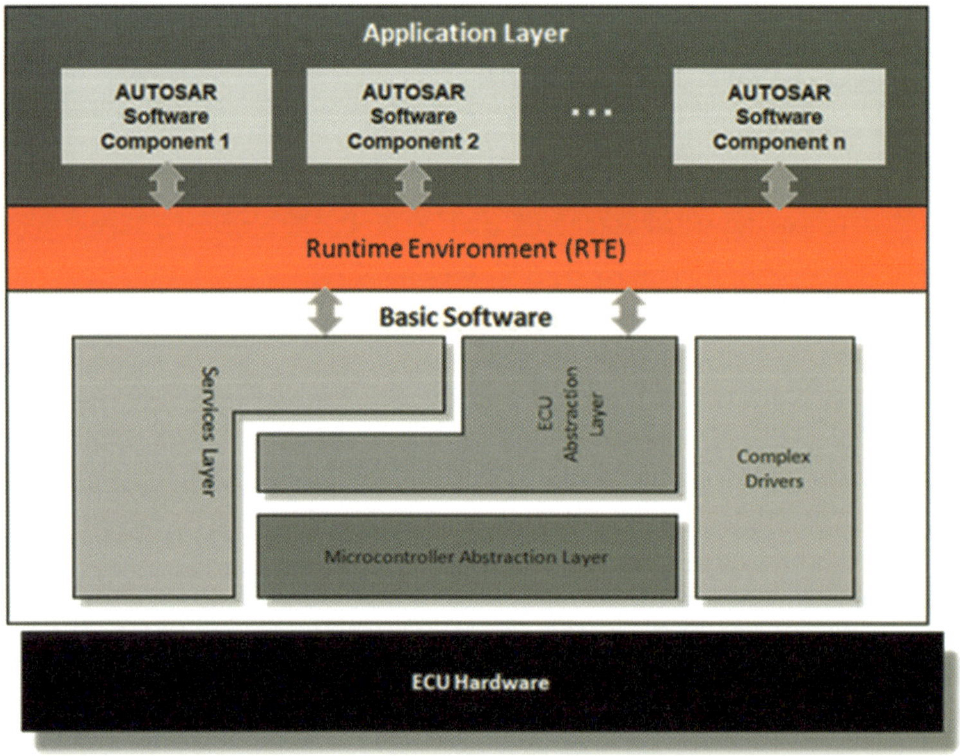

그림 12.4 3-layered AUTOSAR Architecture

기능 application software 에 해당하는 AUTOSAR Software Component(ASWC) 들은 실제로 Runtime Environment(RTE)라 불리는 중간 층에 의해 Basic Software(BSW)와 분리되어 있기 때문에 ECU hardware 와 독립적인 개발이 가능하며, 이것이 실제 AUTOSAR 표준이 추구하는 주요 목표 중 하나이다.[20] 즉, 각 ASWC 들은 정의된 표준화된 Interface 를 통해 서로간의 정보를 주고 받으며 내부적인 통신 방식이나 물리적인 네트워크에 관계 없이 독립적인 개발이 가능해 진다. 이것이 그림 12.5 의 Virtual Functional Bus(VFB)의 개념이다. 즉, 그림 12.5 와 같이 ECU I 에 포함된 ASWC 2 는 필요에 따라 변경없이 ECU II 로 옮겨질 수 있다. 이 때 가장 중요한 것은 ASWC 가 갖는 표준 Interface 이며, 이를 AUTOSAR Interface 라고 한다. 각 ASWC 들은 이러한 AUTOSAR Interface 표준을 따라 설계되고 구현되어야 한다.

20 통상적으로 AUTOSAR 용어를 기입할 때 AUTOSAR Software Component 는 ASWC, Runtime Environment 는 RTE, Basic Software 는 BSW 로 머리글자를 사용하고 있으며, 본 책에서도 앞으로 위 용어에 대해 머리글자만을 사용하도록 하겠다.

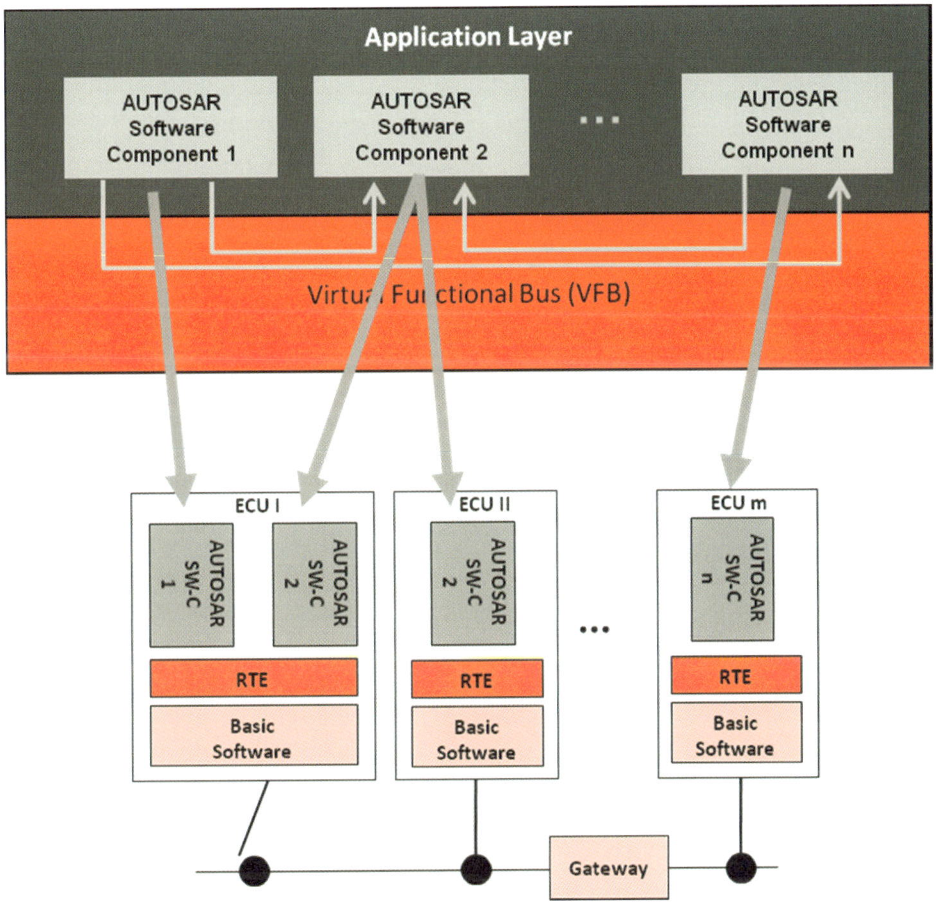

그림 12.5 Virtual Functional Bus

AUTOSAR 표준은 Software Architecture 뿐만 아니라 개발 방법론을 표준화하고 있다. 예를 들어 AUTOSAR Interface 들이 정의되면 그것을 표준화된 xml 문서로 표현함으로서 설계 결과들이 공유될 수 있다. 표준화된 xml 문서 형식(*.arxml)은 개발 도구의 종속성을 없앰으로서 다양한 도구를 통해 설계된 결과들이 서로 공유될 수 있음을 뜻한다. 특히 각 Software Component 에 대한 xml 문서를 Software Component Description(SWC Description)이라 부른다.

Simulink 는 이러한 AUTOSAR 개발 방법론에 따라서 ASWC 를 설계하고 구현할 수 있는 기능을 갖추고 있다. Simlunk 의 AUTOSAR 개발 방법론을 지원하는 방법은 크게 두가지로 구분된다. 첫번째는 알고리즘 모델로부터 ASWC 의 속성들을 설정할 수 있는 기능을 통해 xml 형식인 SWC Description 파일(*.arxml)을 생성하고 AUTOSAR 표준에 따르는 코드를 생성하는 방법으로 Bottom-Up 방법이라고 한다. 두번째 방법은 Top-Down 방법으로 다른 AUTOSAR Architecture 설계 도구 (AUTOSAR Authoring Tool) 등에서 설계된 SWC Description (*.arxml 파일)이 있는 경우, 이것을 임포트하여 AUTOSAR Interface 에 대한 골격 모델(Skeleton model)을 생성하는 것이다. 그림 12.6 은 architecture 설계 도구와 Simulink 를 활용하여 AUTOSAR 표준을 따르는 전자 제어 유닛을 개발하는 워크플로우를 도식화한 것이다.

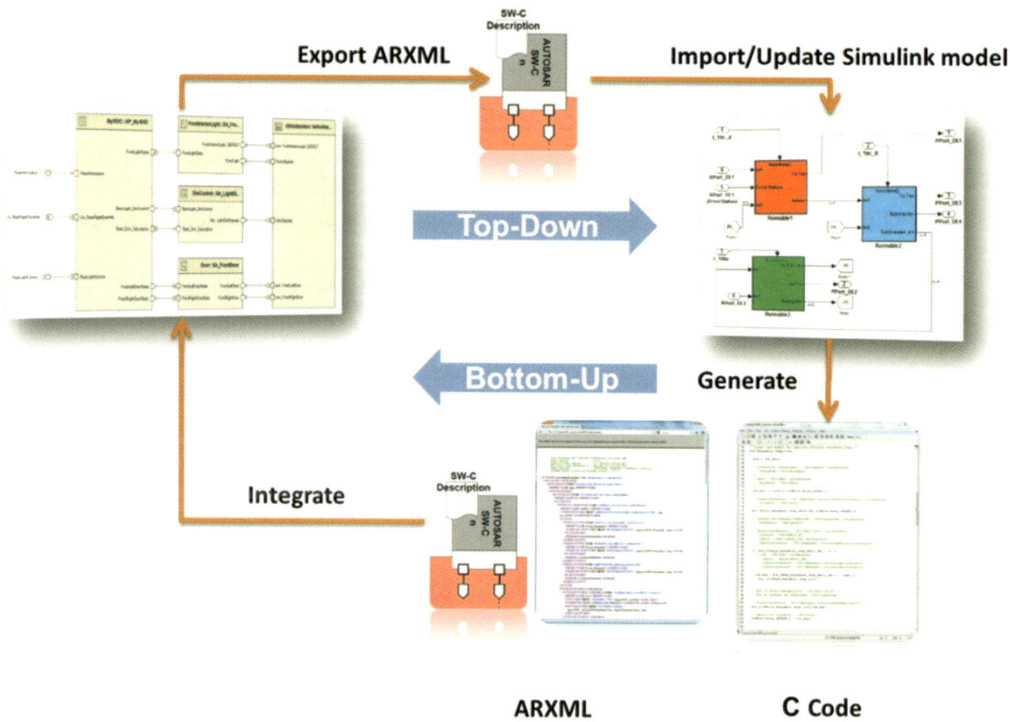

그림 12.6 Simulink 를 활용한 AUTOSAR 전자 제어 유닛 개발 워크플로우

12-2. AUTOSAR Top-Down 접근 방법

AUTOSAR Top-Down 방법은 이미 ASWC 의 Interface 가 설계되어 있는 경우, 즉 SWC Description (*.arxml 파일)이 있는 경우에 Simulink 로 이 정보를 임포트하는 것에서 시작한다. 예를 들어, 앞서 다룬 PI 제어기 소프트웨어에 대한 AUTOSAR Interface 가 정의된 SWC Description 파일이 pi_ctrl.arxml 이라는 이름으로 만들어져 있는 경우 이를 임포트 하기 위해서는 아래와 같은 MATLAB 명령을 수행한다.

명령을 수행하면, pi_ctrl.arxml 파일 내부에 포함된 Application-Software-Component-Type, Sensor-Actuator-Software-Component-Type, Parameter-Software-Component-Type 및 Client-Server-Interface 에 대한 정보를 읽어들여 표시해 준다.

위의 예제에서는 1 개의 Application-Software-Component-Type 이 pi_ctrl.arxml 파일내에 정의되어 있는 것을 알 수 있다. 이 정보로부터 해당하는 Application Software Component 에 대한

```
>> obj = arxml.importer('pi_ctrl.arxml')

obj =

The file "C:\ Examples_R2015a\Chapter12\pi_ctrl.arxml" contains:
  1 Application-Software-Component-Type:
    '/pi_ctrl_pkg/pi_ctrl_swc/pi_ctrl'

  0 Sensor-Actuator-Software-Component-Type.
  0 Parameter-Software-Component-Type.
  0 Client-Server-Interface.
```

모델을 생성할 수 있으며, 그 명령은 아래와 같다.[21]

```
>> createComponentAsModel(obj,'/pi_ctrl_pkg/pi_ctrl_swc/pi_ctrl')
```

위의 명령을 수행하면, 그림 12.7 과 같은 Simulink 모델이 생성된다. Software Component 의 입출력 Interface 정보로부터 Simulink 모델의 입출력 포트를 갖는 모델이 생성된 것이다.

[21] 참고로 AUTOSAR calibration component 를 갖는 SWC Desciption 을 임포트할 경우 Parameter-Software-Component-Type 이 보여지며, createCalibrationComponentObjects 라는 명령을 이용하면 Simulink calibration objects 를 MATLAB Workspace 에 생성시킬 수 있다.

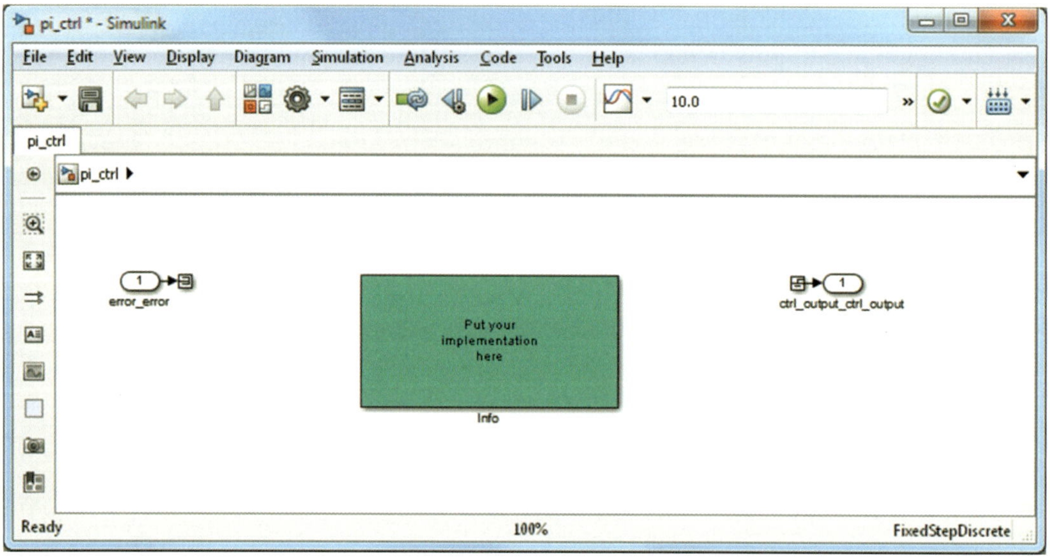

그림 12.7 Software Component Description 파일의 정보로부터 생성된 모델

AUTOSAR Interface 정보가 어떻게 Simulink 모델과 매핑되었는지 확인이 가능하며, 필요하다면 수정도 가능하다. 모델창의 Code 메뉴를 통해 Configure Models as AUTOSAR Component... 메뉴(그림 12.8)를 선택하면 와 같은 Configure AUTOSAR Interface 창(그림 12.9)이 열리게 되며 이를 통해 확인과 수정이 가능하다. Configure AUTOSAR Interface 창에 대해서는 다음 절의 Bottom-Up 워크플로우를 다루면서 다시 설명하겠다.

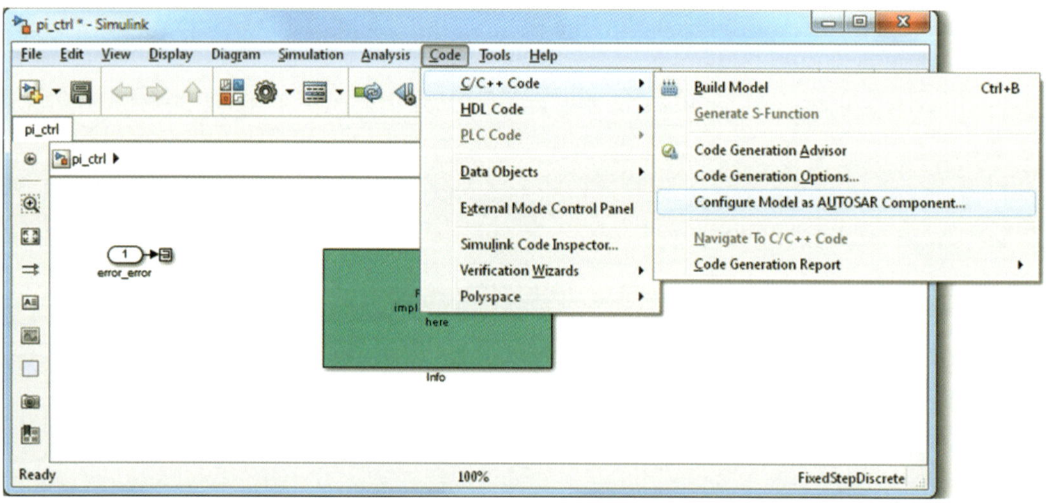

그림 12.8 Simulink 모델의 AUTOSAR Component 로의 매핑 정보 확인을 위한 메뉴

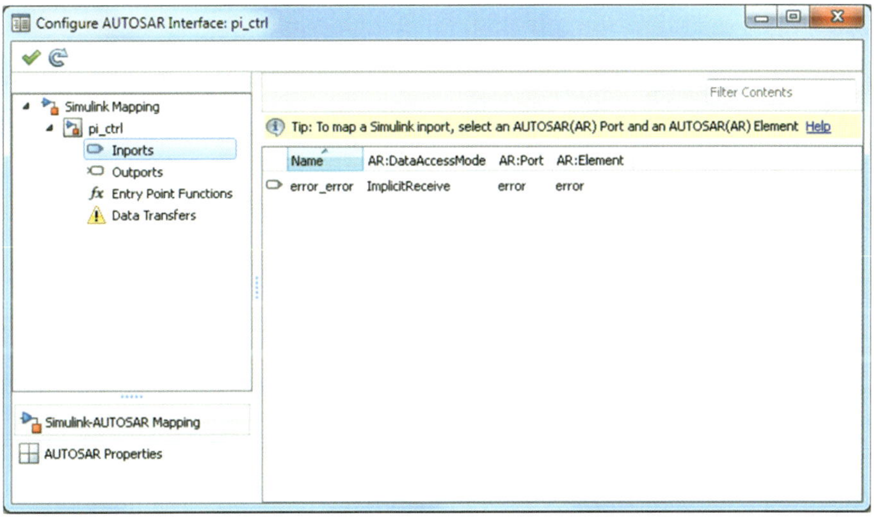

그림 12.9 Simulink-AUTOSAR 매핑 정보 창

ASWC Description 은 Software Component 의 인터페이스 정보 만을 가지고 있기 때문에 실재 내부 알고리즘의에 대한 추가적인 설계가 필요하다. 이것이 Simulink 가 활용될 수 있는 영역이며, ASWC 를 설계하는 과정에서 지속적으로 simulation 을 통해 알고리즘이 설계한 의도대로 정확히 동작하는지 확인해 볼 수 있다는 장점이 있다. 본 책에서는 기존에 다루어온 pi_controller **Subsystem** 을 AUTOSAR Interface 정보를 갖는 이 모델에 복사하여, 모델을 완성시키도록 하겠다. 완성된 모델은 그림 12.7 과 같다.

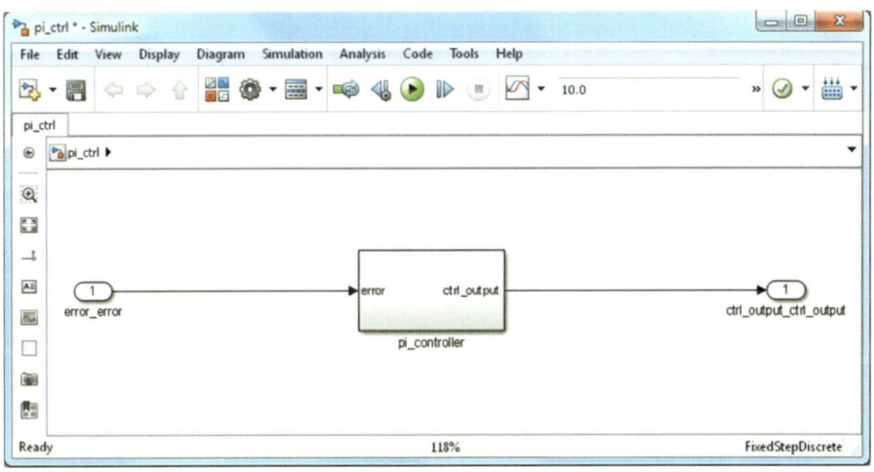

그림 12.10 내부 알고리즘을 포함한 완성된 모델

그러면 현재 모델에서부터 코드를 생성해 보자. 생성 코드(그림 12.11)의 pi_ctrl.c 파일에서와 같이 함수의 이름 및 입출력 데이터에 엑세스 하는 방법이 앞서 다룬 코드와 크게 다르다. RTE가 AUTOSAR Interface를 따라 ASWC에 접근할 수 있도록 하기 위해 함수의 이름은 ASWC Description 파일에 정의된 AUTOSAR Runnable 속성 값을 따르고 있으며, 입출력 데이터 또한 RTE API를 써서 접근되도록 변경되었다. pi_ctrl.h 파일에서는 이러한 RTE API를 사용하기 위한 헤더파일을 include 하고 있다.

pi_ctrl.c

```
/* Model step function */
void Runnable_Step(void)
{
  real_T rtb_yi;

  /* Sum: '<S1>/Sum1' incorporates:
   *  Gain: '<S1>/integral_gain'
   *  Gain: '<S1>/sample_time'
   *  Inport: '<Root>/error_error'
   *  UnitDelay: '<S1>/Unit Delay'
   */
  rtb_yi = pi_ctrl_P.Ts * Rte_IRead_Runnable_Step_error_error() * pi_ctrl_P.Ki +
    pi_ctrl_DW.yi_prev;

  /* Outport: '<Root>/ctrl_output_ctrl_output' incorporates:
   *  Gain: '<S1>/proportional_gain'
   *  Inport: '<Root>/error_error'
   *  Sum: '<S1>/Sum'
   */
  Rte_IWrite_Runnable_Step_ctrl_output_ctrl_output(pi_ctrl_P.Kp *
    Rte_IRead_Runnable_Step_error_error() + rtb_yi);

  /* Update for UnitDelay: '<S1>/Unit Delay' */
  pi_ctrl_DW.yi_prev = rtb_yi;
}
```

pi_ctrl.h

```
#ifndef RTW_HEADER_pi_ctrl_h_
#define RTW_HEADER_pi_ctrl_h_
#ifndef pi_ctrl_COMMON_INCLUDES_
# define pi_ctrl_COMMON_INCLUDES_
#include "rtwtypes.h"
#include "Rte_pi_ctrl.h"
#endif                                 /* pi_ctrl_COMMON_INCLUDES_ */

#include "pi_ctrl_types.h"
```

그림 12.11 생성된 AUTOSAR 코드

12-3. AUTOSAR Bottom-Up 접근 방법

AUTOSAR Bottom-Up 방법은 전체 전자 제어 유닛에 대한 Software architecture 설계 전에 각 Software Component 들에 대한 Simulink 알고리즘 모델이 먼저 존재할 경우, 이것을 AUTOSAR 표준에 맞도록 코드 및 SWC Description (*.arxml) 파일을 생성하여 전체 전자 제어 유닛의 아키텍처 설계에 활용하는 것을 말한다. 즉, Simulink 로 설계된 기존의 AUTOSAR 를 적용하지 않은 어플리케이션을 AUTOSAR 에 활용하는 방법인 것이다. 이를 위해서는 먼저 그림 12.9 와 같이 코드 생성 System target file 을 autosar.tlc 로 세팅하는 작업이 필요하다.[22]

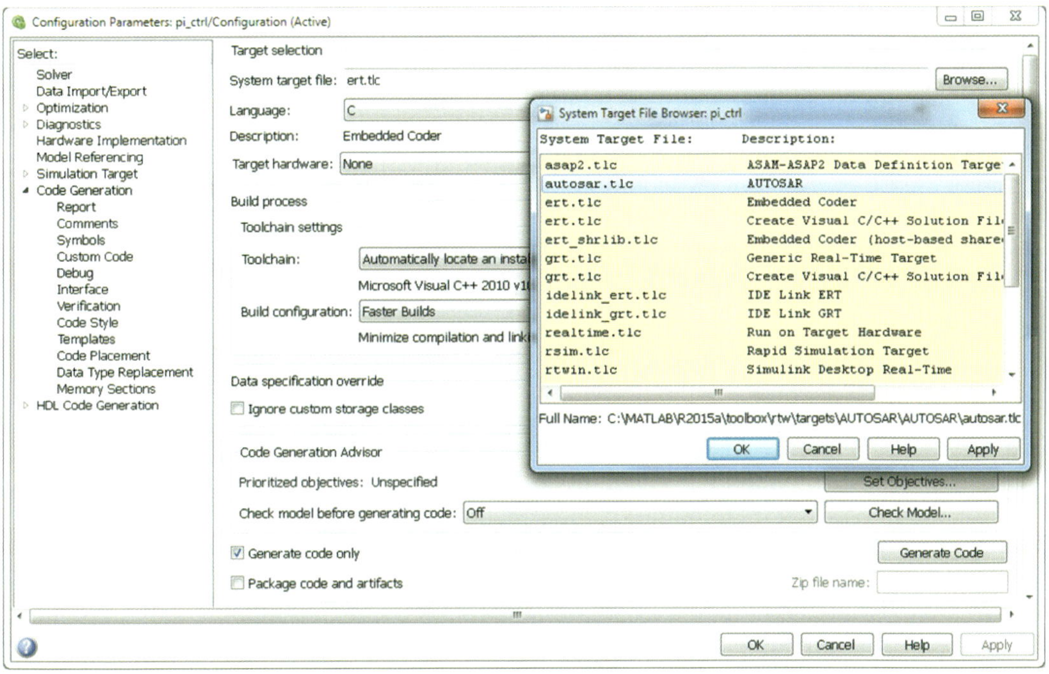

그림 12.12 autosar.tlc 코드 생성 System target file

코드 생성 system target file 을 autosar.tlc 로 세팅하면, AUTOSAR Code Generation Options 라는 추가 메뉴가 나타나며, 이를 통해 AUTOSAR 의 버전을 세팅할 수 있다. (그림 12.13)

[22] autosar.tlc system target file 은 AUTOSAR Target Support Package 가 설치된 경우에만 보여진다.

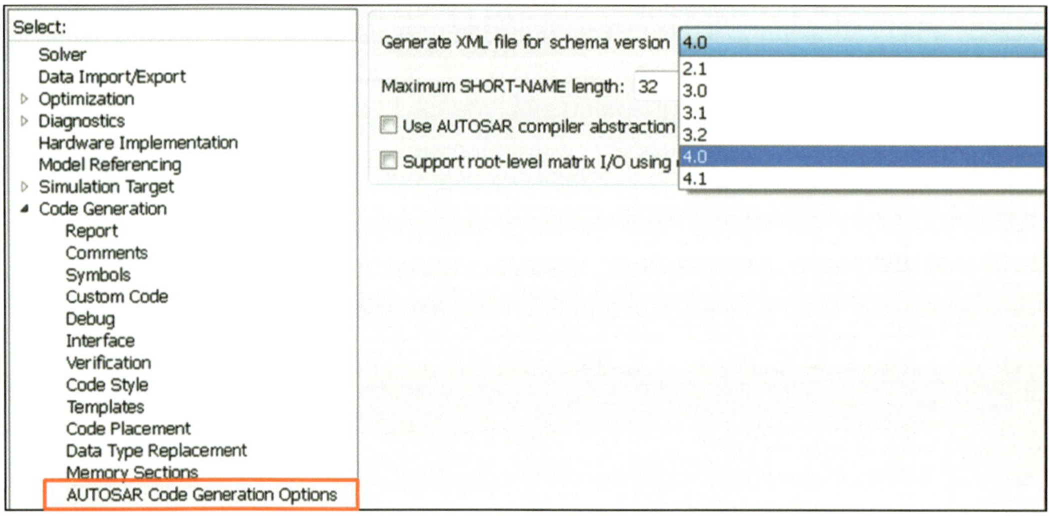

그림 12.13 AUTOSAR 버전의 선택

Simulink 모델로부터 AUTOSAR 코드와 SWC Description 을 생성하기 위해서는 먼저 Simulink 모델의 Interface 와 AUTOSAR Interface 의 매핑작업이 필요하다. 이는 그림 12.14 와 같이 autosar.tlc system target file 선택에 의해 추가된 Configure Model as AUTOAR Component... 메뉴를 통해 시작할 수 있다. 메뉴를 선택하면, 그림 12.15 와 같은 창이 열린다. 이 창에서 [Create Default Component] 버튼을 선택하면, Simulink 모델의 Interface 이름들을 default 값으로 하는 AUTOSAR component 정보가 자동으로 생성된다. 반면, [Create Component Interactively] 버튼을 선택하면 AUTOSAR Interface 속성들을 직접 하나씩 세팅해가면서 만들 수 있다.

사실 앞서 다룬 Top-Down 방법에서는 현재까지 Bottom-Up 방법를 위해 진행한 모든 작업들이 모두 자동으로 이루어졌다. 결국, 외부에 존재하는 SWC Description 파일을 임포트할 때에는 System target file 과 AUTOSAR 버전 등이 모두 자동으로 세팅되며, AUTOSAR Interface 와 Simulink 모델의 Interface 가 자동으로 매핑된다. 이것은 SWC Description 파일 내에 AUTOSAR 를 위한 정보가 이미 존재하며 이것을 임포트하여 모델을 자동으로 생성했기 때문이다.

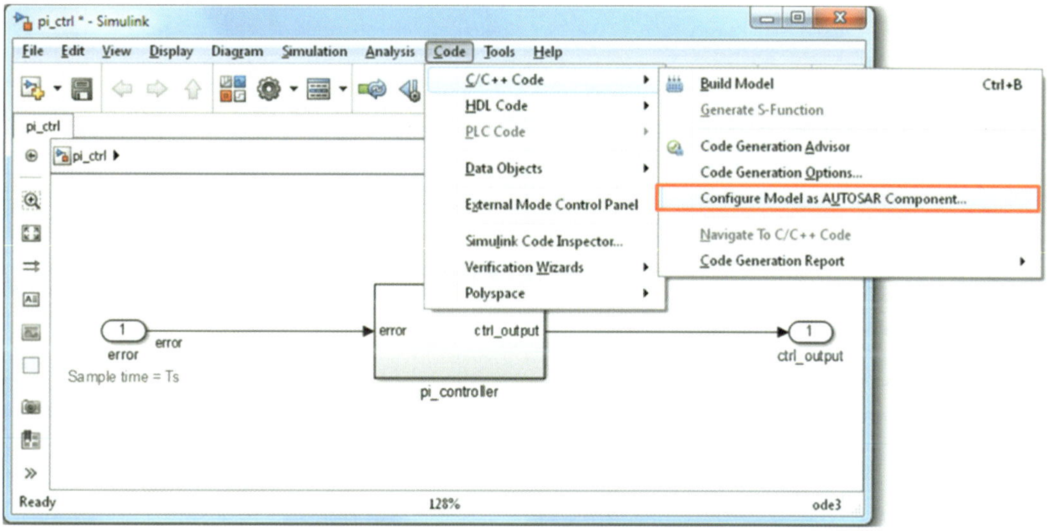

그림 12.14 AUTOSAR Component 로 Simulink 모델을 매핑하기 위한 메뉴

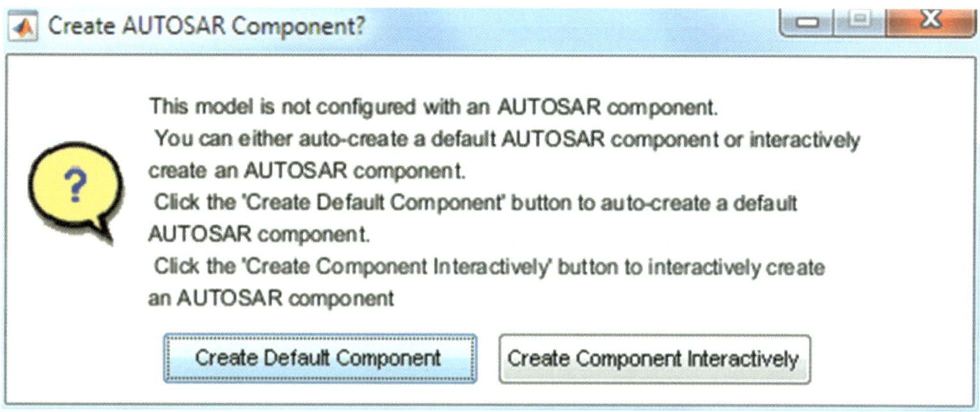

그림 12.15 AUTOSAR 속성 추가 메뉴

그림 12.16 은 Create Default Component 버튼을 클릭하여 생성된 결과 화면으로 이 창을 통해 생성된 AUTOSAR component 의 속성과 Simulink 와의 매핑 결과를 볼 수 있다. 또한, 이 창을 통해 생성된 AUTOSAR 속성 정보들의 추가와 변경이 가능하다.

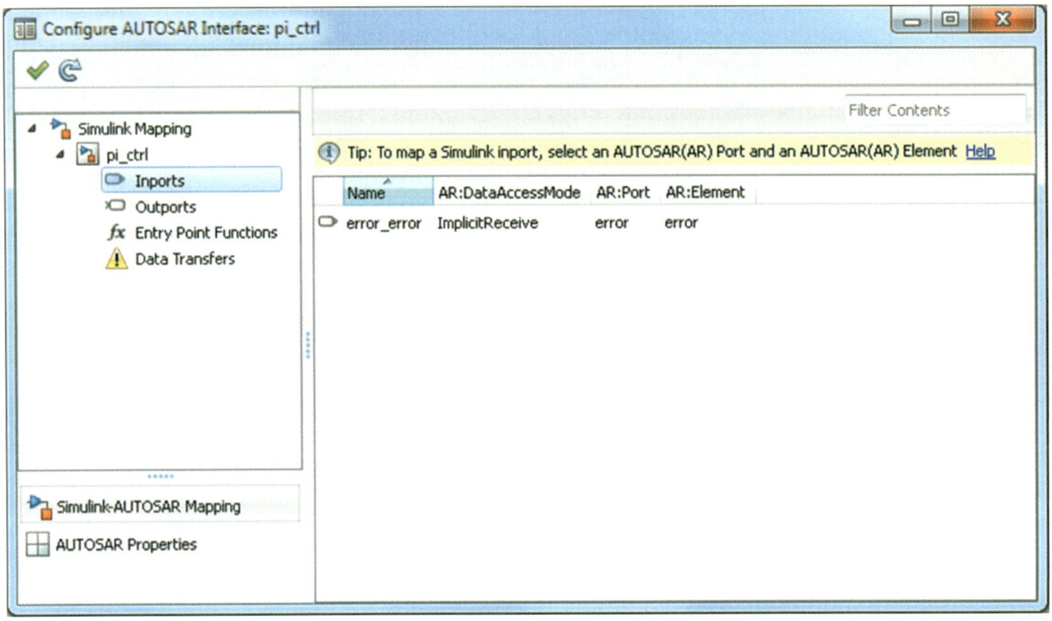

그림 12.16 Simulink-AUTOSAR 매핑 창

우선 현재 예제에서 추가 및 변경 없이 바로 코드를 생성해 보자. 생성된 코드는 그림 12.17 과 같다. 생성 코드의 pi_ctrl.c 파일에서 볼 수 있는 바와 같이 AUTOSAR Interface 를 따라 함수의 이름과 입출력 데이터 access 방법이 변경되었다. 여기서 주목할 부분은 추가적으로 생성된 Interface file 들이다. ASWC 모델에 해당하는 SWC Description (*.arxml) 파일들이 생성되었으며, 이것은 다른 AUTOSAR Architecture 설계 도구 (AUTOSAR Authoring Tool) 등에서 임포트하여 활용이 가능하다. 기본적으로 생성된 SWC Desctiption 은 component, datatype, implementation, interface 에 대해 분리된 arxml 파일로 만들어지나 필요에 따라 하나의 파일로 합쳐서 생성하는 것도 가능하다. 그러한 작업은 바로 그림 12.16 의 Configure AUTOSAR Interface 창에서 세팅이 가능하다.

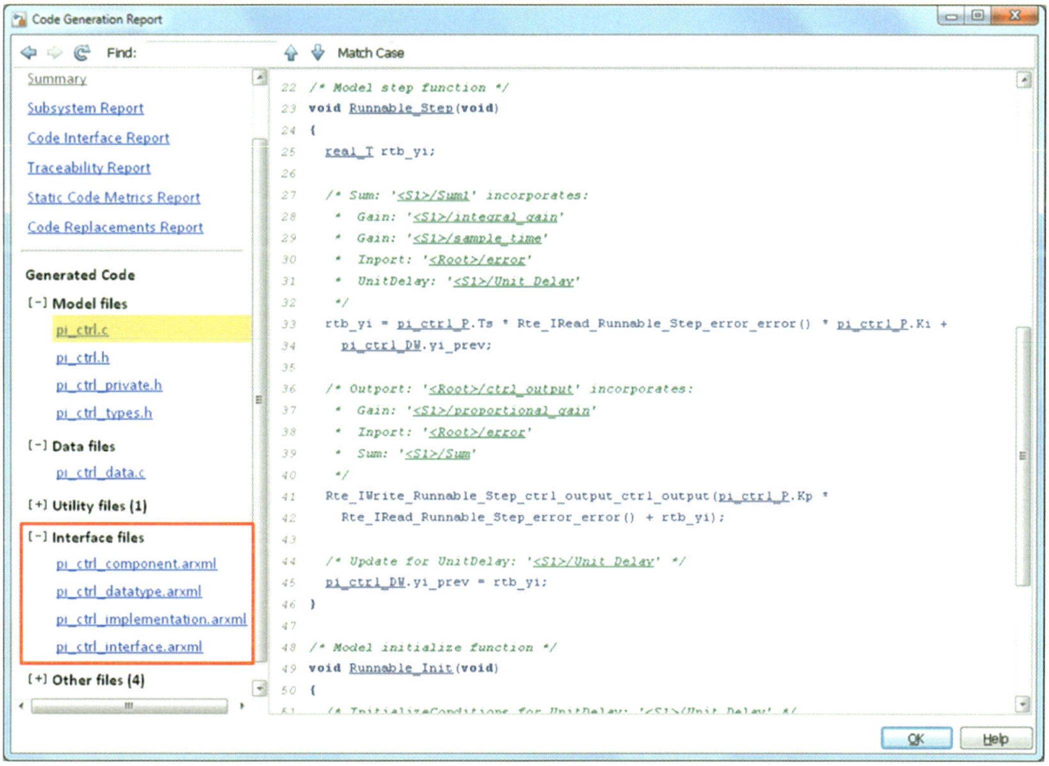

그림 12.17 AUTOSAR Target 으로 생성된 코드 생성 리포트

12-4. AUTOSAR 속성의 추가 및 변경

Simulink Interface 와 AUTOSAR Interface 의 매핑을 변경하거나, AUTOSAR 속성을 추가하는 모든 작업들은 앞서 다룬 그림 12.18 의 Configure AUTOSAR Interface 창에서 모두 이루어진다. 이 창은 크게 Simulink-AUTOSAR Mapping 뷰와 AUTOSAR Properties 뷰로 구성되며 왼쪽 하단의 메뉴를 통해 뷰의 전환이 이루어진다.

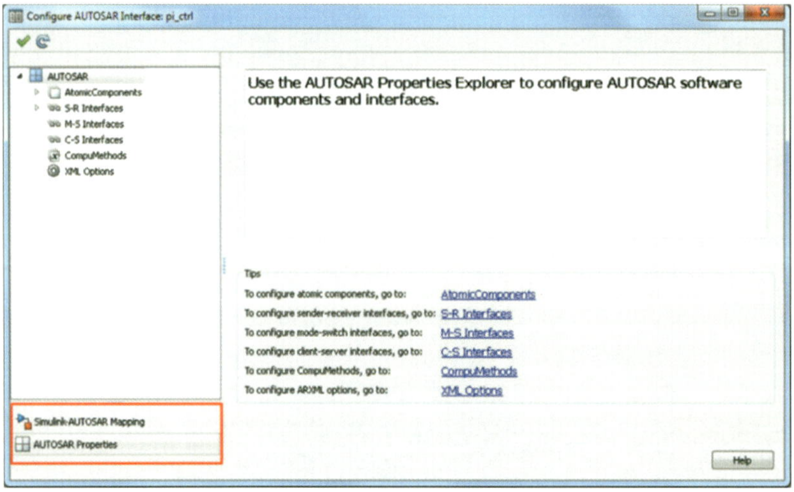

그림 12.18 AUTOSAR Properties 뷰

그러면 지금부터 Simulink 모델의 Interface 에 맞추어 자동으로 생성된 AUTOSAR 속성을 변경하는 방법을 예로 들어 설명해 보겠다. 그림 12.19 와 같이 default 옵션을 통해 자동으로 AUTOSAR component 를 생성했기 때문에 ReceiverPorts 및 SenderPorts 에 대한 이름 속성들이 Simulink 의 입출력 포트 이름과 동일하게 각각 error 와 ctrl_output 으로 지정되어 있다. 이러한 이름을 각각 input 및 output 으로 임의적으로 바꾸어 본다.

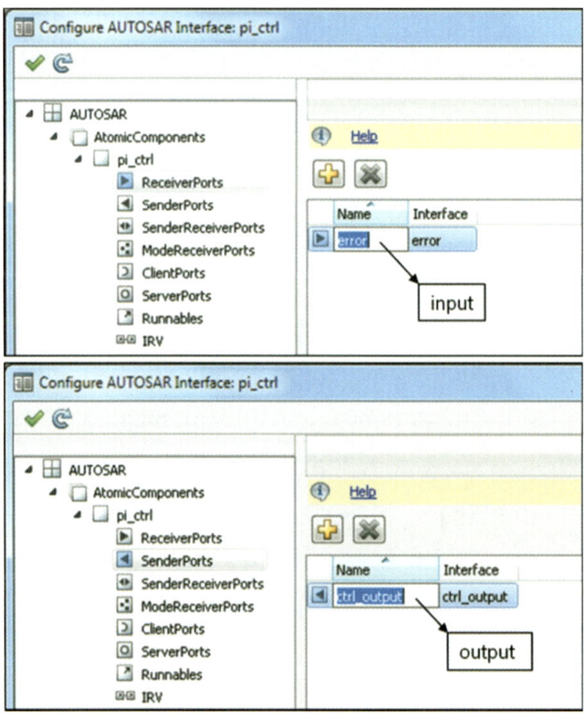

그림 12.19 S-R Interfaces 의 Name 속성 변경

Simulink 는 특정 AUTOSAR 속성의 변경이 다른 AUTOSAR 속성이나 Simulink Interface 와의 매핑에 문제가 없는지 확인하기 위한 validation 기능을 제공한다. 이는 그림 12.20 과 같이 창의 왼쪽 상단의 체크 버튼을 클릭하면 수행된다. ReceiverPorts 및 SenderPorts 에 대한 이름을 변경한 것으로는 다른 AUTOSAR 속성이나 Simulink Interface 와의 매핑에는 크게 문제가 되지 않아 validation 이 성공하는 것을 알 수 있다.

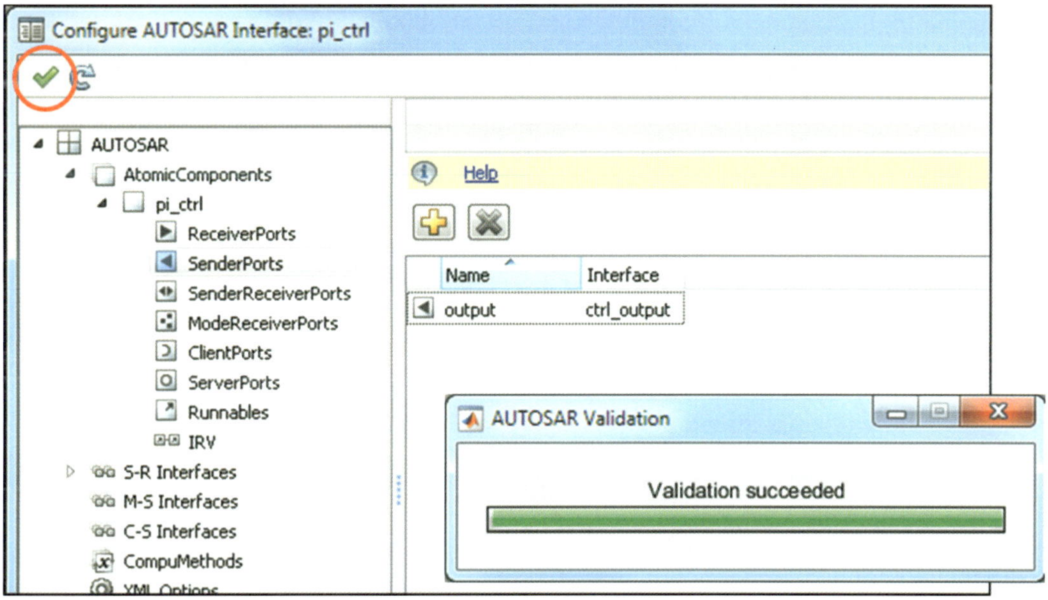

그림 12.20 Validate AUTOSAR configuration

그러면 변경사항에 대해 다시 코드를 생성해 보겠다. 생성된 코드는 그림 12.21 과 같다. RTE API 의 규칙을 따라 port 의 이름이 변경되어 코드 생성이 된 것을 알 수 있다. 참고로 AUTOSAR 의 sender/receiver port 에 대한 RTE API 의 규칙은 아래 표 12.2 와 같다. 현재의 예제에서는 각각 Implicit Receive 와 Implicit Send RTE function 들을 호출하고 있다.

표 12.2 Sender/Receiver Port 에 대한 RTE API

Implicit RTE function	send	Rte_IWrite_⟨R⟩_⟨P⟩_⟨D⟩
	Receive	Rte_IRead_⟨R⟩_⟨P⟩_⟨D⟩
Explicit RTE function	send	Rte_Write_⟨P⟩_⟨D⟩
	Receive	Rte_Read_⟨P⟩_⟨D⟩
Queued explicit RTE function	send	Rte_Send_⟨P⟩_⟨D⟩
	Receive	Rte_Receive_⟨P⟩_⟨D⟩
⟨R⟩: runnable, ⟨P⟩: port, ⟨D⟩: data element		

```
/* Model step function */
void Runnable_Step(void)
{
  real_T rtb_yi;

  /* Sum: '<S1>/Sum1' incorporates:
   *  Gain: '<S1>/integral_gain'
   *  Gain: '<S1>/sample_time'
   *  Inport: '<Root>/error'
   *  UnitDelay: '<S1>/Unit Delay'
   */
  rtb_yi = pi_ctrl_P.Ts * Rte_IRead_Runnable_Step_input_error() * pi_ctrl_P.Ki +
    pi_ctrl_DW.yi_prev;

  /* Outport: '<Root>/ctrl_output' incorporates:
   *  Gain: '<S1>/proportional_gain'
   *  Inport: '<Root>/error'
   *  Sum: '<S1>/Sum'
   */
  Rte_IWrite_Runnable_Step_output_ctrl_output(pi_ctrl_P.Kp *
    Rte_IRead_Runnable_Step_input_error() + rtb_yi);

  /* Update for UnitDelay: '<S1>/Unit Delay' */
  pi_ctrl_DW.yi_prev = rtb_yi;
}
```

Rte_IRead_Runnable_Step_error_error()

Rte_IWrite_Runnable_Step_ctrl_output_ctrl_output

그림 12.21 생성된 코드의 변화

AUTOSAR Properties 뷰에 있는 모든 AUTOSAR 속성들은 그림 12.22 에서 보는 것과 같이 추가와 삭제도 가능하며, 이 때 주의할 것은 속성의 추가와 삭제가 있을 때는 다른 AUTOSAR 속성이나 Simulink Interface 와의 매핑에 문제가 없는지 그림 12.20 과 같은 확인 작업이 따라야 함을 잊지 말자. 현재 그림 12.22 와 같이 임의로 추가된 New 라는 이름의 SenderPort 는 다음 절에서 활용해 보도록 하겠다.

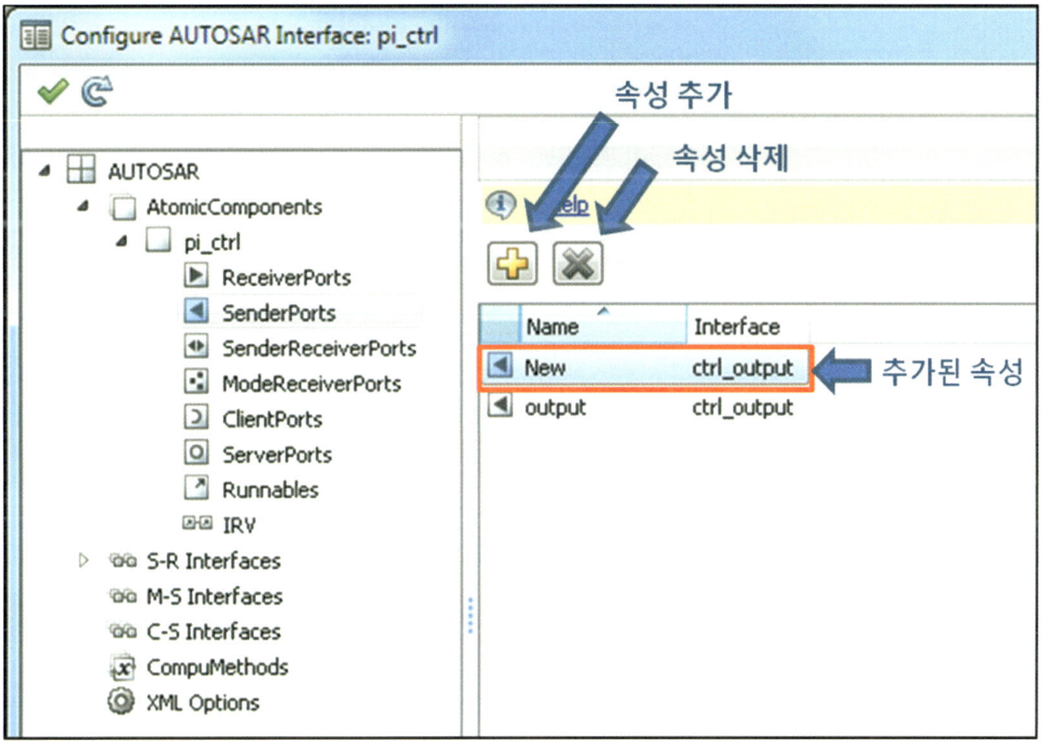

그림 12.22 AUTOSAR 속성의 추가 및 삭제

AUTOSAR Properties 뷰에는 추가적으로 arxml 파일 생성에 관련된 추가적인 옵션이 있다. 각 AUTOSAR 속성에 대해 Package 를 분류하는 것과 arxml 파일을 분리하거나 하나의 파일로 합치는 기능 등이다(그림 12.23).

Packaging Option 을 Single file 로 세팅하면, 그림 12.24 와 같이 arxml 파일이 하나의 파일로 통합되어 생성된다.

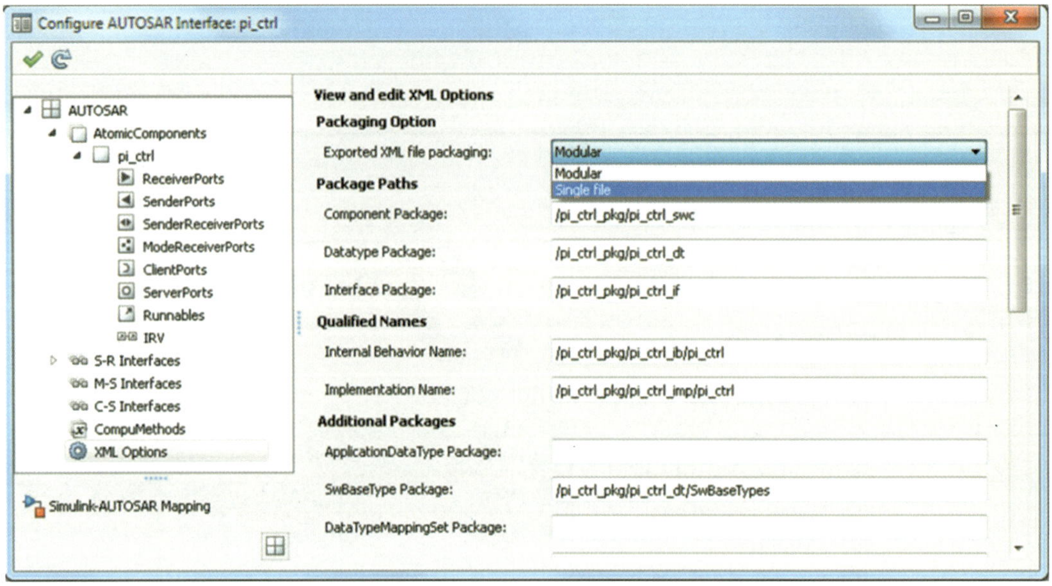

그림 12.23 AUTOSAR XML Options

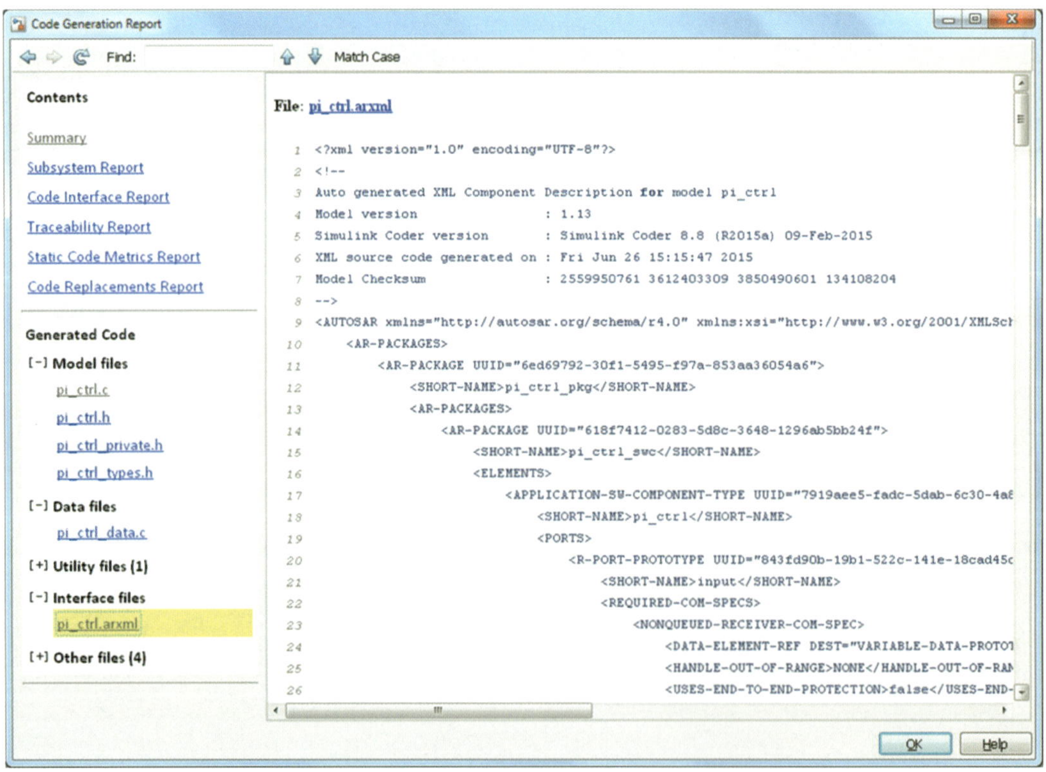

그림 12.24 Single file 로의 XML file packaging

12-5. Simulink-AUTOSAR 매핑

Simulink Interface 가 변경되거나 AUTOSAR 속성이 추가되면, 추가적으로 Simulink Interface 와 AUTOSAR Interface 의 매핑을 수행해야 한다. 이 때 활용하는 것이 Configure AUTOSAR Interface 창의 Simulink-AUTOSAR Mapping 뷰이다.

예를 들기 위해 그림 12.25 와 같이 Simulink 모델에 new_output 이라는 이름의 Outport 블록을 추가해 보았다.

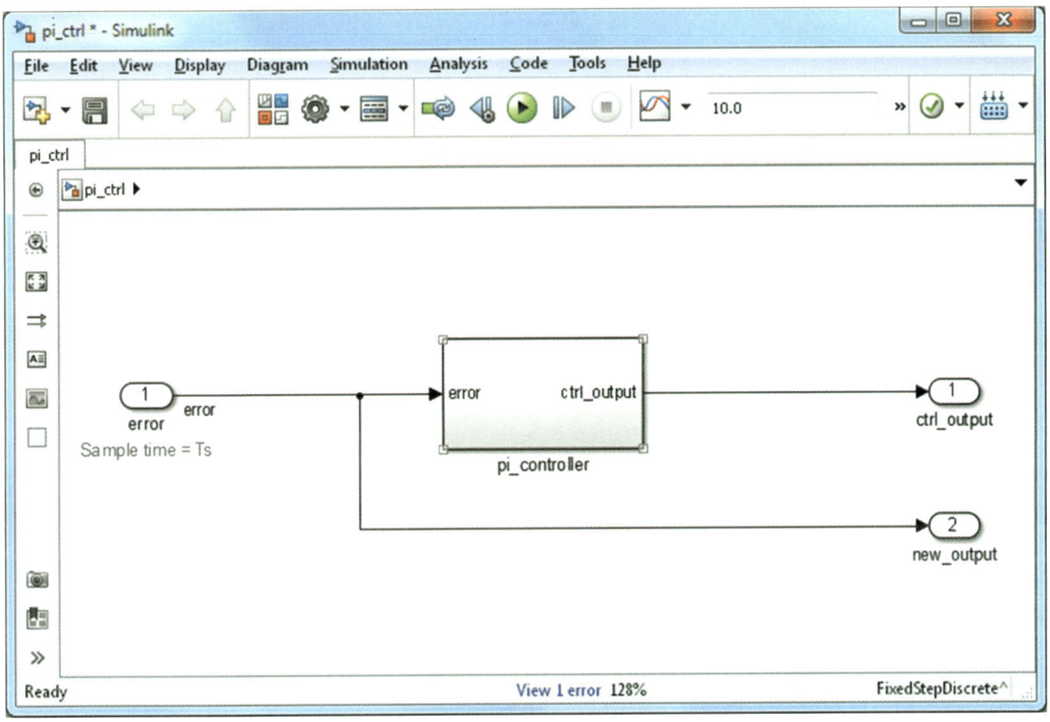

그림 12.25 new_output 이라는 이름의 Outport 블록이 추가된 pi_ctrl 모델

이제 Configure AUTOSAR Interface 창에서 validation 을 수행하면, 추가된 new_output 라는 이름의 Simulink 출력 포트가 AUTOSAR interface 와 매핑이 되지 않았다는 에러 메시지가 나타난다. (그림 12.26)

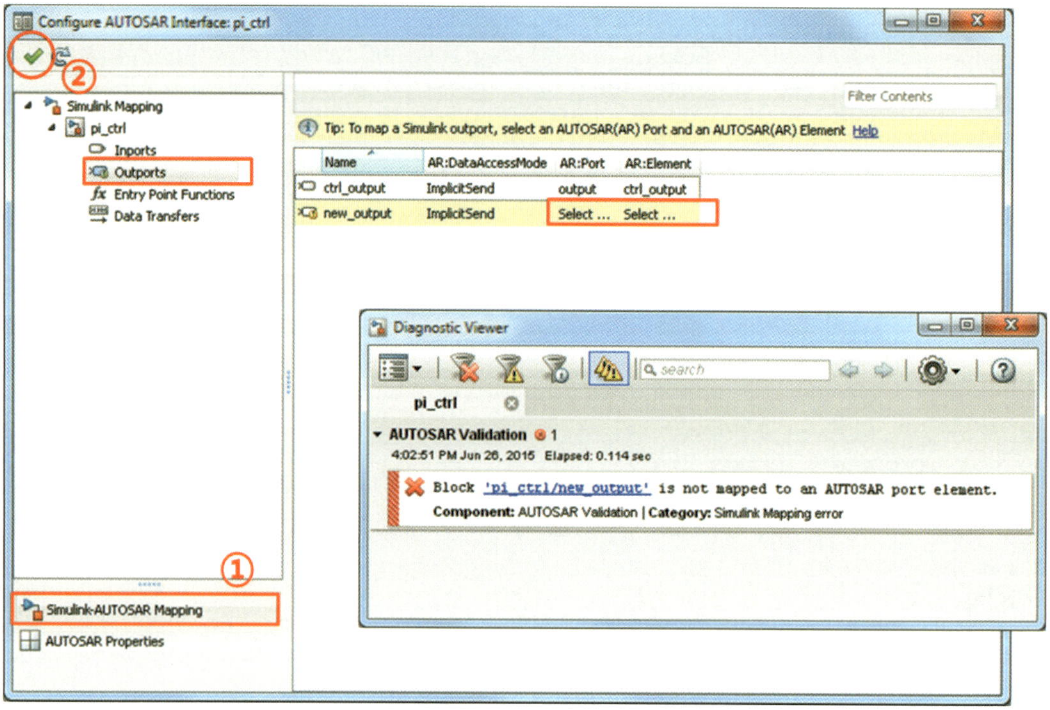

그림 12.26 AUTOSAR-Simulink 매핑 에러

문제를 해결을 위해 그림 12.27 과 같이 new_output 이라는 Simulink 출력 포트에 AUTOSAR SenderPort 로 12-4 절에서 추가한 New 라는 이름의 Port 정보를 매핑하고 Data Element 로 ctrl_output 을 선택한다.

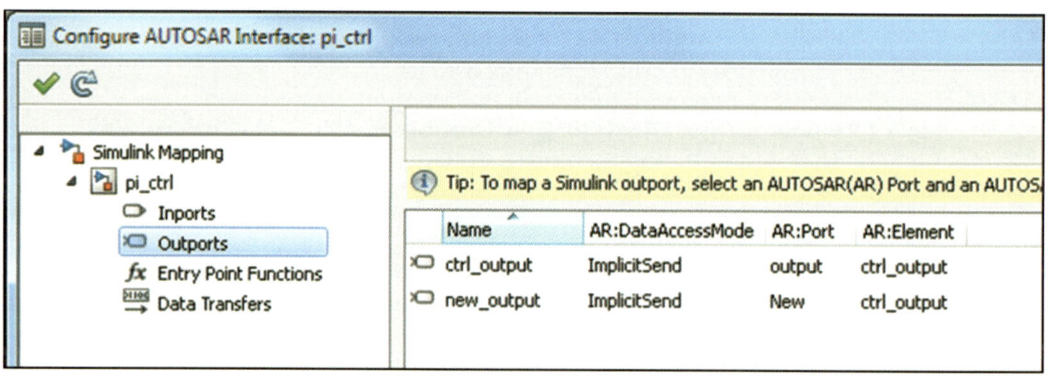

그림 12.27 Simulink Outport 블록에 AUTOSAR SenderPort 매핑

Validation 수행을 통해 에러가 없음을 확인한 후 다시 코드를 생성해보면, 그림 12.28 의 47 **번째 줄**과 같이 새로이 만든 New 라는 이름의 AUTOSAR SenderPort 로 엑세스하는 코드가 생성된 것을 확인 할 수 있다.

```
22 /* Model step function */
23 void Runnable_Step(void)
24 {
25   real_T rtb_yi;
26
27   /* Sum: '<S1>/Sum1' incorporates:
28    *  Gain: '<S1>/integral_gain'
29    *  Gain: '<S1>/sample_time'
30    *  Inport: '<Root>/error'
31    *  UnitDelay: '<S1>/Unit Delay'
32    */
33   rtb_yi = pi_ctrl_P.Ts * Rte_IRead_Runnable_Step_input_error() * pi_ctrl_P.Ki +
34     pi_ctrl_DW.yi_prev;
35
36   /* Outport: '<Root>/ctrl_output' incorporates:
37    *  Gain: '<S1>/proportional_gain'
38    *  Inport: '<Root>/error'
39    *  Sum: '<S1>/Sum'
40    */
41   Rte_IWrite_Runnable_Step_output_ctrl_output(pi_ctrl_P.Kp *
42     Rte_IRead_Runnable_Step_input_error() + rtb_yi);
43
44   /* Outport: '<Root>/new_output' incorporates:
45    *  Inport: '<Root>/error'
46    */
47   Rte_IWrite_Runnable_Step_New_ctrl_output(Rte_IRead_Runnable_Step_input_error());
48
49   /* Update for UnitDelay: '<S1>/Unit Delay' */
50   pi_ctrl_DW.yi_prev = rtb_yi;
51 }
```

그림 12.28 추가 Outport 블록에 대한 AUTOSAR 코드

12-6. Multiple Runnable Software Component

AUTOSAR 는 Interface 외 각 Software Component 가 갖는 내부 동작 단위에 대하여도 정의하고 있으며, 이를 Runnable Entity 라고 한다. 각 Runnble Entity 들은 RTE Event 라고 하는 특정 Event 에 매핑되어 스케쥴된 Event 에 따라 동작하게 된다. 이는 실시간 시스템의 테스크와 유사한

개념이라 생각할 수 있으나, 다양한 Event 들이 이미 정의되어 있다는 것이 AUTOSAR 의 특징이다. AUTOSAR 에서 정의하는 Event 의 종류는 표 12.3 과 같다.

표 12.3 RTE Event 의 종류

Abbreviation	Name
T	TimingEvent
BG	BackgroundEvent
DR	DataReceivedEvent (S/R Communication only)
DRE	DataReceiveErrorEvent (S/R Communication only)
DSC	DataSendCompletedEvent (explicit S/R Communication only)
DWC	DataWriteCompletedEvent (implicit S/R Communication only)
OI	OperationInvokedEvent (C/S Communication only)
ASCR	AsynchronousServerCallReturnsEvent (C/S communication only)
MS	SwcModeSwitchEvent
MSA	ModeSwitchedAckEvent
ETO	ExternalTriggerOccurredEvent
ITO	InternalTriggerOccurredEvent

하나의 Software Component 는 다수의 Runnable Entity 를 가질 수 있으며, 이를 Multi-Runnable Software Component 라고 한다.

그러면 앞서 다룬 Multirate 시스템 모델링의 코드 생성(Chapter 5)에 대해 상기해 보자. Multirate 시스템 모델로부터 코드를 생성하면, Sample Time 이 다르게 할당된 태스크들에 대해 분리된 함수로 코드가 생성된다. 이러한 Multirate 시스템이 바로 AUTOSAR 의 Multi-Runnable Software Component 의 한가지 예이다. Chapter 5 의 Multirate 시스템 예제에 대해 AUTOSAR Component 정보를 생성(그림 12.29)한 후 코드를 생성하면, 그림 12.30 과 같이 다른 Sample Time 에 대해 분리된 Runnable 함수가 코드로 생성된다. 또한 Runnable 간 주고 받는 데이터는 데이터의 무결성을 위해 AUTOSAR 에서 정의된 Inter-Runnable Variable 로 매핑되어 Rte_IrvIRead 및 Rte_IrvIWrite 등의 RTE API 함수를 통해 접근한다.

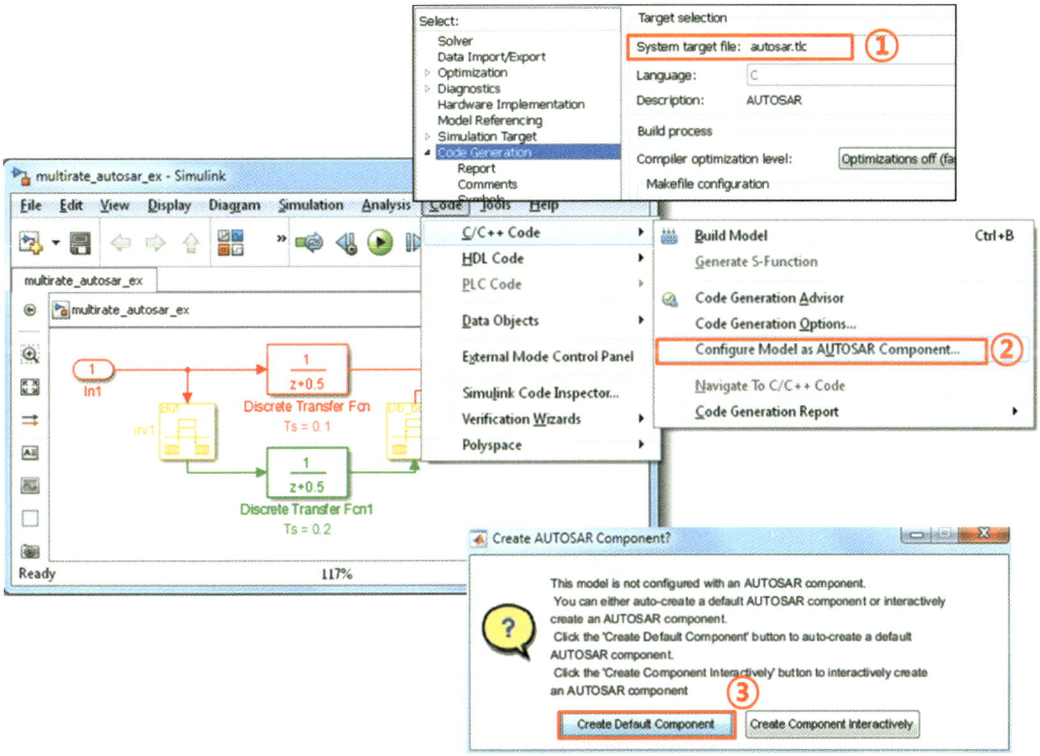

그림 12.29 Multirate System 에 대한 AUTOSAR Configuration

```
/* Model step function for TID0 */
void Runnable_Step(void)                  /* Sample time: [0.1s, 0.0s] */
{
  /* Outport: '<Root>/Out1' incorporates:
   *  DiscreteTransferFcn: '<Root>/Discrete Transfer Fcn'
   *  RateTransition: '<Root>/Rate Transition1'
   *  Sum: '<Root>/Add'
   */
  Rte_IWrite_Runnable_Step_Out1_Out1(multirate_ex_P.DiscreteTransferFcn_NumCoef *
    multirate_ex_DW.DiscreteTransferFcn_states + Rte_IrvIRead_Runnable_Step_IRV2
    ());

  /* RateTransition: '<Root>/Rate Transition' incorporates:
   *  Inport: '<Root>/In1'
```

```
   */
  Rte_IrvIWrite_Runnable_Step_IRV1(Rte_IRead_Runnable_Step_In1_In1());

  /* Update for DiscreteTransferFcn: '<Root>/Discrete Transfer Fcn' incorporates:
   *  Update for Inport: '<Root>/In1'
   */
  multirate_ex_DW.DiscreteTransferFcn_states = (Rte_IRead_Runnable_Step_In1_In1()
    - multirate_ex_P.DiscreteTransferFcn_DenCoef[1] *
    multirate_ex_DW.DiscreteTransferFcn_states) /
    multirate_ex_P.DiscreteTransferFcn_DenCoef[0];
}

/* Model step function for TID1 */
void Runnable_Step1(void)            /* Sample time: [0.2s, 0.0s] */
{
  /* Update for RateTransition: '<Root>/Rate Transition1' incorporates:
   *  DiscreteTransferFcn: '<Root>/Discrete Transfer Fcn1'
   */
  Rte_IrvIWrite_Runnable_Step1_IRV2(multirate_ex_P.DiscreteTransferFcn1_NumCoef *
    multirate_ex_DW.DiscreteTransferFcn1_states);

  /* Update for DiscreteTransferFcn: '<Root>/Discrete Transfer Fcn1' incorporates:
   *  RateTransition: '<Root>/Rate Transition'
   */
  multirate_ex_DW.DiscreteTransferFcn1_states =
    (Rte_IrvIRead_Runnable_Step1_IRV1() -
     multirate_ex_P.DiscreteTransferFcn1_DenCoef[1] *
     multirate_ex_DW.DiscreteTransferFcn1_states) /
    multirate_ex_P.DiscreteTransferFcn1_DenCoef[0];
}
```

그림 12.30 Multirate System 에 대한 AUTOSAR Configuration

Multirate 시스템이 Multi-Runnable Software Component 의 중요한 예이긴 하지만, AUTOSAR 의 Event 는 표 12.3 과 같이 Timing Event 외에도 다양한 종류의 Event 들이 존재하기 때문에 단순히 Sample Time 만을 가지고 Runnable 의 동작을 결정할 수는 없다. 따라서 Multi-Runnable Software Component 를 모델링 할 때에는 각 Runnable 과 Event 에 대해 먼저 고려해야 할 필요가 있다. 다양한 Event 에 대해 동작하는 Runnable 을 갖는 Multi-Runnable Software Component 에 대해 추천되는 Simulink 의 모델 구조는 **Export-Function Model** 이라는 모델 구조로서, **Function-Call Subsystem** 을 활용하여 Software Component 가 갖는 Runnable 들을 표현하는 방식이다.

모델 구조의 이해를 위해 Multiple Runnable 을 갖도록 설계된 ASWC 의 SWC Description 파일을 Top-Down 방법으로 임포트 해보자. 임포트하는 명령은 동일하지만, 골격모델을 만드는 명령에 **'CreateInternalBehavior', true** 라는 입력을 추가하고 명령을 수행한다.

위의 명령을 통해 만들어진 골격 모델은 그림 12.31 과 같다. 각 Runnable 들이 Function-Call Subsystem 으로 표현되었으며, Inport 블록으로부터 Function-Call Event 를 받아 동작하도록 구성되어 있다. 골격 모델이기 때문에 Function-Call Subsystem 의 내부는 비어있다.

```
>> importerObj = arxml.importer('autosar_multirunnables.arxml')

>> importerObj.createComponentAsModel('/pkg/swc/ASWC', ...
   'CreateInternalBehavior', true);
```

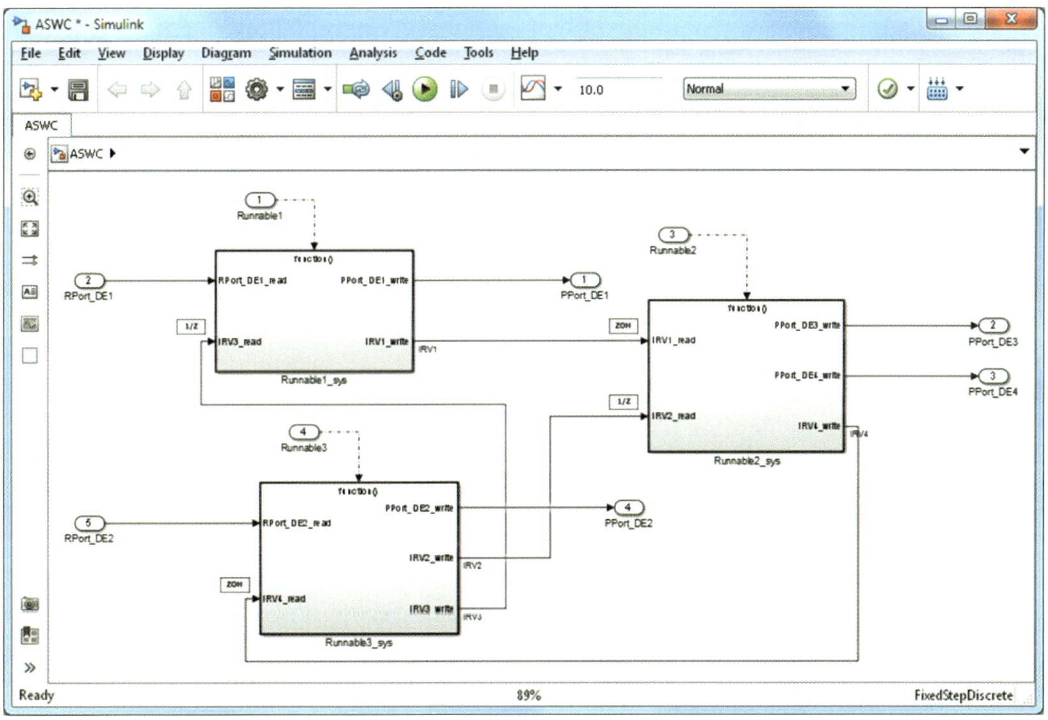

그림 12.31 Function-Call Subsystem 들로 구성된 Export-Function 모델

Configure AUTOSAR Interface 창을 통해 생성된 골격 모델에 대한 Simulink-AUTOSAR 매핑을 확인해 보면, 각 Function-Call Subsystem 들이 SWC Description 에 정의된 Runnable Entity 들과 매핑되어 있는 것을 알 수 있다(그림 12.32). 또한 그림 12.33 을 통해 볼 수 있듯이 각 Runnable 들에는 RTE Event 들이 할당되어 있다(그림 12.33). 또한, Function-Call Subsystem 들 간 주고 받는 데이터들은 AUTOSAR 의 Inter-runnable Variable 과 매핑되어 있다 (그림 12.34).

모델의 최상위 레벨이 Function-Call Subsystem 들로만 구성된 모델이 있다면, Bottom-Up 방법을 통해서도 동일하게 Multi-Runnable Software Component 에 대한 AUTOSAR 코드를 생성할 수 있다. 필요하다면, 다른 AUTOSAR 속성들과 마찬가지로 Configure AUTOSAR Interface 창에서 Runnable Entity, RTE Event 및 Inter-runnable Variable 들을 추가하거나 그 속성들을 변경할 수도 있다.

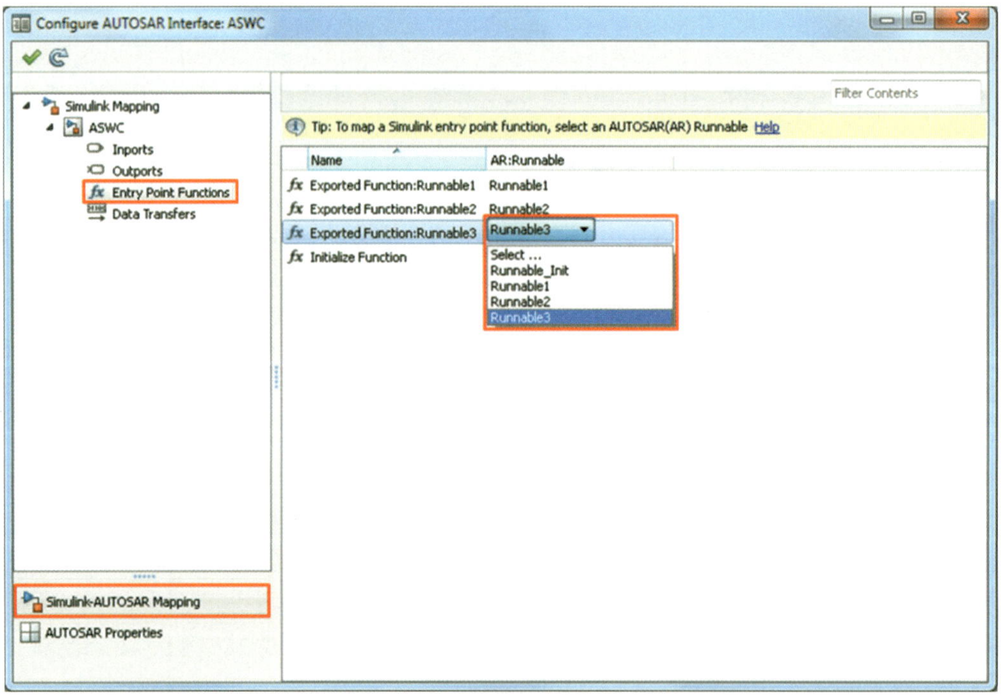

그림 12.32 Function-Call Subsystem 과 Runnable Entity 의 매핑

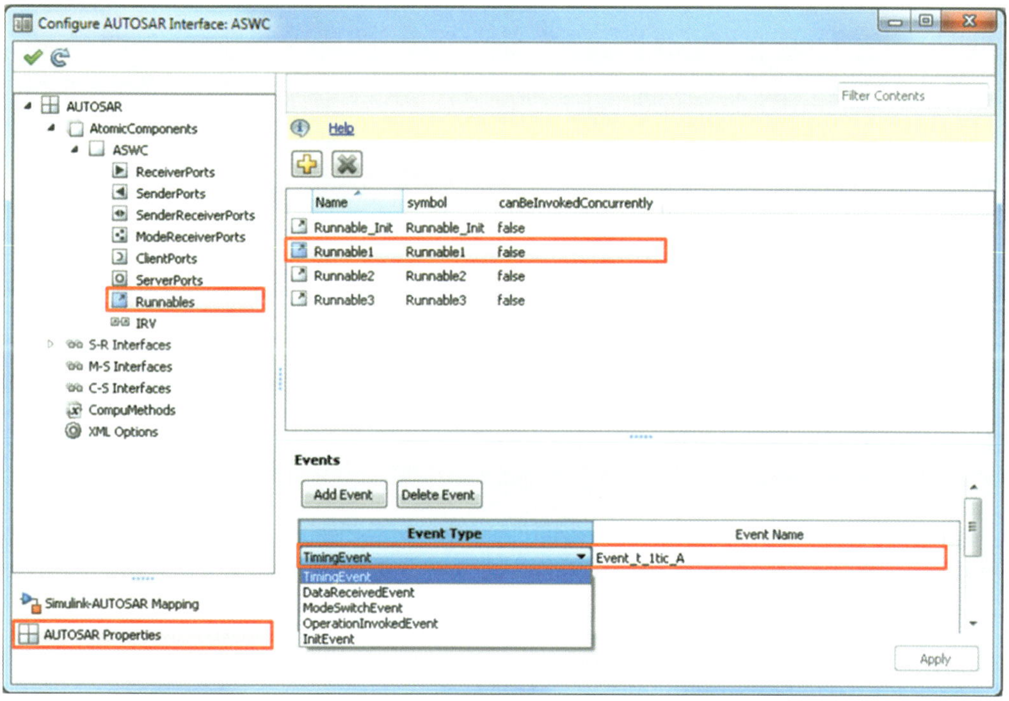

그림 12.33 각 Runnable Entity 의 AUTOSAR Event 매핑

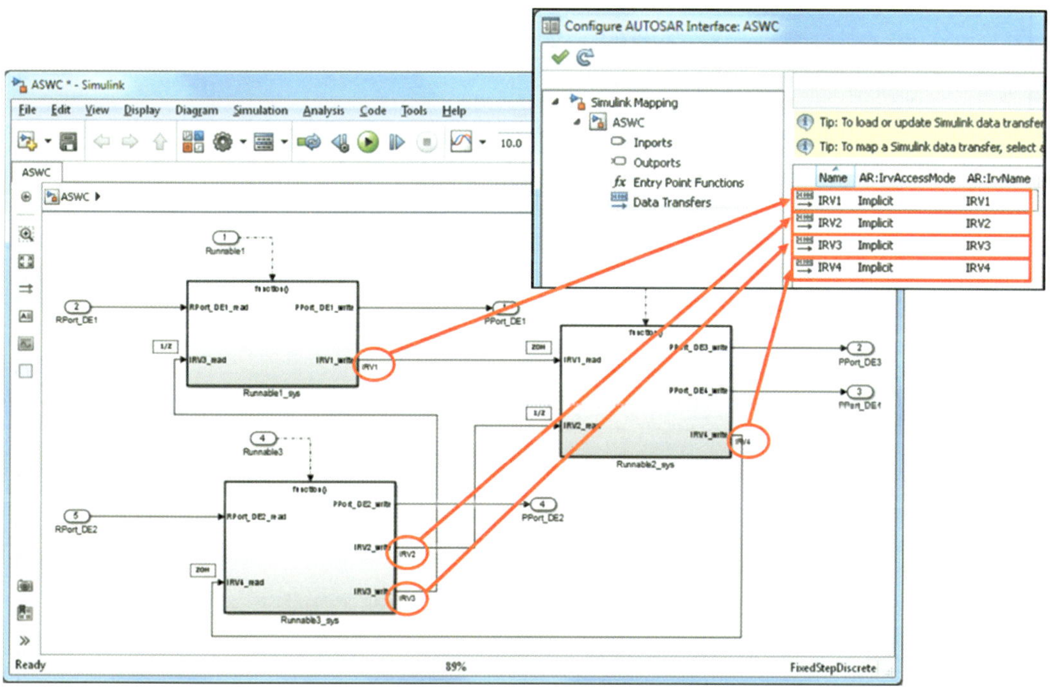

그림 12.34 Function-Call Subsystem 간의 매개 Signal 과 Inter-runnable Variable 매핑

그러면 현재 생성된 Function-Call Subsystem 들의 내부에 알고리즘을 추가하고 코드를 생성한본다. 각 Function-Call Subsystem 에 대해 매핑된 Runnable Entity 의 이름을 따라 함수들이 생성되었으며, AUTOSAR 속성에 정의된 초기화 함수인 Runnable_Init 함수가 추가로 생성되었다(그림 12.35).

```
void Runnable1(void)
{
  int8_T Delay_g;
  Delay_g = ASWC_completed_DW.Delay_DSTATE_l;
  Rte_IrvIWrite_Runnable1_IRV1(Rte_IRead_Runnable1_RPort_DE1() + (real_T)
    Rte_IrvIRead_Runnable1_IRV3());
  ASWC_completed_DW.Delay_DSTATE_l = (int8_T)(ASWC_completed_P.Gain_Gain *
    ASWC_completed_DW.Delay_DSTATE_l >> 7);
  Rte_IWrite_Runnable1_PPort_DE1(Delay_g);
}

void Runnable2(void)
{
  int8_T Delay_b[2];
  real_T OutportBufferForPPort_DE4_write;
  Delay_b[0] = ASWC_completed_DW.Delay_DSTATE_m[0];
  Delay_b[1] = ASWC_completed_DW.Delay_DSTATE_m[1];
  OutportBufferForPPort_DE4_write =
    ASWC_completed_DW.DiscreteTimeIntegrator_DSTATE;
  Rte_IrvIWrite_Runnable2_IRV4(ASWC_completed_DW.DiscreteTimeIntegrator_DSTATE);
  ASWC_completed_DW.Delay_DSTATE_m[0] = (int8_T)(ASWC_completed_P.Gain_Gain_a *
    ASWC_completed_DW.Delay_DSTATE_m[0] >> 7);
  ASWC_completed_DW.Delay_DSTATE_m[1] = (int8_T)(ASWC_completed_P.Gain_Gain_a *
    ASWC_completed_DW.Delay_DSTATE_m[1] >> 7);
  ASWC_completed_DW.DiscreteTimeIntegrator_DSTATE +=
    (Rte_IrvIRead_Runnable2_IRV1() - Rte_IrvIRead_Runnable2_IRV2()) *
    ASWC_completed_P.DiscreteTimeIntegrator_gainval;
  Rte_IWrite_Runnable2_PPort_DE3(Delay_b);
  Rte_IWrite_Runnable2_PPort_DE4(OutportBufferForPPort_DE4_write);
}

void Runnable3(void)
{
  const real_T *RPort_DE2_tmp;
  int8_T Delay;
  RPort_DE2_tmp = Rte_IRead_Runnable3_RPort_DE2();
  Delay = ASWC_completed_DW.Delay_DSTATE;
  Rte_IrvIWrite_Runnable3_IRV3(ASWC_completed_DW.Delay_DSTATE);
  Rte_IrvIWrite_Runnable3_IRV2(RPort_DE2_tmp[0] * Rte_IrvIRead_Runnable3_IRV4());
  ASWC_completed_DW.Delay_DSTATE = (int8_T)(ASWC_completed_P.Gain_Gain_k *
    ASWC_completed_DW.Delay_DSTATE >> 7);
  Rte_IWrite_Runnable3_PPort_DE2(Delay);
```

```
}

void Runnable_Init(void)
{
  ASWC_completed_DW.Delay_DSTATE_l = ASWC_completed_P.Delay_InitialCondition;
  ASWC_completed_DW.Delay_DSTATE_m[0] =
    ASWC_completed_P.Delay_InitialCondition_g;
```

그림 12.35 Multi-Runnable Software Component 에 대한 생성 코드

12-7. AUTOSAR 워크플로우 요약

지금까지 Simulink 의 AUTOSAR 워크플로우에 대해 전체적으로 살펴 보았다. 크게 Top-Down 방법과 Bottom-Up 방법이 존재하며, 각 방법의 선택은 SWC Description 의 기 존재 여부에 있다. 각 방법은 모두 장단점이 있으며, 처해진 상황에 따라 적절한 선택이 필요하다.

SWC Description 이 이미 존재한다면, 이를 Simulink 로 임포트 함으로서 설계자는 AUTOSAR Interface 설계보다 내부 동작 알고리즘의 설계에 시간 투자를 집중할 수 있다. 이것이 Top-Down 방법이다. 물론 시스템 전체 아키텍처가 먼저 잘 설계되어 있어야 하며, 내부 동작 알고기즘의 설계 과정에서 인터페이스의 변경이 필요해 진다면 이를 반영하기 위해 기존에 설계된 아키텍처의 수정이 요구될 수 있다.

반면, 기존에 알고리즘들을 설계한 모델들을 먼저 가지고 있는 경우, 이들로부터 AUTOSAR 속성들을 세팅하고 SWC Description 들을 생성시킨다면, 이들을 조합해 나아가며, 최종적인 Application 의 설계를 완성할 수도 있다. 이것이 Bottom-Up 방법이다. 내부 동작 알고리즘의 설계가 먼저 완성되어 있기 때문에 인터페이스의 변경이 요구되지 않을 수 있지만, Component 설계 레벨에서 전체 아키텍처 측면을 고려하며 AUTOSAR 속성들을 세팅하는 것에 많은 노력이 요구된다.

본 Chapter 에서는 이러한 Top-Down 및 Bottom-Up 방식에 대해 몇가지 예를 들어 설명하였다. 다루어지지 않은 다양한 AUTOSAR 속성들이 존재하지만, 이들을 하나씩 예를 들어 설명하는 하는 것은 코드 생성의 기초를 다루는 본 책의 취지를 벗어난다. 다양한 AUTOSAR 속성의 추가 및 변경에 대한 실습은 직접 해보기를 추천하며, 현재까지의 내용이 Simulink 를 활용하여 AUTOSAR Application 개발을 시작하는데 도움이 되길 바란다.

맺음말

이 책을 통해 Simulink 모델로부터 자동 생성된 코드가 믿을 수 있는지, 그리고 손으로 작성한 코드와 비교하여 얼마나 효율적인지에 대한 질문에 대해 어느정도 해답을 얻었기를 기대한다.

저자가 생각하는 생성 코드에 대한 의견은 한마디로 이렇다. 모델과 생성된 코드는 동일하다. Simulink 모델로부터 생성된 코드의 좋고 나쁨은 결국 Simulink 에서 어떻게 모델링 했느냐에 따라 결정된다. 물론 다양한 최적화 옵션에 의해 생성 코드의 내부가 조금씩 달라질 수는 있지만, 결국 모델이 좋지 않으면 좋지 않은 코드가 생성될 것이고 모델이 좋으면 좋은 코드가 생성될 것이다.

항상 코드를 생성하기 전에는 모델 레벨에서의 많은 시뮬레이션이 수행되어야 하며, 이를 통한 설계된 알고리즘의 검증이 이루어져야 한다. 검증되지 않은 모델로부터의 코드 생성은 단지 손으로 코드를 작성하는 수고를 덜 뿐이지 모델링보다 코드 작성에 더욱 익숙한 엔지니어에게는 큰 의미가 없을 수도 있다. 모델로부터 자동으로 코드를 생성하는 것의 가장 큰 장점은 코드 생성 그 자체보다 코드 생성 전에 시뮬레이션을 통해 설계된 알고리즘을 검증할 수 있다는 것이다.

MathWorks 에서는 모델 레벨의 알고리즘 검증을 위한 다양한 솔루션과 도구를 제공한다. Simulink Verification and Validation 도구는 테스트의 자동화를 위해 도움이 되며, Simulink Design Verifier 도구는 자동 테스트 생성 기능뿐만 아니라 design error detection 및 property proving 등의 정형 검증(Formal Verification) 기능을 제공한다. 코드 생성 이전에 이러한 다양한 모델 검증을 활용하면 설계의 안전성과 신뢰성뿐만 아니라 그 모델로부터 생성된 코드의 안전성과 신뢰성이 함께 확보 될 수 있다.

다시 한번 모델링의 중요성 및 시뮬레이션을 통한 모델 검증의 중요성을 강조하면서, 이 책을 마친다. 이 책이 코드 생성을 시작하는 많은 엔지니어들에게 큰 도움이 되기를 기대한다.

찾아보기

A

B

C

D

E

F

G

H

I

M

ㅈ

ㅋ

ㅌ

ㅍ

ㅎ

저자소개

윤상호

고려대학교 소프트웨어공학 석사

현 매스웍스 코리아 차장

임베디드 C코드 생성 : Simulink® 활용 2판

A-JIN

지은이와 협의 인지 생략

인 쇄 : 2015년 09월 10일
발 행 : 2015년 09월 20일
저 자 : 윤상호
발 행 처 : 도서출판 아진
437-120
경기도 의왕시 이미로 40 (포일동 653번지)
인덕원IT밸리 A동 1019호
TEL:02-737-0663 FAX:02-737-0664
Homepage:ajin.to
E-mail:kgb@ajin.to
발 행 인 : 김 근 배
등록번호 : 제330-1995-56호
I S B N : 978-89-5761-384-9 93560

가격 32,000원